"十四五"高等职业教育机电类专业规划教材

U0184058

电工技术与实践

张明金　侯　春◎主　编
张旭涛　范爱华◎副主编
肖亚杰◎主　审

中国铁道出版社有限公司
CHINA RAILWAY PUBLISHING HOUSE CO., LTD.

内 容 简 介

本书共 8 章,主要包括电路的基本知识、直流电路的分析方法、正弦交流电路、一阶线性电路的过渡过程、非正弦周期电流电路、磁路和变压器、交流电动机及继电器–接触器控制电路和安全用电常识。

全书根据课程的特点,将实验与技能训练的内容放在相应知识点后面,以便实践环节使用。突出了理论与实践的结合,使学生掌握必要的基本理论知识,并使学生的实践能力、职业技能、分析问题和解决问题的能力不断提高。

本书从应用者角度介绍内容,内容体系较新颖,内容先进,概念清楚,行文流畅,注重实际应用。

本书适合作为高职高专院校、成人高校电气类、机电类、电子信息类专业的教材,也可供工程技术人员参考。

图书在版编目(CIP)数据

电工技术与实践/张明金,侯春主编. —北京:中国铁道出版社有限公司,2021.6(2023.7重印)

"十四五"高等职业教育机电类专业规划教材

ISBN 978-7-113-27953-0

Ⅰ.①电… Ⅱ.①张…②侯… Ⅲ.①电工技术-高等职业教育-教材 Ⅳ.①TM

中国版本图书馆 CIP 数据核字(2021)第 086190 号

书　　名:电工技术与实践

作　　者:张明金　侯　春

策　　划:张围伟　　　　　　　　　　　　编辑部电话:(010)63551006

责任编辑:王春霞　绳　超

封面设计:付　巍

封面制作:刘　颖

责任校对:苗　丹

责任印制:樊启鹏

出版发行:中国铁道出版社有限公司(100054,北京市西城区右安门西街 8 号)

网　　址:http://www.tdpress.com/51eds/

印　　刷:三河市宏盛印务有限公司

版　　次:2021 年 6 月第 1 版　2023 年 7 月第 3 次印刷

开　　本:787 mm×1 092 mm 1/16　印张:17.25　字数:439 千

书　　号:ISBN 978-7-113-27953-0

定　　价:48.00 元

前　言

本书兼顾目前高职高专院校学生的基础,本着"淡化理论,拓展知识,培养技能,重在应用"的原则编写。

教材内容充分体现实用性和技术的先进性,基本概念清楚,分析准确,减少数理论证,坚持理论够用为度,注重于实际应用。本书在内容叙述上力求做到深入浅出,通俗易懂,突出理论与实践相结合的特点,将技能训练的内容放在相应知识点的后面。每节内容后面都设置了针对本节知识点的思考题,每章后面都有小结和习题(习题答案等资源可登录 http://www.tdpress.com/51eds/查看),便于学生巩固基本的理论知识,不断提高实践能力、职业技能、分析问题和解决问题的能力。

本书内容包括电路的基本知识、直流电路的分析方法、正弦交流电路、一阶线性电路的过渡过程、非正弦周期电流电路、磁路和变压器、交流电动机及继电器–接触器控制电路和安全用电常识。

本书内容凝聚了作者多年来对高职高专教学实践研究和教学改革的经验和体会,理论和实践内容各有侧重又互相联系,使得对学生能力的培养贯穿于整个教学过程,可操作性和适用性较强。

本书总学时约 70 学时。本书适合作为高职高专院校、成人高校的电气类、机电类、电子信息类专业的教材,也可供工程技术人员参考。

本书由徐州工业职业技术学院张明金、江苏安全技术职业学院侯春任主编,江苏安全技术职业学院张旭涛、扬州工业职业技术学院范爱华任副主编。其中,第 1、2、5、8 章由张明金编写,第 3、4 章由侯春编写,第 6 章由范爱华编写,第 7 章由张旭涛编写,全书由张明金统稿。

本书由徐州工业职业技术学院肖亚杰主审,他对全部书稿进行了认真、仔细的审阅,提出了诸多宝贵的修改意见,在此表示衷心的感谢。

本书编写过程中,得到了作者所在学校各级领导和同事的大力支持与帮助,在此表示衷心的感谢! 同时对书后所列参考文献的各位作者表示深深的感谢!

由于编者水平所限,书中不妥之处在所难免,在取材新颖和实用性等方面可能会有不足,敬请各位读者提出宝贵意见。

编　者

2021 年 1 月

目 录

第1章

电路的基本知识

✐ 学习内容

➢ 电路的模型和电路中的物理量及直流电压、电流的测试。

➢ 电路基本元件及其检测。

➢ 基尔霍夫定律及测试。

➢ 电路的工作状态及电气设备的额定值。

🖥 学习目标

【知识目标】

➢ 了解电路的组成与作用、电路模型的概念。

➢ 正确理解电路中的物理量的意义,电流、电压的正方向和参考正方向的概念及电位的概念。掌握电路中电位、电功率的计算。

➢ 掌握独立电源、电阻、电感、电容元件的伏安关系,了解受控源的概念。

【能力目标】

➢ 初步具有识读电路图及按电路图接线的能力。

➢ 能够正确使用直流电压表、电流表及万用表进行直流电压、电流测量。

➢ 能识别和测试电阻、电感、电容等元件。

➢ 会用万用表进行直流电路故障的检测。

1.1　电路模型和电路中的物理量

在人们的生活、生产实践及其他各类活动中,已普遍地使用电能,可以说人们已离不开电能的使用,电路是传输或转换电能不可缺少的"载体"。研究电路和学会分析电路是用电的最基本要求,也是为课程的学习打下基础的基本要求。本节介绍电路的组成及作用、理想电路元件、电路模型和电路中的物理量。

1.1.1　电路和电路的模型

1. 电路

电路是电流流通的路径,是为实现一定的目的将各种元器件(或电气设备)按一定方式连接起来的整体。电路一般主要由电源、负载及中间环节组成。

（1）电源。电源是产生电能和电信号的装置，如各种发电机、蓄电池、传感器、稳压电源、信号源等。

（2）负载。负载是取用电能并将其转换为其他形式能量的装置，如电灯、电动机、扬声器等。

（3）中间环节。中间环节是传输、分配和控制电能或信号的部分，如连接导线、控制电器、保护电器、放大器等。

电路的组成不同，其功能也就不同，电路的一种作用是实现电能的产生、传输、分配和转换，各类电力系统就是典型实例。图1-1(a)所示是一种简单的实际电路，它由电池、开关、灯泡和连接导线等组成。当开关闭合时，电路中有电流流通，灯泡发光，电池向电路提供电能；灯泡是耗能元件，它把电能转化为热能和光能；开关和连接导线的作用是把电池和灯泡连接起来，构成电流通路。

电路的另一种作用是实现信号的传递和处理，如电话线路、有线电视电路和网络，传递着人们需要的信息。收音机、电视机、计算机的内部电路起着接收和处理信号的重要作用。如图1-1(b)所示，传声器(俗称"话筒")将语音信号转换为电信号，经放大器进行放大处理传递给扬声器，以驱动扬声器发音。

图1-1　电路的示意图

2. 理想电路元件及电路模型

组成实际电路的元件种类繁多，但实际的电路元件在电路中所表现的电磁性质可以归纳为几类，而每一个元件所反映的电磁性质又以某一特定项为主，其他性质在一定条件下可以忽略，这样就可以把实际的电路元件理想化，将电路实体中的各种电气设备和元器件用一些能够表征它们的主要电磁特性的元件模型来代替，而对它们的实际结构、材料、形状等非电磁特性不予考虑。即用一个假定的二端元件来代替实际元件，二端元件的电和磁的性质反映了实际电路元件的电和磁的性质，这个假定的二端理想电路元件，简称电路元件，如电阻、电感、电容、电源等。

电阻：表示消耗电能的元件，如电阻器、灯泡、电炉等。可以用理想电阻来反映其在电路中消耗电能这一主要特征。

电感：表示产生磁场、存储磁场能量的元件，如各种电感线圈。可以用理想电感来反映其存储磁能的特征。

电容：表示产生电场、存储电场能量的元件，如各种电容器。可以用理想电容来反映其存储电能的特征。

电源：电源有两种表示方式，即电压源和电流源。表示能将其他形式的能量转换为电能的元件。

理想电路元件特征：一是只有两个端子；二是可用电压或电流按数学方式描述；三是不能分解为其他元件。

实际电路是由一些电气设备、器件和电路元件所组成的。为了便于分析和计算，把实际元件和器件理想化并用国家统一的标准符号来表示，构成电路模型。即由理想电路元件组成的电路称为电路模型,也就是人们常说的电路图,如图 1-2 所示。

图 1-2　电路的模型

　　将实际的元件用基本图形符号代替,是一个将事物抽象成理想模型的过程。基本电路元件是抽象了的理想元件,如电阻、电容、电感等。但实际的元件在电路中发生的作用是复杂的,如荧光灯电路,不能简单地把荧光灯整套设备用电阻代替,荧光灯的辅助器件——镇流器,不仅具有电感的性质,还具有电阻和电容的性质。但由于镇流器的电阻很小,电容所起的作用也很小,所以在一般情况下可以忽略次要因素,突出其主要作用,即将镇流器用理想元件电感来表示,再和表示荧光灯管灯丝的电阻串联,但在分析要求较高的情况下,又要将镇流器用电感、电阻和电容 3 种元件相组合来代替。

　　本书所分析的电路,就是这种电路模型。在电路图中,各种电路元件用规定的图形符号表示。

　　注意:具有相同的主要电磁性能的实际电路元件,在一定条件下可用同一电路模型表示;同一实际电路元件在不同的应用条件下,其电路模型可以有不同的形式。不同的实际电路元件只要有相同的主要电气特性,在一定的条件下就可用相同的模型表示,如灯泡、电炉等在低频电路中都可用理想电阻表示。

1.1.2　电路中的物理量

1. 电流

　　电荷有规律的定向移动形成电流。金属导体中的自由电子带负电荷,在电场力的作用下,自由电子逆着电场方向定向运动就形成了电流;同样,电解液中的正离子带正电荷,在电场力的作用下,正离子沿着电场方向定向移动也形成电流。

　　电流的强弱用电流强度来表示,简称为电流,“电流”一词不仅可以表示电流的概念,也用来表示电流的大小。电流的数值等于单位时间内通过导体横截面的电荷量。

　　如果电流的大小和方向都不随时间变化,这样的电流称为稳恒直流电流,用大写字母 I 表示。

　　电流的大小与方向随时间变化,这样的电流称为交流电流,用小写字母 i 表示。

　　在国际单位制(SI)中,电流的单位是安[培](A),电荷的单位是库[仑](C),时间的单位是秒(s),即 $1A = 1C/s$。

　　在实际使用中,电流还经常用到较小的单位,如毫安(mA)、微安(μA)。

　　注意:直流电常用字母 DC 表示;交流电常用字母 AC 表示。

　　习惯上规定正电荷定向移动的方向为电流的正方向。

2. 电压

　　电压是反映电场能性质的物理量。电压的大小用电场力移动单位正电荷做功来定义,电场力将单位正电荷从一点移动到另一点所做的功越多,这两点间的电压就越大。

　　在电路中,电场力将单位正电荷从 a 点移动到 b 点所做的功称为 a、b 两点间的电压,直流电压用大写字母 U 表示,a、b 两点间的电压表示为 U_{ab}。

　　在实际应用中,电压的单位除伏[特](V)以外,还常用到千伏(kV)、毫伏(mV)、微伏(μV)等单位。

　　电压的实际方向规定为正电荷所受电场力的方向。

需要强调的是,电压是对电路中两点而言的,习惯中所说某点或某导体上的电压,实际为该点的电位——该点与零电位参考点之间的电压。

通常用带双下标的字母表示某两点的电压,如 U_{ab} 表示 a、b 两点间电压。可以证明:$U_{ab} = -U_{ba}$。

3. 电位

在电气设备的调试和维修中,常要测量各点的电位,在分析电子电路时,通常要用电位的概念来讨论问题。电场中某一点的单位正电荷所具有的电位能,称为该点的电位。电位用字母 V 表示,如 a 点的电位表示为 V_a。

在电路中选一参考点,则其他点的电位就是由该点到参考点的电压。即,如果参考点为 O,则 a 点的电位为

$$V_a = U_{aO} \tag{1-1}$$

电位的单位与电压的单位相同,为伏[特](V)。

参考点的电位规定为 0 V,所以,又称零电位点。其他各点的电位,比参考点电位高的电位为正,比参考点电位低的为负。参考点在电路中通常用符号"⊥"表示。

在工程中,常选大地作为电位参考点;在电子线路中,常选一条特定的公共点或机壳作为电位参考点。

要测量电路中某点的电位,只需用电压表测量某点到零电位参考点的电压。而计算电路中某点电位的方法是:首先确认电位参考点的位置;然后从被求点开始通过一定的路径绕到电位参考点,则该点的电位等于此路径上所有电压降的代数和。

4. 电动势

电源是将其他形式的能转化为电能的装置。例如,干电池将化学能转化为电能,具体地说,它是利用化学反应的力量将正电荷移动到电源正极、将负电荷移动到电源负极,使电荷的电势能增加,从而使电源两端产生电压。

电源将其他形式的能转化为电能的能力越强,移动单位电荷时所做的功就越大,电源提供的电压也就越大。电动势是表征电源提供电能能力大小的物理量,电动势在数值上等于电源未接入电路时两端的电压。

电源把单位正电荷从电源"−"极搬运到"+"极,外力(非静电力)克服电场力所做的功,称为电源的电动势,用符号 E 表示。

电动势的单位和电压的单位相同,为伏[特](V)。电动势的方向规定为从电源的负极经过电源内部指向电源的正极,即与电源两端电压的方向相反。

5. 电流、电压的参考方向及关联参考方向

(1)电流、电压的参考方向。在电路的分析计算中,流过某一段电路或某一元件的电流实际方向或两端电压的实际方向往往很难确定,为了进行分析和计算电路,需要先假定电压的参考方向以及电流的参考方向,即先假设电流的方向和电压的方向。

为了分析计算电路,人为地指定的电压、电流方向,称为电压、电流的参考方向。

对于电路的某个电流、某两点的电压而言,它们的实际方向只有两种可能,当任意指定了一个参考方向后,实际方向要么与参考方向一致,要么与参考方向相反,实际方向与参考方向一致时,取正值;实际方向与参考方向相反时,取负值,如图 1-3(a)、(b)所示,反映了电流的实际方向与参考方向的关系。

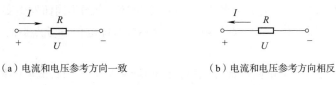

图 1-3　电流实际方向与参考方向的关系

关于电流和电压的参考方向,要**注意**:

①电流、电压的参考方向可以任意选定。但一经选定,在电路分析计算过程中不能改变。

②分析电路时,一般要先标出参考方向再进行计算。在电路中,所有标注的电流、电压方向均可认为是电流、电压的参考方向,而不是指实际方向。实际方向由计算结果确定。若计算结果为正,则实际方向与参考方向一致;若计算结果为负,则实际方向与参考方向相反。

(2)电流、电压的关联参考方向。电流和电压参考方向可以任意选取,因此电流和电压参考方向可以选取为一致,也可以选取为相反方向,如图 1-4 所示。

当电流和电压参考方向一致时,称为关联参考方向,如图 1-4(a)所示。当电流和电压参考方向相反时,称为非关联参考方向,如图 1-4(b)所示。

(a)电流和电压参考方向一致　　　　　(b)电流和电压参考方向相反

图 1-4　电流和电压参考方向的选择

6. 电功率和电能

电功率是电路分析中常用到的一个物理量。传递转换电能的速率称为电功率,简称功率,用 P 表示直流电功率。

在直流电阻电路中,当电流和电压选取关联参考方向时,功率为

$$P = UI \tag{1-2}$$

$P = UI > 0$,元件吸收功率;$P = UI < 0$,元件发出功率。

当电流和电压选取非关联参考方向时,功率为

$$P = -UI \tag{1-3}$$

$P = -UI > 0$,元件吸收功率;$P = -UI < 0$,元件发出功率。

需要指出的是,一般在分析计算电路时,电流、电压都采取关联参考方向。

在国际单位制中,功率的单位为瓦[特](W),在实际应用中,还常用到千瓦(kW),兆瓦(MW)、毫瓦(mW)等单位。

电阻在 t 时间内所消耗的电能 W 为

$$W = Pt \tag{1-4}$$

在国际单位制中,电能的单位是焦[耳](J),它等于功率为 1 W 的用电设备在 1 s 内所消耗的电能。在实际生活中还采用千瓦·时(kW·h)作为电能的单位,它等于功率为 1 kW 的用电设备在 1 h(3 600 s)内所消耗的电能,即通常所说的 1 度电。1 度 = 1 kW·h = $10^3 \times 3\,600$ J = 3.6×10^6 J。

例 1-1　如图 1-5 所示电路,已知 $E_1 = 140$ V, $E_2 = 90$ V, $R_1 = 20$ Ω, $R_2 = 5$ Ω, $R_3 = 6$ Ω, $I_1 = 4$ A, $I_2 = 6$ A, $I_3 = 10$ A,试求:分别以 A 点、B 点为电位参考点时,各点的电位 V_A、V_B、V_C、V_D 及电压 U_{CD}。

解　当以 A 点为电位参考点时,V_A、V_B、V_C、V_D 及电压 U_{CD} 分别为

$V_A = 0$ V

$V_B = -I_3 R_3 = -10 \times 6$ V $= -60$ V

$V_C = I_1 R_1 = 4 \times 20$ V $= 80$ V

$V_D = I_2 R_2 = 6 \times 5$ V $= 30$ V

$U_{CD} = V_C - V_D = (80 - 30)$ V $= 50$ V

当以 B 点为电位参考点时有,V_A、V_B、V_C、V_D 及电压 U_{CD} 分别为

图 1-5　例 1-1 的图

$V_B = 0$ V

$V_A = I_3 R_3 = 10 \times 6$ V $= 60$ V

$V_C = E_1 = 140$ V

$V_D = E_2 = 90$ V

$U_{CD} = V_C - V_D = (140 - 90)$ V $= 50$ V

由此可见,电路中两点间的电压是绝对的,不随电位参考点的不同而发生变化,即电压值与电位参考点的选择无关;而电路中某一点的电位则是相对的,即电位参考点不同,该点电位值也将不同。

例 1-2　图 1-6 所示为某电路的部分电路,已知 $E = 4$ V, $R = 1$ Ω,试求:(1)当 $U_{ab} = 6$ V 时, $I = ?$(2)当 $U_{ab} = 1$ V 时,$I = ?$

解　设定电路中电压、电流的参考方向如图 1-6 所示,则 $U_{ab} = IR + E$。

(1)当 $U_{ab} = 6$ V 时,I 为

$$I = \frac{U_{ab} - E}{R} = \frac{6 - 4}{1} \text{ A} = 2 \text{ A}$$

$I > 0$ 表明电流的实际方向与参考方向一致。

(2)当 $U_{ab} = 1$ V 时,I 为

图 1-6　例 1-2 的图

$$I = \frac{U_{ab} - E}{R} = \frac{1 - 4}{1} \text{ A} = -3 \text{ A}$$

$I < 0$ 表明电流的实际方向与参考方向相反。

注意:在计算电路的某一电流或电压时,不事先标明电压和电流的参考方向,所求得的电流和电压的符号是没有意义的。

例 1-3　在如图 1-7 所示的电路中,已知 $I = 1$ A, $U_1 = 12$ V, $U_2 = 8$ V, $U_3 = 4$ V。求各元件功率,并分析电路的功率平衡关系。

解　元件 A:电压 U_1 和电流 I 为非关联参考方向,则

$$P_1 = -U_1 I = -12 \times 1 \text{ W} = -12 \text{ W}$$

$P_1 < 0$,说明元件产生 12 W 功率,元件 A 为电源。

元件 B:电压 U_2 和电流 I 为关联参考方向,则

$$P_2 = U_2 I = 8 \times 1 \text{ W} = 8 \text{ W}$$

$P_2 > 0$,说明元件吸收 8 W 功率,元件 B 为负载。

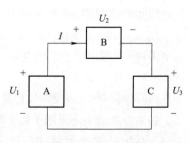

图 1-7　例 1-3 的图

元件 C:电压 U_3 和电流 I 为关联参考方向,则

$$P_3 = U_3 I = 4 \times 1 \text{ W} = 4 \text{ W}$$

$P_3 > 0$,说明元件 C 吸收 4 W 功率,元件 C 为负载。

$$P_1 + P_2 + P_3 = (-12 + 8 + 4) \text{ W} = 0 \text{ W},功率平衡。$$

【实验与技能训练】——电路的简单测试

在实验线路板上连接图 1-5 所示电路,用万用表测量各元件的电流及电压,在测量时应**注意**:

(1)直流电流表的使用方法。直流电流表用于测量直流电路中的电流,指针式直流电流表使用方法如下:

①调零。直流电流表水平放置,当指针不在零刻度时,可以用螺钉旋具轻轻调仪表的指针机械调零旋钮,使指针指在零刻度位置。

②量程的选择。测量前要预先计算被测电流的数值,选择合适的量程,在未知电流大小时,应将量程放置在最高挡位,以免损坏仪表。测量时如指针偏转角太小,为了提高读数的准确性,可改用小量程进行测量。

③表头连接。测量时要把直流电流表串联到被测电路中,使电流从电流表的"+"接线端钮流入,从"-"接线端钮流出,不要接错。

④读数。根据仪表指针最后停留的位置,按指示刻度读出相对应的电流值。读数时要**注意**:眼、指针、镜影针三点为一线,这样读数的误差最小。

(2)直流电压表的使用方法。直流电压表用于测量直流电路中的电压。直流电压表使用方法与直流电流表的使用方法基本相同,不同之处在于表头的连接方法,测量时应把直流电压表并联到被测量元件或被测电路的两端,"+"接线端钮接在被测电路的高电位端,"-"接线端钮接在被测电路的低电位端。

【思考题】

(1)电路一般由哪几部分组成? 各部分的作用是什么?

(2)什么是电路模型? 理想电路元件与实际电路元件有什么不同?

(3)电源和负载的本质区别是什么?

(4)电力系统中的电路的功能是实现电能的_____、_____和_____。

(5)如何判断图 1-5 中的两电源在电路中的作用?

(6)在分析电路时,电压、电流的参考方向能否随意改变? 为什么?

(7)在测量电流、电压时,电流表、电压表应分别如何连接在被测电路中? 电流表、电压表的量程选择对测量结果有影响吗?

(8)电路中若两点电位都很高,是否说明这两点间的电压值一定很大? 为什么说电位是相对的,电压是绝对的?

1.2　电路的基本元件

电路的基本元件是构成电工电路的基础。实际电路中的元件虽然种类繁多,但在电磁现象方面却有共同之处。有的元件主要消耗电能,如各种类型的电阻器、电灯、电烙铁等;有的元件主要

存储磁场能量,如种各类型的电感线圈;有的元件主要存储电场能量,如各种类型的电容器;有的元件和设备主要供给电能,如电池和发电机。怎样认识常见的理想电路元件及这些元件在电路中的特点就显得尤为重要,本节介绍电阻器、电容器、电感器的参数,电流与电压的关系及其检测方法,电源元件、实际电源两种模型。

1.2.1　电阻元件

1. 电阻与电导

电阻元件是实际电路中耗能特性的抽象与反映。所谓耗能,是指元件吸收电能转化为其他形式能量的过程,是不可逆的。电阻元件只能吸收和消耗电路中的能量,不可能产生能量,故电阻元件属于无源二端元件。

电学中的电阻元件意义更加广泛。除了电阻器、白炽灯、电热器等可视为电阻元件外,电路中导线和负载上产生的热损耗通常也归结于电阻元件。因此,电阻元件是反映材料或元器件对电流呈现阻力、消耗电能的一种理想元件。

电阻是表示导体对电流起阻碍作用的物理量。任何导体对电流都具有阻碍作用,因此都有电阻。电阻常用的单位是欧[姆](Ω),在实际使用中,有时还用到千欧($k\Omega$)、兆欧($M\Omega$)。

电阻的倒数称为电导,用 G 表示,即 $G = \dfrac{1}{R}$。电导的单位为西[门子](S),$1\ S = 1\ \Omega^{-1}$。电导也是表征电阻元件的特性参数,它反映元件的导电能力。

2. 电阻元件的伏安特性

电阻元件两端的电压与通过它的电流之间的关系,称为电阻元件的伏安特性。在直角坐标系平面上绘制的表示电阻元件电压、电流关系的曲线称为伏安特性曲线。

电流和电压的大小成正比的电阻元件称为线性电阻元件。线性电阻元件的阻值 R 是一个常数,其伏安特性曲线是一条通过坐标原点的直线,直线的斜率反映了阻值的大小。当电流、电压为关联参考方向时的伏安特性曲线如图 1-8 所示。

线性电阻元件的伏安特性曲线表明:通过线性电阻的电流 i 与作用在其两端的电压 u 成正比,即线性电阻元件的电压、电流关系遵循欧姆定律

$$i = \frac{u}{R} \tag{1-5}$$

电流和电压的大小不成正比的电阻,称为非线性电阻元件。非线性电阻元件的阻值不是常数,图 1-9 所示为非线性电阻元件的伏安特性曲线,它是一条通过原点的曲线。

图 1-8　线性电阻元件的伏安特性曲线　　　　　图 1-9　非线性电阻元件的伏安特性

本书不特别说明的电阻元件都是指线性电阻元件,线性电阻元件简称电阻。

3. 电阻器

(1)电阻器的作用、外形与符号。电阻器(简称电阻)一般是采用电阻率较大的材料(碳或镍铬合金等)制成的,在电路中起限流、分流、分压的作用。

常见的电阻器外形,如图 1-10 所示。

图 1-10　常见的电阻器外形

常用电阻器的符号,如图 1-11 所示。

图 1-11　常用电阻器的符号

(2)电阻器和电位器的型号命名方法。根据国家标准《电子设备用固定电阻器、固定电容器型号命名方法》(GB/T 2470—1995)的规定,电阻器产品型号一般由四个部分组成,如表 1-1 所示。

表 1-1　电阻器和电位器型号命名及意义

第一部分		第二部分		第三部分		第四部分
用字母表示主称		用字母表示材料		用数字或字母表示特征		用数字表示序号
符号	意义	符号	意义	符号	意义	
R	电阻器	T	碳膜	1、2	普通	包括:额定功率、阻值、允许误差、精度等级
W	电位器	P	硼碳膜	3	超高频	
		U	硅碳膜	4	高阻	
		C	沉淀膜	5	高温	
		H	合成膜	7	精密	

续表

第一部分		第二部分		第三部分		第四部分
用字母表示主称		用字母表示材料		用数字或字母表示特征		用数字表示序号
符号	意义	符号	意义	符号	意义	
		I	玻璃釉膜	8	电阻器—高压	
		J	金属膜		电位器—特殊函数	
		Y	氧化膜	9	特殊	
		S	有机实心	G	高功率	包括：额定功率、阻值、
		N	无机实心	T	可调	允许误差、精度等级
		X	线绕	X	小型	
		R	热敏	L	测量用	
		G	光敏	W	微调	
		M	压敏	D	多圈	

（3）电阻器的主要参数及标注方法：

①电阻器的主要参数：

a. 标称阻值（简称标称值）及允许误差。标注在电阻器上的电阻值称为标称值。电阻的实际值对于标称值的最大允许偏差范围称为电阻器的允许误差，它表示产品的精度。标称值是产品标注的"名义"阻值。通用电阻器的标称值系列和允许误差等级如表 1-2 所示。

任何电阻器的标称阻值均是表 1-2 所列数值的 10^n 倍（n 为整数），精密电阻的误差等级有 $\pm 0.05\%$、$\pm 0.2\%$、$\pm 0.5\%$、$\pm 1\%$、$\pm 2\%$等，其他电阻器的允许误差分为 I 级、II 级、III 级，如表 1-2 所示。

表 1-2 通用电阻器的标称值系列和允许误差等级

系列	允许误差		电阻器标称值系列/Ω
E24	I 级	±5%	1.0 1.1 1.2 1.3 1.5 1.6 1.8 2.0 2.4 2.7 3.0 3.3 3.6 3.9 4.3 4.7 5.1 5.6 6.2 6.8 7.5 8.2 9.1
E12	II 级	±10%	1.0 1.2 1.5 1.8 2.2 2.7 3.3 3.9 4.7 5.6 6.8 8.2
E6	III 级	±20%	1.0 1.5 2.2 3.3 4.7 6.8

b. 额定功率。电阻器的额定功率是指电阻器在规定的环境温度和湿度下，假设周围空气不流通，在长期连续工作而不损坏或基本不改变电阻器性能的情况下，电阻器上允许消耗的最大功率。当超过其额定功率使用时，电阻器的阻值及性能将会发生变化，甚至发热冒烟烧毁。因此，一般选用电阻器的额定功率时要有裕量，即选用比实际工作中消耗的功率大 1~2 倍的额定功率。表 1-3 列出了常用电阻器的额定功率系列。

表 1-3 常用电阻器的额定功率系列

种类	电阻器额定功率系列/W
线绕式	0.05 0.125 0.25 0.5 1 2 4 8 10 16 25 40 50 75 100 150 250 500
非线绕式	0.05 0.125 0.25 0.5 1 2 5 10 25 50 100

固定电阻器额定功率的符号表示,如图 1-12 所示。

例如,电阻器表面上印有 RXYC-50-T-1k5-±10% 符号,其含义是:耐潮釉线绕式可调电阻器,额定功率为 50 W,阻值为 1.5 kΩ,允许误差为 ±10%。

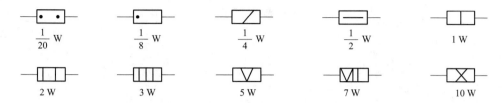

图 1-12　固定电阻器额定功率的符号表示

c. 最高工作电压。最高工作电压是指电阻器长期工作不发生过热或电击穿的工作电压限度。

②电阻器参数的标注方法。电阻器参数的表示方法有直标法、文字符号法、色标法和数码法。

a. 直标法。直标法就是将电阻器的主要参数(如功率、阻值、误差等)直接标注在电阻器表面上。直标法具有直观清楚、易识别等优点,但它的小数点容易失落。此方法只适用于大中型电阻器的参数表示,如图 1-13 所示。

图 1-13　电阻器参数直标法示意图

b. 文字符号法。文字符号法是将数字和文字符号两者有规律地组合起来表示电阻器的阻值,其偏差也是用文字符号表示的。符号前面的数字表示整数阻值,后面的数字依次表示第一位小数阻值和第二位小数阻值。例如电阻器上标志符号为"6k8"表示电阻的阻值为 6.8 kΩ。

文字符号法中,表示允许误差的文字符号有 D、F、G、J、K、M,与它们相对应的允许偏差分别为 ±0.5%、±1%、±2%、±5%、±10%、±20%。例如,电阻器上标示 50 ΩJ,表示电阻为 50 Ω,允许偏差为 ±5%。

对于字母和数字组合表示的,字母符号 R、k、M 之前的数字表示电阻值的整数值,之后的数表示电阻值的小数值,字母符号表示小数点的位置和电阻值单位,例如,8k2 表示 8.2 kΩ。精度等级标 Ⅰ 级或 Ⅱ 级,Ⅲ 级不标明。对小于 1 000 Ω 的阻值只标出数值,不标单位;对 kΩ、MΩ 只标注 k、M,如图 1-14 所示。

图 1-14　电阻器参数文字符号法示意图

c. 色标法(又称色环表示法):对体积很小的电阻和一些合成电阻器,其阻值和误差常用色环来标注,如图 1-15 所示。色环标注法有四色环和五色环两种。

四色环电阻的一端有四道色环,第一道色环和第二道色环分别表示电阻的第一位和第二位有效数字,第三道色环表示 10 的乘方数(10^n,n 为颜色所表示的数字),第四道色环表示允许误差(若

图 1-15　色环标注法

无第四道色环,则误差为 ±20%)。色环电阻的单位一律为 Ω,表 1-4 列出了色环电阻所表示的有效数字和允许误差。例如,某电阻有四道色环,分别为黄、紫、红、金,则其色环的意义为:①色环为黄色,4;②色环为紫色,7;③色环为红色,10^2;④色环为金色,±5%;其阻值为 4 700×(1±5%) Ω。

表 1-4 色环颜色所表示的有效数字和允许误差

色 别	银	金	黑	棕	红	橙	黄	绿	蓝	紫	灰	白	无色
有效数字	—	—	0	1	2	3	4	5	6	7	8	9	—
乘方数	10^{-2}	10^{-1}	10^0	10^1	10^2	10^3	10^4	10^5	10^6	10^7	10^8	10^9	—
允许误差	±10%	±5%	—	±1%	±2%	—	—	±0.5%	±0.2%	±0.1%			±20%
误差代码	K	J		F	G			D	C	B			M

精密电阻器一般用五道色环标注,它用前三道色环表示三位有效数字,第四道色环表示 10^n(n 为颜色所代表的数字),第五道色环表示阻值的允许误差。例如,如某电阻的五道色环为:橙橙红红棕,则其阻值为:$332 \times 10^2 \times (1 \pm 1\%)$ Ω。

在色环电阻器的识别中,找出第一道色环是很重要的,可用如下方法识别:在四色环标注中,第四道色环一般是金色或银色,由此可推出第一道色环。在五色环标注中,第一道色环与电阻的引脚距离最短,由此可识别出第一道色环。

采用色环标注的电阻器,颜色醒目,标注清晰,不易褪色,从不同的角度都能看清阻值和允许误差。目前在国际上都广泛采用色标法。

d. 数码法。随着电子元件的不断小型化,特别是表面安装元件的制造工艺不断进步,使得电阻器的体积越来越小,因此其元件表面上标注的文字符号也进行了相应的改革,采用数码法标注电阻器,即电阻器表面用三位数码表示阻值,精度等级不再表示出来(一般小于 ±5%)。数码从左到右排列,第一、第二位为有效数字,第三位为应乘倍率,单位是 Ω。例如,100 表示其阻值为 10×10^0 $\Omega = 10$ Ω;223 表示其阻值为 22×10^3 $\Omega = 22$ $k\Omega$。

(4)电阻器的检测。当电阻的参数标注因某种原因脱落或欲知道其精确阻值时,就需要用仪器对电阻的阻值进行测量。对于常用的碳膜、金属膜电阻器以及线绕电阻器的阻值,可用普通指针式万用表的电阻挡直接测量。

在具体测量时应**注意**以下几点:

①合理选择量程。先将万用表功能选择置于"Ω"挡,由于指针式万用表的电阻挡刻度线是一条非均匀的刻度线,因此必须选择合适的量程,使被测电阻的指示值尽可能位于刻度线的 0 刻度到全程 2/3 的这一段位置上,这样可提高测量的精度。对于上百千欧的电阻器,则应选用 $R \times 10$ k挡来进行测量。

②注意调零。所谓"调零"就是将万用表的两只表笔短接,调节"调零"旋钮使指针指向表盘上的"0 Ω"位置上。"调零"是测量电阻器之前必不可少的步骤,而且每换一次量程都必须重新调零一次。顺便指出,若"调零"旋钮已调到极限位置,但指针仍回不到"0 Ω"位置,说明万用表内部的电池电压已不足了,应更换新电池后再进行调零和测量。

③读数要准确。在观测被测电阻的阻值读数时,两眼应位于万用表指针的正上方(万用表应水平放置),同时注意双手不能同时接触被测电阻的两根引线,以免人体电阻的存在影响测量的准确性。

(5)电位器的主要参数。电位器实际上是一种可变电阻器,常用电位器的外形如图 1-16 所示。

（a）滑线变阻器　　　　　　　（b）开关电位器　　　　　　（c）旋转式电位器

图 1-16　常用电位器的外形

　　电位器的主要参数除与电阻器相同之外,还有如下参数:

　　①阻值的变化形式。这是指电位器的阻值随转轴旋转角度的变化关系,可分为线性电位器和非线性电位器。常用的有直线式、对数式、指数式,分别用 X、D、Z 来表示。直线式电位器适用于作为分压器,常用于示波器的聚焦和万用表的调零等方面;对数式电位器常用于音调控制和电视机的黑白对比度调节,其特点是先粗调后细调;指数式电位器常用于收音机、录音机、电视机等的音量控制,其特点是先细调后粗调。X、D、Z 字母符号一般印在电位器上,使用时应特别注意。

　　②动态噪声。由于电阻体阻值分布的不均匀性和滑动触点接触电阻的存在,电位器的滑动臂在电阻体上移动时会产生噪声,这种噪声对电子设备的工作将产生不良影响。

1.2.2　电感元件

1. 电感元件的构成及电感量

　　①电感元件的构成。电感元件是实际电路中建立磁场、存储磁能特性的抽象和反映。电感元件在电路中只进行能量交换,不消耗能量,属于无源二端元件。实际电感线圈的绕组是由导线绕制的,除了具有电感外,总有一定的电阻。其理想化的模型(忽略其电阻)称为电感元件,简称电感,其图形符号如图 1-17 所示。

图 1-17　线性电感元件的图形符号

　　日常生活中常见的电机、变压器等电气设备内部都含有电感线圈,收音机的接收电路、电视机的高频头也都含有电感线圈。

　　②电感量。表征电感线圈存储磁场能量大小的参数称为电感量,简称为电感,用 L 表示。电感的单位为亨利,简称亨,用 H 表示,另有毫亨(mH)和微亨(μH)等单位。

　　如果电感元件的电感为常数,而不随通过它的电流的改变而变化,则称为线性电感元件。本书如不特别加以说明,都是线性电感元件。

　　电感元件和电感线圈也称为电感。所以,电感一词有时指电感元件,有时则是指电感元件或电感线圈的电感系数。

2. 电感元件的伏安关系

　　电感元件两端的电压与通过电感元件的电流的关系为

$$u_{\mathrm{L}} = L \frac{\mathrm{d}i}{\mathrm{d}t} \tag{1-6}$$

　　由式(1-6)可知,任何时刻,电感元件的电压并不取决于这一时刻电流的大小,而是与这一时刻电流的变化率成正比。当电流不随时间变化时,电感电压为零。所以,在直流电路中,电感元件相当于短路。电流变化时必有自感电压产生,故电感元件又称动态元件。

3. 电感元件的储能

电感元件是储能元件,以磁场方式储能。如果电感的电流从零到 $i(t)$,则在时间 t 内所存储的能量为

$$w_L = \frac{1}{2}Li^2(t) \qquad (1-7)$$

式(1-7)说明,电感元件也是一种储能元件,某一时刻 t 的储能只取决于电感量 L 及这一时刻流过电感的电流值,并与其上电流的二次方成正比。当电流增大时,电感从外界吸收能量;当电流减小时,电感向外界释放能量,但电感元件在任何时刻不可能释放出多于它吸收的能量,因此,它是一种无源元件。

4. 电感器

(1)电感器的作用、外形及图形符号。电感器(简称电感)也是构成电路的基本元件,在电路中的基本特性是通直流、阻交流,通低频、阻高频,在交流电路中常用于扼流、降压、谐振等。

电感器可分为固定电感器和可调电感器两大类。按导磁性质可分为空芯线圈、磁芯线圈、铜芯线圈等;按用途可分为高频扼流线圈、低频扼流线圈、调谐线圈、退耦线圈等;按结构特点可分为单层、多层、磁芯式等。常用电感器的外形及图形符号,如图 1-18 所示。

脱胎空芯线圈　　　单层空芯电感线圈　　　空芯线圈　　　符号

(a)空芯线圈电感器

低频阻流圈　符号　　　高频阻流圈　符号　　　带磁芯可调电感器　符号

铁芯线圈电感器　　　磁芯线圈电感器

(b)有芯线圈电感器

图 1-18　常用电感器的外形及图形符号

(2)电感器型号命名方法。电感器大多为非标准产品,各厂家对固定电感器命名方法并不统一,通常由四部分组成。

第一部分:主称,用字母 L 表示电感线圈,用 ZL 表示阻流圈。第二部分:特征,用字母 G 表示高频。第三部分:结构形式,用字母 X 表示小型;数码 1 表示卧式;数码 4 表示立式。第四部分:区别代号,用数字表示。

(3)电感器的主要参数及标注方法:

①电感器的主要参数。电感器的主要参数有电感量、品质因数、额定电流、分布电容等。

a. 电感量。电感器的电感量也有标称值,单位有 μH(微亨)、mH(毫亨)和 H(亨)。电感量的误差是指线圈的实际电感量与标称值的差异。对振荡线圈的要求较高,允许误差为 0.2%~0.5%;对耦合阻流线圈要求则较低,一般在 10%~15% 之间。电感器的标称电感量和误差的常见标注方

法有直标法和色标法,标注方式类似于电阻器。目前大部分国产固定电感器将电感量、误差直接标在电感器上。电感量的单位如前所述。

b. 品质因数。电感器的品质因数 Q 是线圈质量的一个重要参数。它表示在某一工作频率下,线圈的感抗对其等效直流电阻的比值。Q 值越高,线圈的铜损耗越小。在选频电路中,Q 值越高,电路的选频特性也越好。

c. 额定电流。指在规定的温度下,线圈正常工作时所能承受的最大电流值。对于阻流线圈、电源滤波线圈和大功率的谐振线圈,这是一个很重要的参数。

d. 分布电容。指电感线圈匝与匝之间、线圈与地以及屏蔽盒之间存在的寄生电容。分布电容使 Q 值减小、稳定性变差,为此可将导线用多股线或将线圈绕成蜂房式。对天线线圈则采用间绕法,以减少分布电容的数值。

②电感器主要参数的标注方法:

a. 直标法。直标法如图 1-19(a)所示。

b. 色码表示法。色码表示法有色环表示法、色点表示法两种。

色环表示法的第一、第二色环表示两位有效数字,第三色环表示倍率,第四色环表示允许误差,如图 1-19(b)所示。各色环颜色的含义与色环电阻器相同,其单位为 μH。

色点表示法如图 1-19(c)所示。

（a）直标法　　　　　　　　　　　　（b）色环表示法

（c）色点表示法

图 1-19　电感器主要参数的标注方法

(4)电感器的检测:

①进行外观检查,看线圈有无松散,引脚有无折断、生锈现象。

②用万用表测量电感线圈电阻可大致判断其质量好坏。一般电感线圈的直流电阻很小(几欧至几十欧)、低频扼流线圈的直流电阻也只有几百至几千欧。当测得线圈的电阻为无穷大时,表明线圈(或与引出线间)有断路;当测得线圈的电阻远小于正常值时,表明线圈有局部短路;若测得电阻为零,则线圈被完全短路。对于有金属屏蔽罩的电感器线圈,还需检查它的线圈与屏蔽罩间是否短路;对于有磁芯的可调电感器,螺纹配合要好。

③电感线圈的性能检测。欲准确检测电感线圈的电感量 L 和品质因数 Q,一般均需要专门的仪器,而且测量步骤较复杂。

1.2.3　电容元件

1. 电容元件的构成及电容量

（1）电容元件的构成。电容元件是实际电路中建立电场、存储电能特性的抽象与反映。电容元件在电路中只进行能量交换，不消耗能量，也属于无源二端元件。

由物理学知识知道可知，任何两个彼此靠近而且又相互绝缘的导体都可以构成电容器。这两个导体称为电容器的极板，它们之间的绝缘物质称为介质。线性电容元件的图形符号，如图 1-20 所示。

图 1-20　线性电容元件的图形符号

在电容器的两极板间加上电源后，极板上分别积聚起等量的异性电荷，在介质中建立起电场，并且存储电场能量。电源移去后，由于介质绝缘，电荷仍然可以聚集在极板上，电场继续存在。所以，电容器是一种能够存储能量的元件，这就是电容器的基本电磁性能。但在实际中，当电容器两端的电压变化时，介质中往往有一定的介质损耗，而且介质也不可能完全绝缘，因而也存在一定的漏电流。

如果忽略电容器的这些次要性能，就可以用一个代表其基本性能的理想二端元件作为模型。实际电容器的理想化电路模型称为电容元件。

（2）电容元件的容量。若电容元件上的电压参考方向规定为由正极板指向负极板，则电容元件的容量与电荷量、电压之间的关系为

$$C = \frac{q}{u} \tag{1-8}$$

式（1-8）中，C 是用以衡量电容元件容纳电荷本领大小的一个物理量，称为电容元件的电容量，简称电容。

电容的国际单位为法［拉］，符号为 F，1 F = 1 C/V。电容元件的电容往往比 1 F 小得多，因此，常采用微法（μF）和皮法（pF）作为其单位，其换算关系为

$$1\ \text{F} = 10^{6}\ \mu\text{F} = 10^{12}\ \text{pF}$$

如果电容元件的电容为常量，不随它所带电量的变化而变化，这样的电容元件即为线性电容元件。本书不特别加以说明时，所说的电容都是线性电容元件。电容元件和电容器也简称为电容。所以，电容一词有时指电容元件（或电容器），有时则指电容元件（或电容器）的电容量。

2. 电容元件的伏安关系

由式（1-8）可知，当作用于电容器的电压变化时，电容器极板上的电量也随之变化，电路中就有电荷转移，于是该电容器所在支路中就会产生电流。当电压与电流取关联参考方向时，电容器所在支路的电流与电容器两端电压之间的关系为

$$i = C\frac{\mathrm{d}u}{\mathrm{d}t} \tag{1-9}$$

式（1-9）为电容元件的伏安关系式。此式表明，电容支路的电流不是取决于该时刻电容的电压值，而是取决于此时电压的变化率，故称电容元件为动态元件。电压变化越快，电流越大；电压变化越慢，电流越小。当电压不随时间变化时，电流等于零，这时电容元件相当于开路，故电容元件有隔断直流的作用。

3. 电容元件的储能

电容器两极板间加上电源后,极板间产生电压,介质中建立起电场,并存储电场能量,因此,电容元件是一种储能元件。如果电容从零电压开始充电到 $u(t)$,则在时刻 t 所存储的能量为

$$w_C = \frac{1}{2} C u^2(t) \tag{1-10}$$

式(1-10)说明,电容元件是一种储能元件,某一时刻 t 的储能只取决于电容 C 及这一时刻电容的电压值,并与其上电压的二次方成正比。当电压增大时,电容从外界吸收能量;当电压减小时,电容向外界释放能量,但电容元件在任何时刻不可能释放出多于它吸收的能量,因此,它是一种无源元件。

4. 电容器

(1)电容器的作用、外形与图形符号。电容器是一种能存储和释放电能的元件(俗称为"储能元件"),具有"隔直通交"的作用,因此,在电路中常用于隔直流、耦合、旁路、滤波及反馈等。常见电容器的外形及图形符号如图 1-21 所示。

图 1-21　常见电容器的外形及图形符号

电容器的种类很多,根据不同的分法有不同的类型。

①按介质分类。按介质不同,电容器可分为空气介质电容器、纸介电容器、有机薄膜电容器、瓷介电容器、玻璃釉电容器、云母电容器、电解电容器等。

②按结构分类。按结构不同,电容器可分为固定电容器、半可变电容器、可变电容器等。

a. 固定电容器。固定电容器的电容量是不可调节的,常用的几种固定电容器的外形及图形符

号如图 1-21(a)所示。

　　b. 半可变电容器。半可变电容器又称微调电容器或补偿电容器。其特点是容量可在小范围内变化,可变容量通常在几皮法或几十皮法之间,最高可达 100 pF(陶瓷介质时)。半可变电容器通常用于整机调整后,电容量不需经常改变的场合,它的外形及图形符号如图 1-21(b)所示。

　　c. 可变电容器。可变电容器的容量可在一定范围内连续变化,它由若干片形状相同的金属片并接成一组(或几组)定片和一组(或几组)动片。动片可以通过转轴转动,以改变动片插入定片的面积,从而改变电容量。其介质有空气、有机薄膜等。可变电容器有"单联"、"双联"和"三联"之分,外形及图形符号如图 1-21(c)、(d)所示。

　　(2)电容器的型号命名方法。根据国家标准《电子设备用固定电阻器、固定电容器型号命名方法》(GB/T 2470—1995)的规定,电容器产品型号一般由四个部分组成,如表 1-5 所示。分类部分的符号除个别类型用字母表示外(如用 G 表示高功率,W 表示微调),一般用数字表示。

表 1-5　电容器型号符号的意义

第一部分		第二部分		第三部分					第四部分
用字母表示主称		用字母表示材料		用数字或字母表示特征					用数字表示序号
符号	意义	符号	意义	符号	意义				
					瓷介电容器	云母电容器	电解电容器	有机介质电容器	
C	电容器	C	瓷介	1	圆片	非密封	箔式	非密封	包括:品种、尺寸代号、温度特性、直流工作电压、标称值、允许误差、标准代号
		I	玻璃釉	2	管形	非密封	箔式	非密封	
		O	玻璃膜	3	叠片	密封	烧结粉、非固体	密封	
		Y	云母	4	独石	密封	烧结粉、固体	密封	
		V	云母纸	5	穿心			穿心	
		Z	纸介	6	支柱				
		J	金属化纸						
		B	聚苯乙烯						
		F	聚四氟乙烯						
		L	涤纶(聚酯)						
		S	聚碳酸酯						
		Q	漆膜						
		H	纸膜复合						
		D	铝电解						
		A	钽电解						
		G	金属电解						
		N	铌电解						
		T	钛电解						
		M	压敏						
		E	其他材料电解						

例如,CJX-63-0.47±10%表示为金属化纸介小型电容,其额定电压为63 V,标称容量为0.47 μF,允许误差为±10%。

(3)电容器的主要参数及标注方法。电容器的主要参数有如下几个:

①标称容量。电容器上标注的电容量值,称为标称容量。固定电容器的标称容量系列见表1-6。任何电容器的标称容量都满足表中标称容量系列再乘以10^n(n为正或负整数)。

表1-6　固定电容器的标称容量系列

电容器类别	允许误差	标称值系列/μF
高频纸介质、云母介质 玻璃釉介质 高频(无极性)有机薄膜介质	±5%	1.0　1.1　1.2　1.3　1.5　1.6　1.8　2.0 2.2　2.4　2.7　3.0　3.3　3.6　3.9　4.3　4.7　5.1　5.6　6.2 6.8　7.5　8.2　9.1
纸介质、金属化纸介质 复合介质 低频(有极性)有机薄膜介质	±10%	1.0　1.5　2.0　2.2　3.3　4.0　4.7　5.0　6.0　6.8　8.2
电解电容器	±20%	1.0　1.5　2.2　3.3　4.7　6.8

电容器的标称容量标注方法如下:

a. 直标法。在产品的表面上直接标注出产品的主要参数和技术指标的方法。例如,33 μF±5%、32 V。

b. 文字符号法。将主要参数与技术性能用文字、数字符号有规律的组合标注在产品的表面上。采用文字符号法时,将容量的整数部分写在容量单位标注符号前面,小数部分放在单位符号后面。例如,3.3 pF标注为3p3,1 000 pF标注为1n,6 800 pF标注为6n8,2.2 μF标注为2μ。

c. 数字表示法。体积较小的电容器常用数字标注法。一般用三位整数,第一位、第二位为有效数字,第三位表示有效数字后面零的个数,单位为皮法(pF),但是当第三位数是9时表示10^{-1}。例如,"243"表示容量为24 000 pF,而"339"表示容量为$33×10^{-1}$ pF(3.3 pF)。

d. 色标法。电容器的色标法原则上与电阻器类似,其单位为皮法(pF)。

②允许误差。电容器的标称容量与其实际容量之差,再除以标称值所得的百分比,就是允许误差。固定电容器的允许误差分为八个等级,如表1-7所示。

表1-7　电容器允许误差等级

级别	01	02	Ⅰ	Ⅱ	Ⅲ	Ⅳ	Ⅴ	Ⅵ
允许误差	1%	±2%	±5%	±10%	±20%	+20%~-30%	+50%~-20%	+100%~-10%

误差的标注方法一般有三种:将容量的允许误差直接标注在电容器上。用罗马数字Ⅰ、Ⅱ、Ⅲ分别表示±5%、±10%、±20%。用英文字母表示误差等级,用J、K、M、N分别表示±5%、±10%、±20%、±30%;用D、F、G分别表示±0.5%、±1%、±2%;用P、S、Z分别表示(+100%,-20%)、(+50%,-20%)、(+80%,-20%)。

③额定耐压。指在规定温度范围下,电容器正常工作时能承受的最大电压。固定式电容器的耐压系列值有:1.6 V、4 V、6.3 V、10 V、16 V、25 V、32 V*、40 V、50 V、63 V、100 V、125 V*、160 V、250 V、300 V*、400 V、450 V*、500 V、1 000 V等(带*号表示只限于电解电容器使用)。耐压值一般直接标在电容器上,但有些电解电容器在正极根部用色点来表示耐压等级,如6.3 V用棕色,10 V用红色,16 V用灰色。电容器在使用时不允许超过这个耐压值,若超过此值,电容器就可能

损坏或被击穿,甚至爆裂。

④绝缘电阻。指加到电容器上的直流电压和漏电流的比值,又称漏阻。漏阻越低,漏电流越大,介质耗能越大,电容器的性能就差,寿命也越短。

电容器参数的标注方法示例,如图 1-22 所示。

（a）直标法

（b）文字符号法

（c）色标法

图 1-22　电容器参数的标注方法示例

（4）电容器的检测。对电容器进行性能检查,应视型号和容量的不同而采取不同的方法。

①电解电容器的检测。对电解电容器的性能测量,最主要的是容量和漏电流的测量。对正、负极标注脱落的电容器,还应进行极性判别。用万用表测量电解电容的漏电流时,可用万用表电阻挡测电阻的方法来估测。万用表的黑表笔应接电容器的"＋"极,红表笔接电容器的"－"极,此时指针迅速向右摆动,然后慢慢退回,待指针不动时其指示的电阻值越大表示电容器的漏电流越

小;若指针根本不向右摆,则说明电容器内部已断路或电解质已干涸而失去容量。

用上述方法还可以鉴别电容器的正、负极。对失掉正、负极标注的电解电容器,可先假定某极为"＋",让其与万用表的黑表笔相接,另一个电极与万用表的红表笔相接,同时观察并记住指针向右摆动的幅度;将电容放电后,把两只表笔对调重新进行上述测量。哪一次测量中,指针最后停留的摆动幅度较小,说明该次对其正、负极的假设是对的。

②中、小容量电容器的检测。这类电容器的特点是无正、负极之分,绝缘电阻很大,因而其漏电流很小。若用万用表的电阻挡直接测量其绝缘电阻,则指针摆动范围极小不易观察,用此法主要是检查电容器的断路情况。

对于 $0.01~\mu F$ 以上的电容器,必须根据容量的大小,分别选择万用表的合适量程,才能正确加以判断。例如,测 $300~\mu F$ 以上的电容器可选择 $R \times 10~k$ 或 $R \times 1~k$ 挡;测 $0.47 \sim 10~\mu F$ 的电容器可用 $R \times 1~k$ 挡;测 $0.01 \sim 0.47~\mu F$ 的电容器可用 $R \times 10~k$ 挡等。具体方法是:用两表笔分别接触电容器的两根引线(注意双手不能同时接触电容器的两极),若指针不动,将指针对调再测,仍不动说明电容器断路。

对于 $0.01~\mu F$ 以下的电容器不能用万用表的欧姆挡判断其是否断路,只能用其他仪表(如 Q 表)进行鉴别。

③可变电容器的检测。对可变电容器主要是测其是否发生碰片(短接)现象。选择万用表的电阻($R \times 1$)挡,将表笔分别接在可变电容器的动片和定片的连接片上。旋转电容器动片至某一位置时,若发现有直通(即指针指零)现象,说明可变电容器的动片和定片之间有碰片现象,应予以排除后再使用。

(5)电容器的串联与并联。在实际工作中,经常会遇到电容器的电容量大小不合适,或电容器的额定耐压不够高等情况。为此,就需要将若干个电容器适当地加以串联、并联以满足要求。

①电容器的串联。图 1-23 所示电路为两个电容器串联的电路,其等效电容为

$$\frac{1}{C} = \frac{1}{C_1} + \frac{1}{C_2} \tag{1-11}$$

当有几个电容串联时,其等效电容的倒数等于各串联电容的倒数之和。

②电容器的并联。图 1-24 所示电路为两个电容器并联的电路,其等效电容为

$$C = C_1 + C_2 \tag{1-12}$$

当有几个电容并联时,其等效电容等于各并联电容之和。

图 1-23　两个电容器串联的电路

图 1-24　两个电容器并联的电路

1.2.4　电源元件

电源可分为独立电源和受控电源。独立电源元件是指能独立向电路提供电压、电流的元件、

设备或装置,如日常生活中常见的干电池、蓄电池和稳压电源等。

1. 独立电源

实际电源可以用两种不同的电路模型来表示,一种以电压的形式向电路供电,称为电压源;另一种以电流的形式向电路供电,称为电流源。

1)电压源

(1)实际电压源。任何一个电源,都含有电动势 E(或源电压 U_S)和内阻 R_0,在分析和计算电路时,用电源电动势 E(或用电源电压,简称源电压 U_S)和内阻 R_0 串联的电路模型来表示的电源,称为实际电压源,如图 1-25(a)所示,图中 U 是电源端电压,I 是流过负载的电流。由图 1-25(a)可得

$$U = E - IR_0 \tag{1-13}$$

输出电流取决于负载 R_L,端电压 U 略小于电源电动势 E,其差值为内阻 R_0 所分电压 IR_0。实际电压源的伏安特性如图 1-25(b)所示,内阻 R_0 越小,直线越趋于水平。

电压源开路时,$I = 0$,$U = E$,电路中的电流为零,电源的端电压等于电源的电动势,U_{OC} 称为开路电压。电压源短路时,由于外电路电阻为零(或被短路),则 $U = 0$,$I_{SC} = E/R_0$,电源端电压为零,输出电流为零,I_{SC} 称为短路电流。由于短路电流很大,所以在实际应用中是不允许电压源短路的,否则短路电流很大,会将电源烧坏。

(a)实际直流电压源的模型   (b)伏安特性

图 1-25　实际直流电压源的模型及伏安特性

(2)理想电压源。理想电压源就是电源内阻 $R_0 = 0$ 的电压源,如图 1-26(a)所示。电源输出电压 U 恒等于电源电动势 E,是一定值,而输出电流 I 随负载电阻 R_L 的变化而变化,所以又称恒压源。

理想电压源的伏安特性为 $U = E$ 的水平直线,如图 1-26(b)所示。如果一个电压源的内阻 $R_0 \ll R_L$,则可认为是理想电压源。通常用的稳压电源可认为是理想电压源。

(a)理想直流电压源的模型   (b)伏安特性

图 1-26　理想直流电压源及伏安特性

2）电流源

（1）实际电流源。实际电源除用实际电压源模型表示外,还可以用恒定电流(源电流)I_S和内阻R_0并联的电路模型来表示,称为电流源,如图1-27(a)所示。

由图1-27(a)可得

$$I_S = \frac{U}{R_0} + I \qquad (1-14)$$

式(1-14)中,I是流过负载的电流,U是负载的端电压,U/R_0是流过R_0的电流。对于负载R_L而言,当电源用电流源表示时,其上电压U和流过电流I并未改变。实际直流电流源的伏安特性如图1-27(b)所示,内阻R_0越大,特性曲线越趋于水平。

（a）实际直流电流源的模型　　　　　　　　　（b）伏安特性

图 1-27　实际直流电流源的模型及伏安特性

（2）理想电流源。理想电流源就是电源内阻$R_0 \rightarrow \infty$时的电流源,如图1-28(a)所示。理想电流源输出的电流I恒等于电流源电流I_S,是一定值,而输出电压U随负载电阻R_L的变化而变化,所以又称恒流源。

理想电流源的伏安特性为$I = I_S$的水平直线,如图1-28(b)所示。如果一个电流源的内阻$R_0 \gg R_L$,则可认为是理想电流源。

（a）理想直流电流源的模型　　　　　　　　　（b）伏安特性

图 1-28　理想直流电流源的模型及伏安特性

2. 受控电源

电压源的电压或电流源的电流,受电路中其他支路电压或电流的控制,这类电源统称为受控电源,简称受控源,它是非独立电源。受控源不同于独立源,它本身不能直接起激励作用,而只是用来反映电路中某一支路电压或电流对另一支路电压或电流的控制关系。因此,受控源是一种非独立源。在电路理论中,受控源主要用来描述和构成各种电子器件的模型,为电子线路的分析计算提供基础。

受控源有两对端钮:一对为输入端钮或控制端口,另一对为输出端钮或受控端口。所以,受控源是一个二端口元件。受控源可以是电压源,也可以是电流源;受控源的控制量可以是电压,也可以是电流。因此,受控源可以分为以下四类:

　　电压控制电压源(VCVS):在图 1-29(a)中,输出电压 U_2 是受输入电压 U_1 控制的,其外特性为 $U_2 = \mu U_1$,式中,μ 为转移电压比或电压放大系数,它没有量纲。

　　电压控制电流源(VCCS):在图 1-29(b)中,输出电流 I_2 是受输入电压 U_1 控制的,其外特性为 $I_2 = g U_1$,式中,g 为输出电流与输入电压的比值,它具有电导的量纲,称为转移电导,其基本单位是 S。

　　电流控制电压源(CCVS):在图 1-29(c)中,输出电压 U_2 是受输入电流 I_1 控制的,其外特性为 $U_2 = r I_1$,式中,r 为输出电压与输入电流的比值,它具有电阻的量纲,称为转移电阻,其基本单位是 Ω。

　　电流控制电流源(CCCS):在图 1-29(d)中,输出电流 I_2 是受输入电流 I_1 控制的,其外特性为 $I_2 = \beta I_1$,式中,β 为输出电流与输入电流的比值或电流放大系数,它没有量纲。

　　图 1-29 所示的是四种理想受控源。在电路图中,受控源用菱形符号表示,以便与独立电源的圆形符号相区别。受控电压源或受控电流源的参考方向的表示方法与独立源的表示方法一样。当图 1-29 中的转移系数 μ、g、r、β 为常数时,表明受控量与控制量成正比,这种受控源称为线性受控源。

图 1-29　四种受控源模型

【实验与技能训练】——电路基本元件的检测

1. 电阻器的识别与检测

　　(1)电阻器的识别。根据表 1-8 中的电阻的阻值,将对应的色环颜色填入表 1-8 中;根据表 1-8 中的电阻色环颜色,将对应的电阻值填入表 1-8 中。

表1-8 色环电阻的识读

色环数	电阻的阻值	第一道色环	第二道色环	第三道色环	第四道色环	第五道色环
四色环	27×(1±10%) kΩ					
	100×(1±5%) Ω					
		红	红	橙	无色	
五色环	1×(1±10%) kΩ					
	680×(1±2%) Ω					
		棕	紫	绿	金	棕

(2)用万用表的电阻挡,测量10只电阻的阻值,并记录于自拟表中。

注意:电阻阻值的实际测量值与标称值存在误差。

(3)用直流稳压电源、毫安表、电阻(1 kΩ),在实验线路板上连接电路。接通电源,将电源电压从0 V开始逐渐增加到10 V,用万用表测量电阻两端的电压,每增加2 V记录一次电流值,画出该电阻的伏安特性曲线。

2. 电感器的识别与检测

分别给出直标法、色标法电感器,每种两个,进行识别,将识别结果填入表1-9中。

表1-9 电感器的识读

标注法	序号	电感量	偏差
直标法	电感器1		
	电感器2		
色标法	电感器3		
	电感器4		

3. 电容器的识别与检测

(1)分别给出直标法、数字表示法、色标法的电容器,每种两个,进行识别,将识别结果填入表1-10中。

表1-10 电容器的识读

标注法	序号	电容量	耐压值	偏差
直标法	电容器1			
	电容器2			
数字表示法	电容器3			
	电容器4			
色标法	电容器5			
	电容器6			

(2)电容器质量的检测,用万用表对给定的2~3个电容器进行漏电和容量检测,将检测结果分别填入表1-11中。

表 1-11　固定电容器的漏电和电容容量判别

电容器	电容器漏电判别			电容器容量判别		
	万用表指针偏转的最大值	万用表指针复位的位置	质量分析	万用表指针有偏转情况	万用表指针不偏转	质量分析
电容器 1						
电容器 2						
电容器 3						

注意:在进行固定电容器漏电判别时,用万用表电阻挡的 $R \times 10$ k 挡;对 5 000 pF 以上的电容器进行电容容量的判别时可用万用表最高电阻挡;对 5 000 pF 以下的小容量电容器,用万用表的最高电阻挡已看不出充电与放电现象,应采用专门的测量仪器判别。

【思考题】

(1)温度一定时,电阻的大小取决于哪些方面? 温度发生变化时,导体的电阻会随之发生变化吗?

(2)把一段电阻为 10 Ω 的导线对折起来使用,其电阻值如何变化? 如果把它拉长一倍,其电阻又会如何变化?

(3)精密型电阻的色环一般是＿＿＿＿＿＿(四色环/五色环);色环电阻上的色环一般可以表示电阻的＿＿＿＿、＿＿＿＿、＿＿＿＿;按照色环的印制规定,离电阻器端边＿＿＿＿(最近/较远)的为首环,＿＿＿＿(最近/较远)的为尾环。

(4)电感器的技术参数主要有哪些? 何谓电感线圈的品质因数?

(5)电感器是根据＿＿＿＿＿＿(电磁感应/电场强度)原理,用＿＿＿＿(导线/绝缘线)绕制在绝缘管或铁芯、磁芯上的一种常用的电子元件;电感的标注方法有＿＿＿＿＿＿。

(6)电容器的基本工作方式有哪些? 电容器在电路中具有什么特点? 通常用于哪些场合?

(7)电容器的标注方法有＿＿＿＿、＿＿＿＿、＿＿＿＿等几种,其中最常用的是＿＿＿＿。电解电容器的极性判断方法是＿＿＿＿＿＿＿＿＿＿;电风扇上启动器用的电容器是＿＿＿＿＿＿＿＿＿(电解电容器/普通电容器)。对于 0.01 μF 以上的电容器如何测试? 对于 0.01 μF 以下的电容器,又该如何测试?

(8)电容器相串联和相并联时,其等效电容量是增大还是减小?

(9)理想电源元件和实际电源元件有什么不同? 实际电源元件在哪种情况下的数值可以用一个理想电源来表示?

(10)受控源分为＿＿＿＿＿＿、＿＿＿＿＿＿、＿＿＿＿＿＿、＿＿＿＿＿＿等四种,其作用为反映电路中控制与被控制的关系。

1.3　基尔霍夫定律

基尔霍夫定律是由德国物理学家基尔霍夫于 1845 年提出的。它概述了电路中电流和电压分别遵循的基本定律,包括基尔霍夫电流定律(KCL)和基尔霍夫电压定律(KVL)。

电路由电路元件相互连接而成,当电路只有一个电源且电路元件仅有串联、并联关系时,电路中的电流、电压的计算可以根据欧姆定律求出。但许多电子或电力线路中,大多含有两个及以上电源组成的多回路电路,它们不能直接运用电阻的串、并联计算方法将电路化简为无分支的单回路电路,这种电路习惯上称为复杂电路。对于复杂电路,常常应用基尔霍夫定律进行求解。基尔霍夫定律从电路连接方面阐明了电路的电流、电压应遵循的约束关系,它是分析复杂电路的基本依据之一。

1.3.1　电路中的常用术语

1. 支路

一段含有电路元件而又无分支的电路称为支路。如图 1-30 所示,该电路中共有三条支路,分别为 cabd、cd、cefd 段电路。

一条支路中可以由一个元件或者由几个元件串联组成,支路中流过的电流为同一个电流,称为支路电流,如图 1-30 所示的 cabd、cefd、cd 各支路对应的支路电流分别为 I_1、I_2、I_3。

图 1-30　电路术语例图

2. 节点

三条或三条以上的支路连接点称为节点,如图 1-30 所示的 c、d 点。

3. 回路

由支路组成的闭合路径称为回路。如图 1-30 所示的 acdba、cefdc、acefdba 等都是回路,该电路共有三条回路。

4. 网孔

如果回路内不再包含有支路,这样的回路称为网孔。如图 1-30 所示的 acdba、cefdc 是网孔,而acefdba 不是网孔。

1.3.2　基尔霍夫第一定律

基尔霍夫第一定律又称基尔霍夫电流定律,简称 KCL(Kirchhoff's Current Law),它用来确定连接在同一节点上的各支路电流间的关系。由电流的连续性可知,电路中任何一点(包括节点在内)均不能堆积电荷。因此任何时刻,流入某一节点的电流之和与流出该节点的电流之和相等,即

$$\sum I_{流入} = \sum I_{流出} \tag{1-15}$$

式(1-15)也可以写成 $\sum I_{流入} - \sum I_{流出} = 0$,即 $\sum I_{流入} + \sum (-I_{流出}) = 0$,式中的 $I_{流入}$、$I_{流出}$ 皆为电流的大小,如果考虑电流的方向和符号,将流入某一节点的电流取"＋",流出该节点的电流取"－",则基尔霍夫第一定律可以表述为:在任何时刻,某一节点的电流代数和为零,即

$$\sum I = 0 \tag{1-16}$$

例如,在图 1-30 中,对于节点 c 有:$I_1 + I_2 - I_3 = 0$,根据基尔霍夫电流定律所列的节点电流关系式称为节点电流方程。

注意：

（1）列节点电流方程之前，必须先标明各支路的电流参考方向。

（2）对于含有 n 个节点的电路，只可以列出 $n-1$ 个独立的电流方程。

例 1-4　图 1-31 所示的电路为某电路的一部分，已知 $I_1 = 25$ mA，$I_3 = 10$ mA，$I_4 = 12$ mA。求：电流 I_2、I_5、I_6。

解　电路中共有 a、b、c 三个节点，根据 KCL 可列三个节点电流方程分别为

节点 a：$I_1 + I_4 = I_2$

节点 b：$I_2 + I_5 = I_3$

节点 c：$I_5 + I_4 = I_6$

所以

$$I_2 = I_1 + I_4 = (25 + 12)\ \text{mA} = 37\ \text{mA}$$

$$I_5 = I_3 - I_2 = (10 - 37)\ \text{mA} = -27\ \text{mA}$$

$$I_6 = I_5 + I_4 = (-27 + 12)\ \text{mA} = -15\ \text{mA}$$

求得 I_5、I_6 的值带负号，表示电流的实际方向与所标的参考方向相反。

基尔霍夫电流定律不仅适用于节点，也可以将其推广应用于包围部分电路的任一假设的封闭面，即广义节点。如图 1-32 所示，封闭面（虚线表示）将三个节点包围后可以看成一个节点，若已知 I_1 和 I_2，则可以利用 KCL 列出电流方程：$I_1 + I_2 = I_3$，从而求出 I_3，对于封闭面所包围的内部电路可以不考虑，从而使问题得到了简化。

图 1-31　例 1-4 的图

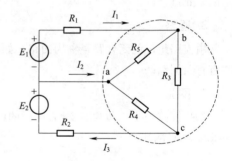

图 1-32　广义节点的示意

1.3.3　基尔霍夫第二定律

基尔霍夫第二定律又称基尔霍夫电压定律，简称 KVL（Kirchhoff's Voltage Law）。它用来确定回路的路径上各段电压间的关系。

以图 1-33 所示电路为例，在任何时刻，如果从回路任何一点出发，以顺时针方向（或逆时针方向）沿回路绕行一周，回路的路径上各段电压的代数和恒等于零，即

$$\sum U = 0 \tag{1-17}$$

根据 $\sum U = 0$ 所列的方程，称为回路电压方程。

注意：列回路电压方程之前，必须先标明各段电路电压的参考方向和回路的绕行方向。当电压的参考方向与回路绕行方向一致时，该电压符号前取"＋"，否则，电压符号前取"－"。

对回路 abcdea，其路径上的有关电压分别为 $U_{ab} = R_1 I_1$，$U_{bc} = E_1$，$U_{cd} = -R_2 I_2$，$U_{de} = -E_2$，$U_{ea} =$

$R_3 I_3$。假设该回路沿 abcdea 方向绕行，由 $\sum U = 0$ 得 $U_{ab} + U_{bc} + U_{cd} + U_{de} + U_{ea} = 0$。将 U_{ab}、U_{bc}、U_{cd}、U_{de}、U_{ea} 代入整理得 $R_1 I_1 - R_2 I_2 + R_3 I_3 = -E_1 + E_2$，即

$$\sum (RI) = \sum E \tag{1-18}$$

式(1-18)表明：任何时刻，在任何一条闭合回路的路径上各电阻上的电压降代数和等于各电源电动势的代数和。

注意：利用 $\sum (RI) = \sum E$ 列回路电压方程时，对 $\sum (RI)$ 来说，当通过电阻的电流方向与回路的绕行方向一致时，该电阻电压取"$+$"，相反时取"$-$"；对 $\sum E$ 来说，若电源电动势的方向（**注意**：电动势方向由"$-$"极指向"$+$"极）与回路绕行方向一致时，该电动势符号前取"$+$"，否则，电动势符号前取"$-$"。

对于含有 n 个节点、b 条支路的电路，只可以列出 $b - (n-1)$ 个独立的回路电压方程。

由上所述可知：KCL 规定了电路中任何一个节点各支路电流必须服从的约束关系；而 KVL 则规定了电路中任何一条回路的各支路电压必须服从的约束关系。这两个定律仅与元件相互连接的方式有关，而与元件的性质无关，所以这种约束称为结构约束或拓扑约束。

例 1-5　图 1-34 所示的电路为某电路的一部分。已知 $R_1 = 25\ \Omega$，$R_2 = 20\ \Omega$，$R_3 = 10\ \Omega$，$E_1 = 14\ V$，$E_2 = 24\ V$，$I_1 = 2\ A$，求：U_{AB}。

解　对 E_1、R_1、R_2、E_2 组成的回路，由 KVL 得

$$I_1 R_1 + I_2 R_2 = -E_2 + E_1$$

$$I_2 = \frac{E_1 - E_2 - I_1 R_1}{R_2} = \frac{14 - 24 - 2 \times 25}{20}\ A = -3\ A$$

由 KCL 得

$$I_1 - I_2 - I_3 = 0$$

所以

$$I_3 = I_1 - I_2 = [2 - (-3)]\ A = 5\ A$$

对 E_2、R_2、R_3、U_{AB} 所组成的回路，由 KVL 得

$$U_{AB} - I_2 R_2 + I_3 R_3 = E_2$$

所以

$$U_{AB} = E_2 + I_2 R_2 - I_3 R_3 = [24 + (-3) \times 20 - 5 \times 10]\ V = -86\ V$$

图 1-33　说明回路电压定律的电路图

图 1-34　例 1-5 的图

【实验与技能训练】——基尔霍夫定律的验证

在实验线路板上,按图 1-30 连接电路,图中 $E_1 = 5$ V, $E_2 = 12$ V, $R_1 = 430$ Ω, $R_2 = 100$ Ω, $R_3 = 100$ Ω。进行以下操作。

(1)用电流表分别测量各支路电流 I_1、I_2 和 I_3,将测量数据填入表 1-12 中并验证节点 c 的电流是否符合基尔霍夫电流定律?

表 1-12　电流的测量值和计算值

测量项目	测量值	对节点 c: $\sum I$
I_1/mA		
I_2/mA		
I_3/mA		

(2)用电压表分别测量 U_{ab}、U_{dc}、U_{ca}、U_{ce} 和 U_{ef},将测量数据填入表 1-13 中,验证回路 acdba、cdfec 的电压是否符合基尔霍夫电压定律?

表 1-13　电压的测量值和计算值

测量项目	U_{ab}/V	U_{dc}/V	U_{ca}/V	U_{ce}/V	U_{ef}/V	$\sum U_{acdba}$	$\sum U_{cdfec}$
测量值							

注意:

①电压表、电流表的极性,不要接错;测量时要选择适当的量程。

②电压、电流应根据假定正方向在测量数据之前标以正负号。

【思考题】

(1)为什么电流、电压的测量值与计算值之间存在误差?

(2)已知某支路的电流约为 3 mA,现有量程分别为 5 mA 和 10 mA 的两只电流表,你将使用哪一只电流表进行测量,为什么?

(3)如图 1-35 所示电路,回答下列问题:

①此电路有_____条支路、_____个节点、_____条回路、_____个网孔。

②列出各节点的电流方程。

③列出各条回路的回路电压方程。

图 1-35　电路图

1.4　电路的三种状态及电气设备的额定值

1.4.1　电路的三种状态

在实际用电过程中,根据不同的需要和不同的负载情况,电路可分为三种不同的状态。了解并掌握使电路处于不同状态的条件和特点,是正确用电和安全用电的前提。

1. 通路工作状态

在图 1-36 所示电路中,开关 S 合上后,电源与负载接通构成回路,电路中产生了电流,并向负载输出电功率,即电路开始了正常的功率转换,电路的这种工作状态称为通路状态。短距离输电导线的电阻很小,通常忽略不计。

电路通路工作状态的特征如下:

①电路中的电流为 $I = \dfrac{E}{R_0 + R_\mathrm{L}}$。

②负载的端电压为 $U_\mathrm{L} = IR_\mathrm{L} = E - IR_0$。

③功率平衡关系 $P = P_\mathrm{E} - \Delta P$。

其中,$P = U_\mathrm{L}I = I^2 R_\mathrm{L}$ 为电源输出的功率,在忽略线路导线的电阻时,电源输出的功率等于负载取用的功率,即 $P = P_\mathrm{L}$;$P_\mathrm{E} = EI$ 为电源产生的功率;$\Delta P = I^2 R_0$ 为内阻消耗的功率。

若输电导线较长,就应当考虑它的电阻。实际上,为了简化电路计算,常用等值的集中电阻来代表实际导线的分布电阻,如图 1-36 中用虚线表示的电阻 R_l。

输电导线的横截面积应根据线路上的容许电压损失(一般规定为额定电压的 5%)和最大工作电流适当选定,截面过细导线的电压损失太大,过粗则浪费材料。

2. 开路状态

开路又称断路,是电源与负载未接通的状态。如图 1-36 所示电路中,当开关 S 断开时,电源与负载断开(外电路的电阻为无穷大),未构成闭合回路,电路中无电流,电源不能输出电能,电路的功率等于零。这种情况又称电源空载。

开路状态有两种情况:一种是正常开路,如检修电源或负载不用电的情况;另一种是故障开路,如电路中的熔断器等保护设备断开的情况,应尽量避免故障开路。

大多数情况下,电源开路是允许的,但也有些电路不允许开路。例如,测量大电流的电流互感器,它的二次绕组绝对不允许开路,否则将产生过电压,危及人身及设备的安全。

电路开路的特征如下:

(1)电路中的电流 $I = 0$。

(2)开路状态时,电源两端的电压称为开路电压,记为 U_OC。开路时电源两端的电压等于电源电动势,即 $U_\mathrm{OC} = E$;负载两端的电压 $U_\mathrm{L} = 0$。

(3)电源产生的功率及负载取用的功率均为零,即 $P_\mathrm{E} = P_\mathrm{L} = 0$。

3. 短路状态

电路中任何一部分负载被短接,使其两端电压降为零,这种情况称为电路处于短路状态。图 1-37 所示电路是电源被短接的情况。

短路状态有两种情况:一种是将电路的某一部分或某一元件的两端用导线连接,称为局部短路。有些局部短路是允许的,称为工作短路,常称为"短接",如电流表完成测量时的短接;另一种短路是故障短路,如电源被短路或一部分负载被短路。

最严重的情况是电源被短路,其短路电流用 I_SC 表示。因为电源的内阻很小,I_SC 很大,是正常工作电流的很多倍。短路时,外电路的电阻为零,电源和负载的端电压为零,故电源输出功率及负载取用的功率均为零。

电源短路状态的特征如下：

（1）电路中的电流为 $I = I_{SC} = \dfrac{E}{R_0}$。

（2）电源的端电压和负载的端电压均为零，即 $U = U_L = 0$。

（3）电源发出的功率及负载取用的功率均为零，即 $P_L = 0$；电源产生的功率全部消耗在内阻上，即 $P_E = I^2 R_0$。

实际工作中，若电源短路状态不迅速排除，由于电流热效应，很大的短路电流将会烧毁电源、导线以及短路回路中接有的电流表、开关等，以致引起火灾。所以，电源短路是一种严重的事故，应严加防范。

因绝缘损坏、错误的接线或误操作也常导致电源短路。因此，工作中要经常检查电气设备和线路的绝缘情况，正确连接线路。

电源短路的保护措施：在电源侧接入熔断器和自动断路器，当发生短路时，能迅速切断故障电路，防止电气设备进一步损坏。

图 1-36 电路通路及开路示意图   图 1-37 电路短路示意图

1.4.2 电气设备的额定值

任何电气元件或设备所能承受的电压或电流都有一定的限额。当电流过大时，将使导体发热、温升过高，导致烧坏导体。当电压过高时，可能超过设备内部绝缘强度，影响设备寿命，甚至发生击穿现象，造成设备及人身安全事故。为了使电气设备能长期安全、可靠地运行，必须给它规定一些必要的数值。

1. 额定值

电气设备在给定的工作条件下，正常运行而规定的容许值称为额定值。电气设备的额定值一般包括额定电压 U_N、额定电流 I_N 和额定功率 P_N（对交流电源而言称为额定容量 S_N）。

（1）额定电压。电气设备正常工作时的端电压。

（2）额定电流。电气设备在一定的环境温度条件下，长期连续工作所容许通过的最佳安全电流。

（3）额定功率。电气设备正常工作时的输出功率或输入功率。

2. 额定工作状态

若电气设备正好在额定值下运行，这种在额定情况下的有载工作状态称为额定状态。这是一种使设备得到充分利用的经济、合理的工作状态。

电气设备工作在非额定状态时有以下两种情况：

（1）欠载。若电气设备在低于额定值的状态下运行称为欠载。这种状态下设备不能被充分利用，还有可能使设备工作不正常，甚至损坏设备。

（2）过载。电气设备在高于额定值（超负荷）下运行称为过载。若超过额定值不多，且持续时间不长，一般不会造成明显的事故；若电气设备长期过载运行，必将影响设备的使用寿命，甚至损坏设备，造成电气火灾等事故。一般不允许电气设备长时间过载工作。

例 1-6 电路如图 1-38 所示，已知电源额定功率 $P_N = 2.2 \text{ kW}$，额定电压 $U_N = 220 \text{ V}$，内阻 $R_0 = 2 \text{ }\Omega$，R_L 为可调节的负载电阻。求：（1）电源的额定电流 I_N；（2）电源的开路电压 U_{OC}；（3）电源在额定工作情况下的负载电阻 R_N；（4）负载发生短路时的短路电流 I_{SC}。

解 （1）电源的额定电流为

$$I_N = \frac{P_N}{U_N} = \frac{2.2 \times 10^3}{220} \text{ A} = 10 \text{ A}$$

（2）电源开路电压为

$$U_{OC} = E = U_N + I_N R_0 = (220 + 10 \times 2) \text{ V} = 240 \text{ V}$$

（3）电源在额定状态时的负载电阻为

$$R_N = \frac{U_N}{I_N} = \frac{220}{10} \text{ }\Omega = 22 \text{ }\Omega$$

图 1-38 例 1-6 的图

（4）由于短路时负载电阻 $R_L = 0$，因此短路电流为

$$I_{SC} = \frac{E}{R_0} = \frac{240}{2} \text{ A} = 120 \text{ A}$$

这么大的短路电流必将引起电路的保护设备动作——切断电源。当保护设备失灵时将引起电源设备及负载的损坏。

【实验与技能训练】——电路的工作状态测试

在实验线路板上，按图 1-39 所示连接电路，电路图中的电源采用直流稳压电源，电压选择为 12 V；灯泡选择 12 V/2 W。进行以下操作：

（1）合上开关 S，逐渐调大电源电压，直至 12 V，观察灯泡情况。

（2）合上开关 S，测量线路中的电流及灯泡两端的电压；断开开关 S，测量线路中的电流及灯泡两端的电压，将测量数据填入表 1-14 中。

图 1-39 实践操作电路图

（3）断开开关 S，将电压表接在电流表左侧时，再分别将开关 S 闭合、断开，测量线路中电流及电压。

表 1-14 直流电流、电压测量结果

测试项目	电压表在电流表右侧时		电压表在电流表左侧时	
	开关闭合	开关断开	开关闭合	开关断开
电流 I				
电压 U				

（4）在图 1-39 所示电路中，断开开关 S，电源电压调为 12 V，内阻 $R_0 = 10\ \Omega$，测量电源、灯泡、R_0 及开关两端的电压及电路中的电流。闭合开关 S，灯泡用一根导线短接，用电压表分别测量电源、灯泡、R_0 及开关两端的电压，将测量数据填入表 1-15 中。

表 1-15　电路工作状态测量结果

测试项目	开　　路				短　　路			
	电源	灯泡	R_0	开关	电源	灯泡	R_0	开关
电压 U								
电流 I								

在测量时应**注意**：所有需要测量的电压值，均以电压表测量的读数为准。E_1、E_2 也需要测量，不应取电源本身的显示值。

【思考题】

（1）对图 1-39 所示电路，当开关 S 断开时，灯不亮，是因为电路中没有_____。合上开关 S，当电源电压由 0 V 逐渐增大至 12 V 时，灯泡发光情况_____，要使灯泡正常发光，灯泡两端电压应_____（大于/小于/等于）灯泡的额定电压。

（2）对图 1-39 所示电路，开关 S 闭合，电压表分别接在电流表的左侧、右侧时，电流表、电压表的读数有何变化？为什么？在什么情况下将电压表接在电流表的左侧？又在什么情况下将电压表接在电流表的右侧？

（3）电路开路时，外电路的电阻对电源来说相当于多少？电路中电流为多少？电源两端的电压为多少？负载两端的电压为多少？

（4）电源短路时，外电路的电阻相当于_____（零/无穷大），电路中电流相当于_____（零/无穷大）。在电路的实际运行中，电源短路是不允许出现的，为了防止电源短路现象的发生，在实际电路中都采取了什么措施？

（5）"电压是产生电流的根本原因。因此电路中只要有电压，必定有电流"。这句话对吗？为什么？

小　　结

1. 电路通常由电源、负载、中间环节三部分组成，电路的主要作用是传输、变换电能和传递、处理信号。实际电路可用由理想电气元件组成的电路模型表示。

2. 电路中的主要物理量有电压、电流、电位、电动势、功率和能量，本章介绍了它们的定义及单位。

3. 在分析电路时，必须首先标出电流、电压的参考方向。在参考方向下进行电路分析计算，若求得的为正值，表明实际方向与参考方向一致；若求得的为负值，表明实际方向与参考方向相反。

　　在电压、电流选取关联参考方向时，$P = UI$。当 $P = UI > 0$ 时，元件吸收功率；当 $P = UI < 0$ 时，元件发出功率。

4. 要确定电路中任意一点的电位，必须先选取电位参考点，任意一点的电位就是该点到参考点的电压。参考点选择不同，各点电位也不同，但两点间的电位差（电压）不变，即与参考点无关。

5. 电路有三种状态:通路状态、开路状态和通路状态。

电气设备在给定的工作条件下正常运行而规定的容许值称为额定值。电气设备的额定值一般包括额定电压 U_N、额定电流 I_N 和额定功率 P_N(对交流电源而言称为额定容量)。

6. 基尔霍夫定律是电路的基本定律。基尔霍夫电流定律: $\sum I = 0$,既适应于节点还可推广到闭合面;基尔霍夫电压定律: $\sum U = 0$ 或 $\sum E = \sum (IR)$,既适应于闭合回路还可推广到开口回路,运用两定律时要注意正、负号。

7. 实际的电源有两种电路模型:电压源和电流源。电压源用电源电动势 E 与内阻 R_0 串联的电路模型表示;电流源用恒定电流 I_S 与内阻 R_0 并联的电路模型表示。理想电压源是内阻 $R_0 = 0$ 的电压源,输出恒定的电压 E,输出电流随负载而变;理想电流源,输出恒定的电流 I_S,输出电压随负载而变。

习　题

一、填空题

1. 电路由_____、_____和_____组成。

2. 电源和负载的本质区别是:电源是把_____能转换成_____能的设备,负载是把_____能转换成_____能的设备。

3. 实际电路元件与理想电路元件的区别是_____。

4. 电荷的_____形成电流,电流的实际方向为_____的方向。

5. 在全电路中,电源内部的电路称为_____,电源外部的电路称为_____。电源内部的电流从_____流向_____,电源外部的电流从_____流向_____。

6. 电位和电压的区别是_____。当电位的参考点变动时,同一电路中各点的电位_____变化,任意两点间的电压_____。

7. 若 $U_{ab} = 10$ V,则 $U_{ba} = $_____,说明 U_{ab} 与 U_{ba} 的关系为_____。

8. 测量电流时,应把电流表_____接在待测电路中,测量电压时,应把电压表_____接在待测电路两端。

9. 沿电动势的方向电位逐点_____,沿电压的方向电位逐点_____。

10. 常见的无源电路元件有_____、_____和_____;常见的有源电路元件是_____和_____。

11. 用指针式万用表测量电阻时,应断开电路使被测电阻_____带电。测量一个阻值在 200 Ω 左右的电阻时,应选择_____挡,测量前指针式万用表应先进行_____。当万用表挡位旋钮置于"$R \times 100$"位置,指针指示数为 3.6,则该被测量的电阻的电阻值为_____Ω。

12. 电感元件的电压与电流的关系为_____,在直流电路中,电感相当于_____。电容元件的电压与电流关系为_____,在直流电路中,电容相当于_____。

13. 电感元件具有存储_____能量的作用。电容元件具有存储_____能量的作用。

14. 电压源是以_____和_____串联形式表示的电源模型。电流源是以_____和_____并联形式表示的电源模型。

15. 支路是指_____;节点是_____的点;电路中_____称为回路。

16. 基尔霍夫第一定律又称_____定律,其数学表达式为_____;基尔霍夫第二定律又称_____定律,其数学表达式为_____。用基尔霍夫定律求解电路时,必须先标定_____和_____。

二、选择题

1. 电流的单位是(　　),电压的单位是(　　),电能的单位是(　　),电功率的单位是(　　)。

　　A. 瓦[特]　　　　　　B. 焦[耳]　　　　　　C. 安[培]　　　　　　D. 伏[特]

2. 测量电压和电流时,指针的偏角与误差成(　　)。

　　A. 正比　　　　　　B. 反比

3. 电流表的内阻(　　),其精度越高。电压表的内阻(　　),其精度越高。

　　A. 越大　　　　　　B. 越小

4. 电压和电位的关系为(　　)。

　　A. 电位是特殊的电压

　　B. 电位与电压毫无关系

　　C. 电压等于电位差

5. 一只额定功率为 1 W,电阻值为 100 Ω 的电阻,允许通过的最大电流为(　　)。

　　A. 100 A　　　　　　B. 0.1 A　　　　　　C. 0.01 A　　　　　　D. 4 A

6. 长度和横截面积相等的三种材料的电阻率 $\rho_A > \rho_B > \rho_C$,则电阻(　　)。

　　A. $R_A > R_B > R_C$　　B. $R_B > R_A > R_C$　　C. $R_A > R_C > R_B$　　D. $R_C > R_B > R_A$

7. 万用表的指针停留在"Ω"刻度线上"12"的位置,被测量电阻的电阻值为(　　)。

　　A. 12 Ω　　　　　　B. 12 kΩ　　　　　　C. 1.2 kΩ　　　　　　D. 不能确定

8. 用数字表示法标示电容量通常用三位整数标示,其单位是(　　)。

　　A. 法[拉]　　　　　　B. 微法　　　　　　C. 皮法

9. 具有通高频、阻低频特性的电路元件是(　　)。

　　A. 电阻器　　　　　　B. 电感器　　　　　　C. 电容器

10. 电流源开路时,该电流源内部(　　)。

　　A. 有电流,有功率损耗

　　B. 无电流,无功率损耗

　　C. 有电流,无功率损耗

11. 实际工程技术中向负载提供电压形式的电源,其电源内阻的阻值(　　)。如向负载提供电流形式的电源,其电源内阻的阻值(　　)。

　　A. 越大越好　　　　　　B. 越小越好

12. 在耦合、滤波、旁路的电路中,通常选用(　　)。

　　A. 云母电容　　　　B. 有机薄膜电容　　　　C. 电解电容　　　　D. 瓷介电容

13. 基尔霍夫两定律的适用范围是(　　)。

　　A. 直流电路　　　　B. 交流电路　　　　C. 正弦电路　　　　D. 非正弦电路

三、判断题

1. 电压和电流都是既有大小又有方向的物理量,所以它们都是矢量。　　　　　　　　(　　)

2. 当用电流表测量直流电流时,若电流表指针反向偏转,表示电路电流的实际方向为从电流表的负极流向正极侧。说明电流表正、负极接反了,有可能损坏仪表。　　　　　　(　　)

3. 电源永远都是向电路提供能量的。 （　　）

4. 直流电路中，电流总是从高电位端流向低电位端。 （　　）

5. 电路中 A 点的电位就是 A 点与参考点之间的电压，所以电位是特殊的电压。 （　　）

6. 在电路的中断处，电压和电流均为零。 （　　）

7. 电路中电流的实际方向与所选取的参考方向无关。 （　　）

8. 选取不同的零电位参考点，某元件两端的电压值将随之改变。 （　　）

9. 对所有材料来说，电阻是一个固定不变的常数。 （　　）

10. "线性电阻"的含义是其阻值随电压增大按正比例增加。 （　　）

11. 当电容元件两端没有电压时，极板上就没有电荷，此时元件的电容也等于零。 （　　）

12. 恒压源接任何负载，其端电压均为定值。 （　　）

13. 恒流源接任何负载，其输出电流均为定值。 （　　）

14. 流入一个封闭面中的电流之和等于流出该封闭面的电流之和。 （　　）

15. 若实际电压源和电流源的内阻为零时，即为理想电压源和电流源。 （　　）

16. 实际应用中新、旧电池可以混在一起使用。 （　　）

17. 有极性的电解电容，其两个引脚中较长的一根是负极引线。 （　　）

18. 电感线圈的品质因数 Q 值越高，其选频能力越强。 （　　）

19. 在用万用表测量电阻时，每次换挡后都要调零。 （　　）

20. 温度一定时，导体的长度和横截面积越大，电阻越大。 （　　）

四、计算题

1. 某电池未带负载时，测其电压值为 1.5 V，接上一个 5 Ω 的小电珠后测得电流为 250 mA。试计算电池的电动势和内阻。

2. 在图 1-40 所示的电路中，图 1-40(a)中 $U_{ab} = -5$ V，试问 a、b 两点哪点电位高？在图 1-40(b)中 $U_1 = -6$ V，$U_2 = 4$ V，试问 U_{ab} 等于多少伏？

3. 在图 1-41 所示的电路中，方框表示电流或负载，若各电压、电流的参考方向如图 1-41 所示，并已知 $I_1 = 2$ A，$I_2 = 1$ A，$I_3 = -1$ A，$U_1 = 1$ V，$U_2 = -3$ V，$U_3 = 8$ V，$U_4 = -4$ V，$U_5 = 7$ V，$U_6 = -3$ V。(1)试标出各电流的实际方向和各电压的实际极性；(2)判断哪些元件是电源，哪些是负载。(3)计算各元件的功率、电源发出的功率和负载取用的功率是否平衡。

图 1-40　　　　　　　　　　　　　图 1-41

4. 某楼内有 100 W、220 V 的灯泡 100 只，平均每天使用 3 h，计算每月消耗多少电能（一个月按 30 天计算）。

5. 在图 1-42 所示的电路中,已知各支路的电流 I、电阻 R 和电动势 E。试写出:各支路电压 U 的表达式。

6. 在图 1-43 所示的电路中,当开关 S 闭合时,$V_A = ?$ $U_{AB} = ?$ 当 S 断开时 $V_A = ?$ $U_{AB} = ?$

图　1-42　　　　　　　　　　　　　　　　　图　1-43

7. 已知电源电动势 $E = 6$ V,接入负载电阻 $R_L = 2.9$ Ω 时,测得电流 $I_L = 2$ A;再将负载电阻改变为 $R_2 = 5.9$ Ω 时。试求:电源的内阻 R_0 和负载电阻为 R_2 时的电流 I_2。

8. 图 1-44 所示电路为某电路的一部分,求图中的未知电流 I_1 和 I_2。

9. 求图 1-45 所示电路中的 I_a、I_b、I_c。

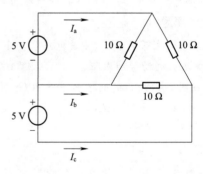

图　1-44　　　　　　　　　　　　　　　　　图　1-45

10. 求图 1-46 所示电路中的 U_{ab}。

11. 求图 1-47 所示电路中的 U_{CD}、U_{AB}。

图　1-46　　　　　　　　　　　　　　　　　图　1-47

第 ② 章

直流电路的分析方法

学习内容

➢ 电路分析的基本概念。

➢ 电阻的连接及等效变换。

➢ 电压源与电流源模型的等效变换。

➢ 支路电流法、节点电压法、叠加原理及应用、戴维南定理及应用。

学习目标

【知识目标】

➢ 理解电路分析中的有关概念。

➢ 掌握电阻串联、并联电路的特征;电阻混联电路的等效变换;电阻星形连接与三角形连接的等效变换。

➢ 掌握电源等效变换的方法。

➢ 理解支路电流法、节点电压法、叠加原理及戴维南定理。

【能力目标】

➢ 能用直流电路的分析方法求解较复杂的直流电路。

➢ 具有识读电路图及按电路原理图接线的能力。

➢ 能够正确使用直流电压表、电流表及万用表进行直流电压、电流测量。

➢ 会用万用表进行直流电路故障的检测。

2.1 电路分析的基本概念及等效变换的条件

在进行电路分析之前先明确电路分析中的有关概念及等效变换的条件。

1. 电路分析的基本概念

(1)电路分析:在已知电路结构与元件参数的情况下,研究电路激励与响应之间的关系称为电路分析。

(2)激励:使电路工作的电源的电压或电流称为激励。

(3)响应:由于电源或信号源的激励作用,在电路中产生的电压与电流称为响应。

（4）网络：复杂的电路呈网状，所以把电路又称网络。电路和网络这两个术语是通用的。

（5）二端网络（单口网络）：在电路分析时，往往把一组元件当作一个整体来分析，若该组元件只有两个端钮与外部电路相连，并且进出这两个端钮的电流相等，则这组元件构成的整体称为二端网络或单口网络。例如，几个电阻的串联（或并联）电路就可看成二端网络，一个理想电流源与电阻并联的电路亦可视为二端网络。二端网络的符号如图 2-1 所示。

图 2-1　二端网络的符号

（6）无源二端网络：如果二端网络的内部不含电源元件，则称为无源二端网络。

（7）有源二端网络：如果二端网络的内部含有电源元件，则称为有源二端网络。

（8）等效二端网络：若两个二端网络 N_1、N_2 具有相同的外特性，则这样的两个网络是等效二端网络。

（9）等效变换：内部电路结构不同的两个二端网络 N_1 和 N_2，分别接在含有电源的同一电路的两端时，若得到的端电压和电流完全相同，则 N_1 和 N_2 具有相同的伏安关系，这两个二端网络对外电路等效，可进行等效变换。

在等效的前提下，可用一个结构简单的等效网络代替复杂的网络。

（10）等效电阻：无源二端网络 N_0 在关联参考方向下，其端口电压与端口电流的比值称为该网络的等效电阻或输入电阻，常用 R_i 表示。

2. 等效变换的条件

二端网络等效变换的条件如下：

（1）两个二端网络的伏安关系完全相同。

（2）"等效"是指对端口以外的电路等效，对二端网络内部的电路并不一定等效。

二端网络等效变换的目的是分析二端网络对外部电路的作用，即计算外电路的电压和电流。

此外，还有三端、四端等多端网络。若两个 n 端网络对应各端钮间的电压、电流关系相同，则它们也是等效网络。

【思考题】

（1）什么是等效二端网络？两个二端网络对外电路等效的条件是什么？

（2）"等效"是对哪部分电路等效？对哪部分电路不等效？

（3）进行等效变换的目的是什么？

2.2　电阻的连接及等效变换

2.2.1　电阻的串并联及其等效变换

1. 电阻的串联

在电路中，把几个电阻元件依次首、尾连接起来，中间没有分支，这种连接方式称为电阻的串联。在串联电路中，通过各元件（电阻）的电流相同，总的端电压等于各元件的电压之和。

两个电阻串联的电路,如图 2-2 所示,此电路的特点为

(1)总电流与通过各电阻的电流相等,即 $I = I_1 = I_2$。

(2)总电压等于两电阻的电压之和,即 $U = U_1 + U_2$。

(3)等效电阻等于各电阻之和,即 $R = R_1 + R_2$。

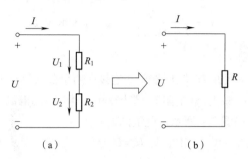

图 2-2　两个电阻串联的电路

(4)各电阻上的电压(即分压公式)为

$$\begin{cases} U_1 = R_1 I = R_1 \dfrac{U}{R} = \dfrac{R_1}{R} U \\ U_2 = R_2 I = R_2 \dfrac{U}{R} = \dfrac{R_2}{R} U \end{cases} \qquad (2\text{-}1)$$

式(2-1)表明:各电阻分得的电压与电阻的阻值大小成正比。

(5)等效电阻消耗的功率等于两个串联电阻消耗的功率之和,即 $P = P_1 + P_2$。

一般地,若有 n 个电阻串联,则其等效电阻为

$$R = \sum_{k=1}^{n} R_k \qquad (2\text{-}2)$$

式(2-2)表明:n 个线性电阻串联的等效电阻等于各电阻之和。

分压公式为

$$U_k = \frac{R_k}{R} U \qquad (2\text{-}3)$$

式(2-3)是电阻串联电路的分压公式,它说明第 k 个电阻上分配到的电压取决于这个电阻与总的等效电阻的比值,这个比值称为分压比。尤其要说明的是,当其中某个电阻较其他电阻小很多时,分压比将很小,这个小电阻两端的电压也较其他电阻上的电压低很多,因此在工程估算时,这个小电阻的分压作用就可以忽略不计。

等效电阻消耗的功率为

$$P = P_1 + P_2 + \cdots + P_n \qquad (2\text{-}4)$$

式(2-4)表明:等效电阻消耗的功率等于各个串联电阻消耗的功率之和。第 k 个电阻消耗的功率为 $P_k = I^2 R_k$。

例 2-1　如图 2-3 所示,用一个满刻度偏转电流为 50 μA、电阻 R_g 为 2 kΩ 的表头制成 100 V 量程的直流电压表,应串联多大的附加电阻 R_f?

解　满刻度时表头电压为

图 2-3　例 2-1 图

$$U_{\mathrm{g}} = R_{\mathrm{g}}I = (2 \times 10^{3}) \times (50 \times 10^{-6}) \ \mathrm{V} = 0.1 \ \mathrm{V}$$

附加电阻 R_{f} 两端的电压为

$$U_{\mathrm{f}} = (100 - 0.1) \ \mathrm{V} = 99.9 \ \mathrm{V}$$

则 R_{f} 为

$$R_{\mathrm{f}} = \frac{U_{\mathrm{f}}}{I} = \frac{99.9}{50 \times 10^{-6}} \ \Omega = 1.998 \ \mathrm{M\Omega}$$

2. 电阻的并联

在电路中,把几个电阻元件的首端、尾端分别连接在两个公共节点上,这种连接方式称为电阻的并联。在并联电路中,各并联支路(电阻)上受同一电压作用;总电流等于各支路电流之和。

两个电阻并联的电路,如图 2-4 所示。此电路的特点为

(1)总电压与各支路两端的电压相等,即 $U = U_{1} = U_{2}$。

(2)总电流等于各支路电流之和,即 $I = I_{1} + I_{2}$。

(3)等效电阻等于两个电阻倒数之和,即 $\dfrac{1}{R} = \dfrac{1}{R_{1}} + \dfrac{1}{R_{2}}$。

若用电导表示,则等效电导等于各电导之和,即 $G = G_{1} + G_{2}$。

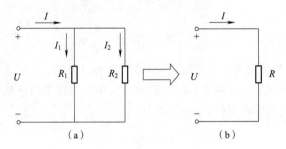

图 2-4　两个电阻并联的电路

(4)通过各支路电流(即分流公式)为

$$\begin{cases} I_{1} = \dfrac{U}{R_{1}} = \dfrac{RI}{R_{1}} = \dfrac{R_{2}}{R_{1} + R_{2}} I \\[2mm] I_{2} = \dfrac{U}{R_{2}} = \dfrac{RI}{R_{2}} = \dfrac{R_{1}}{R_{1} + R_{2}} I \end{cases}$$

上式是两个电阻并联电路的分流公式。当总电流 I 求出后,利用此式可方便地求得各并联支路电流。

一般地,若有 n 个电阻并联,其等效电阻、等效电导为

$$\frac{1}{R} = \sum_{k=1}^{n} \frac{1}{R_{k}}, \quad G = \sum_{k=1}^{n} G_{k} \tag{2-5}$$

式(2-5)表明:n 个电阻并联时,其等效电阻的倒数等于各电阻倒数之和,或者说其等效电导等于各电导之和。如果 n 个阻值相同的电阻并联,其等效电阻是各支路电阻的 $1/n$ 倍。并联电阻的个数越多,等效电阻反而越小。

分流公式为

$$I_{k} = \frac{R}{R_{k}} I \tag{2-6}$$

式(2-6)是电阻并联电路的分流公式,它说明第 k 个电阻上分配到的电流取决于总的等效电阻与这个电阻的比值,这个比值称为分流比。当其中某个电阻较其他电阻大很多时,分流比将很小,这个大电阻中的电流也较其他电阻上的电流小很多,因此在工程估算时,这个大电阻的分流作用就可以忽略不计。

等效电阻消耗的功率为

$$P = P_1 + P_2 + \cdots + P_n \tag{2-7}$$

式(2-7)表明:等效电阻消耗的功率,仍然等于各个并联电阻消耗的功率之和。第 k 个电阻消耗的功率为 $P_k = \dfrac{U^2}{R_k}$。

例 2-2　如图 2-5 所示,用一个满刻度偏转电流为 50 μA、电阻 R_g 为 2 kΩ 的表头制成量程为 50 mA 的直流电流表,应并联多大的附加电阻 R_f?

解　由题意可知:$I_g = 50$ μA,$R_g = 2$ kΩ,$I_g = 50$ mA。由两个电阻并联时的分流公式可得

$$I_g = \frac{R_f}{R_g + R_f} I$$

将数据代入上式可得

$$50 \times 10^{-6} = \frac{R_f}{2\,000 + R_f} \times (50 \times 10^{-3})$$

解得 $R_f = 2.002$ Ω。

3. 电阻的混联

电阻的串联和并联相结合的连接方式,称为电阻的混联。

只有一个电源作用的电阻串、并联电路,可用电阻串、并联化简的方法,化简成一个等效电阻和电源组成的单一回路,这种电路又称简单电路。反之,不能用串、并联等效变换化简为单一回路的电路则称为复杂电路。

简单电路的计算步骤是:首先将电路中的电阻逐步化简成一个总的等效电阻,算出总电流(或总电压),然后用分压、分流的公式逐步计算出化简前原电路中各电阻的电流和电压,再计算出功率。

例 2-3　如图 2-6(a)所示的电路,求 A、B 两点间的等效电阻 R_{AB}。

图 2-6　例 2-3 的图

解　将电路图中间无电阻导线缩为一个点后,可看出左侧两个 2 Ω 电阻为并联关系,上面两个 4 Ω 电阻为并联关系,将并联后的等效电阻替换图 2-6(a),结果如图 2-6(b)所示。图 2-6(b)中

右侧两个 2 Ω 电阻串联后与中间 4 Ω 电阻并联等效为一个 2 Ω 电阻,如图 2-6(c)所示。由图 2-6(c)得

$$R_{AB} = \frac{2 + 1 \times 3}{2 + 1 + 3} \Omega = 1.5 \ \Omega$$

求解简单电路,关键是判断哪些电阻串联,哪些电阻并联。一般情况下,通过观察可以进行判断。当电阻串、并联的关系不易看出时,可以在不改变元件间连接关系的条件下将电路画成比较容易判断的串、并联的形式,这时无电阻的导线最好缩成一点,并且尽量避免相互交叉。重画时可以先标出各节点代号,再将各元件连在相应的节点间。

例 2-4 进行电工实验时,常用滑线变阻器接成分压器电路来调节负载电阻上电压的高低。图 2-7 中 R_1 和 R_2 是滑线变阻器分成的两部分电阻,R_L 是负载电阻。已知滑线变阻器的额定值是 100 Ω、3 A,端钮 a、b 上的输入电压 $U = 220$ V,$R_L = 50$ Ω。求:(1)当 $R_2 = 50$ Ω 时,输出电压 U_2 是多少?(2)当 $R_2 = 75$ Ω 时,输出电压 U_2 是多少? 滑线变阻器能否安全工作?

图 2-7 例 2-4 的图

解 (1)当 $R_2 = 50$ Ω 时,R_2 与 R_L 并联后再与 R_1 串联,故 a、b 两端之间的等效电阻 R_{ab} 为

$$R_{ab} = R_1 + \frac{R_2 R_L}{R_2 + R_L} = \left(50 + \frac{50 \times 50}{50 + 50}\right) \Omega = 75 \ \Omega$$

滑线变阻器 R_1 流过的电流即为总电流,其大小为

$$I = \frac{U}{R_{ab}} = \frac{220}{75} \ A = 2.93 \ A$$

负载电阻流过的电流可由分流公式求得,即

$$I_L = \frac{R_2}{R_2 + R_L} I = \left(\frac{50}{50 + 50} \times 2.93\right) \ A = 1.465 \ A$$

$$U_2 = R_L I_L = 50 \times 1.465 \ V = 73.25 \ V$$

或用 R_2 与 R_L 并联的等效电阻乘上总电流求得,即

$$U_2 = I \times \frac{R_2 R_L}{R_2 + R_L} = 2.93 \times \frac{50 \times 50}{50 + 50} \ V = 73.25 \ V$$

(2)当 $R_2 = 75$ Ω 时,求得

$$R_{ab} = R_1 + \frac{R_2 R_L}{R_2 + R_L} = \left(25 + \frac{75 \times 50}{75 + 50}\right) \Omega = 55 \ \Omega$$

$$I = \frac{U}{R_{ab}} = \frac{220}{55} \ A = 4 \ A$$

$$I_L = \frac{R_2}{R_2 + R_L} I = \frac{75}{75 + 50} \times 4 \ A = 2.4 \ A$$

$$U_2 = R_L I_L = 50 \times 2.4 \ V = 120 \ V$$

因为 $I = 4$ A,大于滑线变阻器的额定电流 3 A,R_1 段电阻有被烧坏的危险。

2.2.2 电阻的星形连接、三角形连接及其等效变换

1. 电阻的星形连接、三角形连接

无源三端网络是有 3 个引出端且内部无任何电源(独立源与受控源)的电路。

三个电阻元件的一端连接在一起,另一端分别连接到电路的三个节点,这种连接方式称为星形连接,简记为丫连接,如图 2-8 所示。

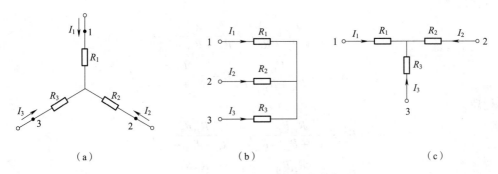

图 2-8　电阻的星形连接

三个电阻元件首、尾相连,连成一个三角形,这种连接方式称为三角形连接,简记为△连接,如图 2-9 所示。

图 2-9　电阻的三角形连接

2. 电阻星形连接与三角形连接的等效变换

在电路分析中,常利用丫网络与△网络的等效变换来简化电路的计算。有时把星形连接的变换为三角连接,分析计算电路比较方便;有时把三角形连接的变换为星形连接,分析计算电路比较方便。但在变换时必须满足等效变换的条件。

电阻的星形连接与三角形连接的等效变换的条件为:要求变换前后,对于外部电路而言,流入(出)对应端子的电流以及各端子之间的电压必须完全相同。

根据等效变换的条件,在图 2-10 所示的电阻星形连接、三角形连接电路中,若电压 U_{12}、U_{23}、U_{31} 和电流 I_1、I_2、I_3 都分别相等,则两个网络对外是等效的。据此,可推导出三角形连接的电阻 R_{12}、R_{23}、R_{31} 与星形连接的电阻 R_1、R_2、R_3 间的等效关系。

图 2-10(a)中的回路 1231 的回路电压方程为

$$R_{12}I_{12} + R_{23}I_{23} + R_{31}I_{31} = 0$$

由 KCL 得

$$I_{23} = I_2 + I_{12}, I_{31} = I_{12} - I_1$$

将 I_{23}、I_{31} 代入 $R_{12}I_{12} + R_{23}I_{23} + R_{31}I_{31} = 0$，可得

$$R_{12}I_{12} + R_{23}(I_2 + I_{12}) + R_{31}(I_{12} - I_1) = 0$$

整理得

$$I_{12} = \frac{R_{31}}{R_{12} + R_{23} + R_{31}}I_1 - \frac{R_{23}}{R_{12} + R_{23} + R_{31}}I_2$$

$$U_{12} = R_{12}I_{12} = \frac{R_{12}R_{31}}{R_{12} + R_{23} + R_{31}}I_1 - \frac{R_{12}R_{23}}{R_{12} + R_{23} + R_{31}}I_2$$

同理

$$U_{23} = \frac{R_{12}R_{23}}{R_{12} + R_{23} + R_{31}}I_2 - \frac{R_{23}R_{31}}{R_{12} + R_{23} + R_{31}}I_3$$

$$U_{31} = \frac{R_{23}R_{31}}{R_{12} + R_{23} + R_{31}}I_3 - \frac{R_{12}R_{31}}{R_{12} + R_{23} + R_{31}}I_1$$

对于图 2-10(b)有

$$U_{12} = R_1 I_1 - R_2 I_2$$
$$U_{23} = R_2 I_2 - R_3 I_3$$
$$U_{31} = R_3 I_3 - R_1 I_1$$

（a）电阻的三角形连接

（b）电阻的星形连接

图 2-10　电阻的星形和三角形连接

比较电阻星形连接时的 U_{12}、U_{23}、U_{31} 和三角形连接时的 U_{12}、U_{23}、U_{31}，可知，若要满足等效的条件，则两种连接时的 I_1、I_2、I_3 前面的系数必须相等，即

$$\begin{cases} R_1 = \dfrac{R_{12}R_{31}}{R_{12} + R_{23} + R_{31}} \\[3mm] R_2 = \dfrac{R_{23}R_{12}}{R_{12} + R_{23} + R_{31}} \\[3mm] R_3 = \dfrac{R_{31}R_{23}}{R_{12} + R_{23} + R_{31}} \end{cases} \tag{2-8}$$

式(2-8)就是从已知的三角形连接电阻变换为等效星形连接电阻的计算公式。

解方程组(2-8)，可得

$$\begin{cases} R_{12} = \dfrac{R_1R_2 + R_2R_3 + R_3R_1}{R_3} = R_1 + R_2 + \dfrac{R_1R_2}{R_3} \\[3mm] R_{23} = \dfrac{R_1R_2 + R_2R_3 + R_3R_1}{R_1} = R_2 + R_3 + \dfrac{R_2R_3}{R_1} \\[3mm] R_{31} = \dfrac{R_1R_2 + R_2R_3 + R_3R_1}{R_2} = R_1 + R_3 + \dfrac{R_3R_1}{R_2} \end{cases} \qquad (2\text{-}9)$$

式(2-9)就是从已知的星形连接电阻变换为等效三角形连接电阻的计算公式。

若三角形(或星形)连接的三个电阻相等,则变换后的星形(或三角形)连接的三个电阻也相等。若三角形连接的三个电阻 $R_{12} = R_{23} = R_{31} = R_{\triangle}$,则等效星形连接的三个电阻为

$$R_{\curlyvee} = R_1 = R_2 = R_3 = \frac{R_{\triangle}}{3} \qquad (2\text{-}10)$$

若星形连接的三个电阻 $R_1 = R_2 = R_3 = R_{\curlyvee}$,则等效三角形连接的三个电阻为

$$R_{\triangle} = R_{12} = R_{23} = R_{31} = 3R_{\curlyvee} \qquad (2\text{-}11)$$

例 2-5　已知图 2-11(a)所示电路中的 $R_1 = R_2 = R_3 = 6\ \Omega$,$R_4 = R_5 = R_6 = 2\ \Omega$。求 A、B 两端的输入电阻 R_{AB}。

解　将图 2-11(a)中的星形连接的电阻 R_4、R_5、R_6 变换为三角形连接的等效电阻,其等效电路如图 2-11(b)所示。

由于 $R_4 = R_5 = R_6 = 2\ \Omega$,所以应用式(2-11)得

$$R_1' = R_2' = R_3' = 3 \times 2\ \Omega = 6\ \Omega$$

由图 2-11(b)可得

$$R_{AB} = (R_1 /\!/ R_1') /\!/ (R_2 /\!/ R_2' + R_3 /\!/ R_3') = (6 /\!/ 6) /\!/ (6 /\!/ 6 + 6 /\!/ 6)\ \Omega = 2\ \Omega$$

(a)

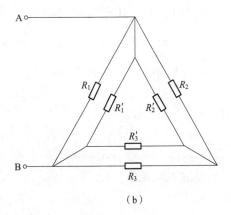

(b)

图 2-11　例 2-5 图

例 2-6　在图 2-12(a)所示电路中,已知 $U_S = 225\ \text{V}$,$R_0 = 1\ \Omega$,$R_1 = 40\ \Omega$,$R_2 = 36\ \Omega$,$R_3 = 50\ \Omega$,$R_4 = 55\ \Omega$,$R_5 = 10\ \Omega$,求:通过各电阻的电流。

解　将图 2-12(a)中三角形连接的 R_1、R_3、R_5 等效变换为星形连接的 R_a、R_c、R_d,如图 2-12(b)所示,代入式(2-8)求得

$$R_a = \frac{R_3 R_1}{R_5 + R_3 + R_1} = \frac{50 \times 40}{10 + 50 + 40}\ \Omega = 20\ \Omega$$

$$R_c = \frac{R_1 R_5}{R_5 + R_3 + R_1} = \frac{40 \times 10}{10 + 50 + 40}\ \Omega = 4\ \Omega$$

$$R_d = \frac{R_5 R_3}{R_5 + R_3 + R_1} = \frac{10 \times 50}{10 + 50 + 40}\ \Omega = 5\ \Omega$$

（a）

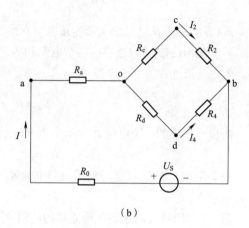
（b）

图 2-12　例 2-6 图

图 2-12（b）是电阻混联网络，R_c 与 R_2 串联，其等效电阻为

$$R_{c2} = R_c + R_2 = (4 + 36)\ \Omega = 40\ \Omega$$

R_d 与 R_4 串联，其等效电阻为

$$R_{d4} = R_d + R_4 = (5 + 55)\ \Omega = 60\ \Omega$$

R_{c2} 与 R_{d4} 并联，其等效电阻为

$$R_{ob} = \frac{40 \times 60}{40 + 60}\ \Omega = 24\ \Omega$$

R_a 与 R_{ob} 串联，a、b 间桥式电阻的等效电阻为

$$R_{ab} = (20 + 24)\ \Omega = 44\ \Omega$$

则

$$I = \frac{U_S}{R_0 + R_{ab}} = \frac{225}{1 + 44}\ \text{A} = 5\ \text{A}$$

R_2、R_4 的电流分别为

$$I_2 = \frac{R_{d4}}{R_{c2} + R_{d4}}I = \frac{60}{40 + 60} \times 5\ \text{A} = 3\ \text{A}$$

$$I_4 = \frac{R_{c2}}{R_{c2} + R_{d4}}I = \frac{40}{40 + 60} \times 5\ \text{A} = 2\ \text{A}$$

为了求得 R_1、R_3、R_5 的电流，从图 2-12（b）求得

$$U_{ac} = R_a I + R_c I_2 = (20 \times 5 + 4 \times 3)\ \text{V} = 112\ \text{V}$$

利用图 2-12（a）所示的电路，求得

$$I_1 = \frac{U_{ac}}{R_1} = \frac{112}{40}\ \text{A} = 2.8\ \text{A}$$

由 KCL 得

$$I_3 = I - I_1 = (5 - 2.8)\ A = 2.2\ A$$

$$I_5 = I_3 - I_4 = (2.2 - 2)\ A = 0.2\ A$$

【思考题】

(1) 电阻串联电路、并联电路各有什么特点?

(2) 分压公式、分流公式的表达式各有什么特点?

(3) 电阻三角形连接与星形连接等效变换的条件是什么?

(4) 由电阻的三角形(或星形)连接等效变换为星形(三角形)连接时,其等效电阻表达式有什么特点?

2.3　电压源与电流源模型的等效变换

一个实际电源既可以用电压源模型表示,也可以用电流源模型表示。这两种电源模型在其二端口的伏安关系完全相等时可以进行等效变换。将电压源与电流源进行等效变换是一种分析电路工作情况的方法,有时还可以用来计算复杂电路。

2.3.1　等效变换的条件

1. 等效的意义

图 2-13(a)所示电路中的电源是电压源,具有电动势 E 和内阻 R_0;图 2-13(b)所示电路中的电源电流源,具有源电流 I_S 和内阻 R_0'。如果它们外接同样的负载 R_L,这两个电源都为该负载提供相同的电压和相同的电流,则对负载 R_L 来说,电压源和电流源是相互等效的,它们之间可以进行等效变换。图 2-13(a)所示电路中的电压源可以等效变换成图 2-13(b)所示电路中的电流源。

(a) 用电压源表示的电路　　　　　　　　　(b) 用电流源表示的电路

图 2-13　电压源和电流源的等效变换

2. 等效变换的条件

由图 2-13(a)所示电路,可得电压为

$$U = E - IR_0$$

电流为

$$I = \frac{E - U}{R_0} = \frac{E}{R_0} - \frac{U}{R_0}$$

由图2-13(b)所示电路,可得电流为

$$I = I_S - \frac{U}{R_0'}$$

电压为

$$U = (I_S - I)R_0' = I_S R_0' - IR_0'$$

当电压源与电流源等效时,图2-13(a)中的电压U、电流I与图2-13(b)中的电压U、电流I对应相等,由此可得出电压源与电流源对外电路等效的条件如下:

(1)电压源(E、R_0已知)等效变换为电流源(求I_S、R_0')

$$I_S = \frac{E}{R_0}, \qquad R_0' = R_0 \tag{2-12}$$

(2)电流源(I_S、R_0'已知)等效变换为电压源(求E、R_0):

$$E = I_S' R_0, \qquad R_0 = R_0' \tag{2-13}$$

等效变换后两种电源模型的内阻相等但接法改变了,并且电压源的E与电流源的I_S方向相同。

例2-7 将图2-14(a)所示电路等效化简为电压源模型。

解 该电路包含三个电源,最后的结果要求变换为电压源。分析图2-14(a)可知,应把左侧的两个电源想办法变成与右侧电压源串联的形式。先把最左侧的6 V电压源与6 Ω电阻的串联组合变为电流源,与其右侧的电流源合并,整个电路的化简过程如图2-14所示。

图2-14　例2-7的图

2.3.2　电源等效化简和变换时的注意事项

在进行电压源和电流源的等效变换时应注意以下几点:

(1)电源等效变换是电路等效变换的一种方法。这种等效是电源对外电路输出电流I、端电压U的等效,而对电源内部并不等效。

（2）等效变换时两种电路模型的极性必须一致，电流源流出电流的一端与电压源的正极性端相对应（即电流源电流方向与电压源电动势方向一致）。

（3）实际电源的电压源模型与电流源模型可以互换；理想电压源与理想电流源之间不能进行等效变换。因理想电压源的电压恒定不变，电流随外电路而变；理想电流源的电流恒定不变，电压随外电路而变，不满足等效变换条件。

（4）电源互换等效方法可以推广使用，如果理想电压源 E 与电阻串联，可看为电压源；理想电流源 I_S 与电阻并联，可看为电流源。

（5）与恒压源并联的元件对外电路不起作用，等效变换时可以把它去掉。因为去掉后，不影响外电路对该恒压源的响应，去掉的方法是将其开路，如图 2-15 所示。

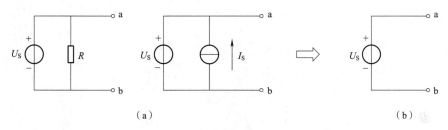

（a）　　　　　　　　　　　　　　　　　　（b）

图 2-15　与电压源并联元件的化简

（6）与恒流源串联的元件对外电路毫无影响，等效变换时可以去掉，去掉的方法是将其短路，如图 2-16 所示。

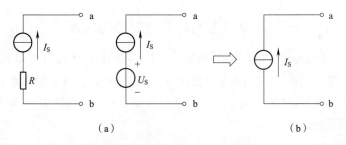

（a）　　　　　　　　　　　　　　　　　　（b）

图 2-16　与电流源串联元件的化简

例 2-8　求图 2-17（a）所示电路中的电流 I_1、I_2、I_3。

解　根据电源模型等效变换原理，可将图 2-17（a）依次变换为图 2-17（b）、（c）。

根据图 2-17（c）可得：

$$I = \frac{6+3-3}{3+2+1} \text{ A} = 1 \text{ A}$$

从图 2-17（a）变换到图 2-17（c），只有 AC 支路未经变换，所以在图 2-17（a）的 AC 支路中电流大小、方向与已求出的 I 完全相同，即为 1 A，则

$$I_3 = (2-1) \text{ A} = 1 \text{ A}$$

为求 I_1 和 I_2，应先求出 U_{AB}。根据图 1-45（c）可得：

$$U_{AB} = (3+1 \times 1) \text{ V} = 4 \text{ V}$$

再根据图 2-17（a）可得：

$$I_2 = \frac{U_{AB}}{2} = \frac{4}{2} \text{ A} = 2 \text{ A}, I_1 = I_2 - I = (2 - 1) \text{ A} = 1 \text{ A}$$

（a） （b）

（c）

图 2-17 例 2-8 图

【实验与技能训练】——电压源与电流源等效变换的验证

验证电压源与电流源等效变换。提示：参考图 2-18 所示电路接线，其中各电源的内阻 $R_0 = 51$ Ω，负载电阻 $R_L = 200$ Ω。在图 2-18（a）所示电路中，E 用恒压源中的 +6 V 输出端，记录电压表、电流表的读数。然后调节图 2-18（b）电路中的恒流源 I_S，令两表的读数与图 2-17（a）的数值相等，记录 I_S 的值，验证等效变换条件的正确性。

（a） （b）

图 2-18 实验电路图

【思考题】

（1）两种电源模型的组成和它们之间等效互换的条件是什么？

（2）两个恒压源 U_{S1}、U_{S2} 顺向串联或反向串联时，等效恒压源的 U_S 如何计算？能否将两个恒压源并联？什么情况下可以并联？可以并联的两个恒压源等效恒压源的 U_S 为多少？

（3）两个恒流源 I_{S1}、I_{S2} 顺向并联或反向并联时，等效恒流源的 I_S 如何计算？能否将两个恒流源串联？什么情况下可以串联？可以串联的两个恒流源等效恒流源的 I_S 为多少？

2.4 支路电流法及应用

复杂直流电路仅用电阻串、并联特点及欧姆定律，是不能分析求解的。分析求解直流复杂电路的基本依据有以下两个：

（1）欧姆定律：各个电路元件本身必须遵循的基本定律，即线性元件的伏安特性。例如，线性电阻的伏安特性必须符合欧姆定律。

（2）基尔霍夫定律：各部分的电压、电流之间必须遵循的基本定律。

求解复杂电路的方法有两种：一种方法是根据电路待求的未知量，直接应用基尔霍夫定律列出足够的独立方程式，然后联立求解出各未知量；另一种方法是应用等效变换的概念，将电路化简或进行等效变换后，再通过欧姆定律、基尔霍夫定律或分压、分流公式求解出结果。

1. 支路电流法

支路电流法是以支路电流为未知量，根据基尔霍夫定律列出所需的方程组，然后解出各未知电流的方法。

图 2-19 支路电流法举例

以图 2-19 所示的电路为例来说明支路电流法。在这个电路中，支路数 $b=6$，各支路电流的参考方向如图 2-19 所示。根据数学知识可知，需要列出六个彼此独立的方程式，才能解出这六个未知电流。如何得到所需的方程组呢？

首先，列出电路的节点电流方程。

图 2-19 所示电路中的节点数 $n=4$，这四个节点分别为：a、b、c、d 点。根据 KCL，列写四个节点电流方程分别为

节点 a： $\qquad I_1 + I_2 - I_5 = 0$

节点 b： $\qquad -I_2 + I_3 + I_6 = 0$

节点 c： $\qquad I_4 + I_5 - I_6 = 0$

节点 d： $\qquad -I_1 - I_3 - I_4 = 0$

将上述四个方程相加,得恒等式 $0 = 0$,说明这四个方程中的任何一个均可从其余三个推出。因此,对具有四个节点的电路,应用 KCL 只能列出 $4 - 1 = 3$ 个独立方程。至于列方程时选哪三个节点作为独立节点,则是任意的。

一般地说,对具有 n 个节点的电路,运用 KCL 只能得到 $n - 1$ 个独立方程。

根据 KCL 得到三个独立的电流方程后,另外三个独立方程可由 KVL 得到,通常取网孔作为独立回路,列出回路电压方程。如按图 2-19 所标的各网孔的绕行方向,则列出所需的三个独立回路的电压方程分别为

设网孔 1 顺时针绕行,则

$$R_1 I_1 + R_5 I_5 - R_4 I_4 = E_1$$

设网孔 2 逆时针绕行,则

$$R_2 I_2 + R_5 I_5 + R_6 I_6 = E_2$$

设网孔 3 逆时针绕行,则

$$R_3 I_3 - R_6 I_6 - R_4 I_4 = E_3$$

可以证明:一个电路的网孔数恰好等于 $b - (n - 1)$。

运用基尔霍夫定律,一共可以列出 $(n - 1) + [b - (n - 1)] = b$ 个独立方程,所以能解出 b 个支路电流。

2. 支路电流法的应用

利用支路电流法,求解电路的一般步骤如下:

(1)确定支路数,并标注各支路电流及其参考方向。

(2)任取 $n - 1$ 个独立节点,列出 $n - 1$ 个节点电流方程。

(3)选取独立回路(一般选网孔作为独立回路),并确定各独立回路的绕行方向,列出所选独立回路的回路电压方程。

(4)将已知参数代入所列的独立方程,并联立成方程组。

(5)求解方程组,可得所需的支路电流。

例 2-9　电路如图 2-20 所示,已知 $E_1 = 15$ V, $E_2 = 10$ V, $R_1 = 2$ Ω, $R_2 = 4$ Ω, $R_3 = 12$ Ω,求电路中的各支路电流。

解　(1)假定各支路电流方向如图 2-20 所示。

(2)由于该电路只有两个节点,故只能列一个节点电流方程,这里取节点 a 为独立节点,其节点电流方程为

节点 a:$I_1 + I_2 - I_3 = 0$

(3)选定两个网孔作为独立回路,并确定网孔 1、2 均按顺时针方向绕行,列出两个网孔的回路电压方程为

图 2-20　例 2-9 的图

网孔 1:$R_1 I_1 - R_2 I_2 = E_1 - E_2$

网孔 2:$R_2 I_2 + R_3 I_3 = E_2$

(4)将已知参数代入所列方程,联立成方程组为

$$\begin{cases} I_1 + I_2 - I_3 = 0 \\ 2I_1 - 4I_2 = 15 - 10 \\ 4I_2 + 12I_3 = 10 \end{cases}$$

（5）解此方程组得

$$I_1 = 1.5 \text{ A}, \quad I_2 = -0.5 \text{ A}, \quad I_3 = 1 \text{ A}$$

其中 I_2 为负值，说明假定方向与实际方向相反。

【实验与技能训练】——支路电流法的测试

在实验线路板上，连接图 2-21 所示电路。

（1）实验前先任意设定三条支路电流的正方向和三条闭合回路绕行方向，如图 2-21 中的 I_1、I_2、I_3 的方向已设定，三条闭合回路的绕行方向可分别设为 ADEFA、BADCB 和 FABCDEF。

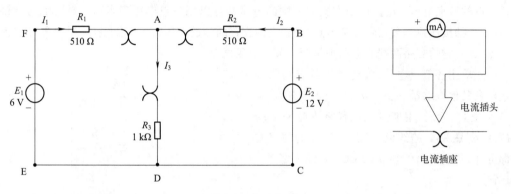

图 2-21　实验电路图

（2）分别将两路直流稳压源接入电路，令 $E_1 = 6 \text{ V}$，$E_2 = 12 \text{ V}$。

（3）熟悉电流插头的结构，将电流插头的两端接至数字直流电流表的"＋、－"两端。将电流插头分别插入三条支路的三个电流插座中，读出并将电流值填入表 2-1 中。

（4）用万用表分别测量两路电源及电阻元件上的电压值，将测量数据填入表 2-1 中。

（5）根据图 2-21 所示的电路参数，计算出电流 I_1、I_2、I_3 和各电阻上的电压值，填入表 2-1 中，以便实验测量时，可正确地选定毫安表和电压表的量程。

表 2-1　支路电流法的测量数据

被测量	I_1/mA	I_2/mA	I_3/mA	U_{FA}/V	U_{BA}/V	U_{AD}/V	U_{FE}/V	U_{BC}/V
计算值								
测量值								
相对误差								

【思考题】

（1）什么是支路电流法？利用支路电流法求解电路的步骤有哪些？

（2）如果电路中既含有电压源，又含有电流源，如何用支路电流法求解各支路电流或各元件两端的电压？

（3）在实验操作中，直流电表在什么情况下可能出现指针反偏？应如何处理？在记录数据时应注意什么？若用直流数字毫安表进行测量时，则会有什么显示？

2.5　节点电压法及应用

2.5.1　节点电压法

节点电压法是以电路的节点电压为未知量来分析电路的一种方法,它不仅适用于平面电路,同时也适用于非平面电路。

在电路的 n 个节点中,任选一个节点为参考点,把其余节点(有 $n-1$ 个)对参考点的电压,称为该节点的节点电压。电路中所有支路两端的电压都可以用节点电压来表示。电路中的支路分成两种:一种接在独立节点和参考节点之间,它的支路两端的电压就是节点电压;另一种接在各独立节点之间,它的支路两端的电压则是两个节点电压之差。

如能求出各节点电压,就能求出各支路两端的电压及其他待求量。要求 $n-1$ 个节点电压,需 $n-1$ 个独立方程。用节点电压代替支路两端的电压,已满足 KVL 的约束,只需列 KCL 的约束方程即可,而所能列出的独立的 KCL 方程正好是 $n-1$ 个。

图 2-22　节点电压法举例

以图 2-22 为例,独立节点数为: $n-1=3-1=2$。选取各支路电流的参考方向,如图 2-22 所示,对节点 1、2 分别由 KCL 列出节点电流方程为

$$\begin{cases} -I_1 - I_3 - I_4 + I_{S1} + I_{S3} = 0 \\ -I_2 + I_3 + I_4 + I_{S2} - I_{S3} = 0 \end{cases} \qquad (2\text{-}14)$$

设以节点 3 为参考点,则节点 1、2 的节点电压分别为 U_1、U_2。将支路电流用节点电压表示为

$$\begin{cases} I_1 = G_1 U_1 \\ I_2 = G_2 U_2 \\ I_3 = G_3 U_{12} = G_3(U_1 - U_2) = G_3 U_1 - G_3 U_2 \\ I_4 = G_4 U_{12} = G_4(U_1 - U_2) = G_4 U_1 - G_4 U_2 \end{cases} \qquad (2\text{-}15)$$

将式(2-15)代入式(2-14)中,经移项整理得

$$\begin{cases} (G_1 + G_3 + G_4) U_1 - (G_3 + G_4) U_2 = I_{S1} + I_{S3} \\ -(G_3 + G_4) U_1 + (G_2 + G_3 + G_4) U_2 = I_{S2} - I_{S3} \end{cases} \qquad (2\text{-}16)$$

式(2-16)就是图 2-22 所示的电路以节点电压 U_1、U_2 为未知量列出的节点电压方程。

将式(2-16)写成

$$\begin{cases} G_{11} U_1 + G_{12} U_2 = I_{S11} \\ G_{21} U_1 + G_{22} U_2 = I_{S22} \end{cases} \qquad (2\text{-}17)$$

这就是当电路具有三个节点时,电路的节点电压方程的一般形式。

式(2-17)中的左边 $G_{11} = G_1 + G_3 + G_4$、$G_{22} = G_2 + G_3 + G_4$ 分别是节点 1、节点 2 相连接的各支路电导之和,称为各节点的自电导,自电导总是正的。$G_{12} = G_{21} = -(G_3 + G_4)$ 是连接在节点 1 与节点

2 之间的各公共支路的电导之和的负值,称为两相邻节点的互电导,互电导总是负的。

式(2-17)右边 $I_{S11} = I_{S1} + I_{S3}$、$I_{S22} = I_{S2} - I_{S3}$ 分别是流入节点 1 和节点 2 的各电流源电流的代数和,称为节点电源电流,流入节点的取正号,流出的取负号。

上述关系可推广到一般电路。对具有 n 个节点的电路,其节点电压方程为

$$\begin{cases} G_{11}U_1 + G_{12}U_2 + \cdots + G_{1(n-1)}U_{n-1} = I_{S11} \\ G_{21}U_1 + G_{22}U_2 + \cdots + G_{2(n-1)}U_{n-1} = I_{S22} \\ \vdots \\ G_{(n-1)1}U_1 + G_{(n-1)2}U_2 + \cdots + G_{(n-1)(n-1)}U_{n-1} = I_{S(n-1)(n-1)} \end{cases} \tag{2-18}$$

当电路中含有电压源支路时,可以采用以下措施。

(1)尽可能取电压源支路的负极性端作为参考点。

(2)把电压源中的电流作为变量列入节点电压方程,并将其电压与两端节点电压的关系作为补充方程一并求解。

利用节点电压法求解电路的步骤:

(1)在电路中任意选某一节点为参考点,则其余节点与参考点间的电压就是独立的节点电压,因此有 $n-1$ 个独立节点。

(2)对 $n-1$ 个独立节点,以节点电压为未知量,列写节点电压方程。

(3)将已知参数代入所列节点电压方程,并联立成方程组,求解节点电压方程组。

(4)根据节点电压求各支路电流。

例2-10　试用节点电压法求图 2-23 所示电路中的各支路电流。

解　取节点 0 为参考节点,节点 1、2 的节点电压为 U_1、U_2,根据式(2-17)可得:

$$\begin{cases} \left(\dfrac{1}{1} + \dfrac{1}{2} \right)U_1 - \dfrac{1}{2}U_2 = 3 \\ -\dfrac{1}{2}U_1 + \left(\dfrac{1}{2} + \dfrac{1}{3} \right)U_2 = 7 \end{cases}$$

解得:$U_1 = 6$ V,$U_2 = 12$ V。

取各支路电流的参考方向,如图 2-23 所示。根据支路电流与节点电压的关系得

图 2-23　例 2-10 的图

$$I_1 = \frac{U_1}{1} = \frac{6}{1} \text{ A} = 6 \text{ A}$$

$$I_2 = \frac{U_1 - U_2}{2} = \frac{6-12}{2} \text{ A} = -3 \text{ A}$$

$$I_3 = \frac{U_2}{3} = \frac{12}{3} \text{ A} = 4 \text{ A}$$

2.5.2　弥尔曼定理及应用

对于只有一个独立节点的电路,如图 2-24 所示,可用节点电压法直接求出独立节点的电压。

对于图 2-24 所示电路,可得节点电压的表达式为

$$U_{10} = \frac{\dfrac{U_{S1}}{R_1} - \dfrac{U_{S2}}{R_2} + I_S}{\dfrac{1}{R_1} + \dfrac{1}{R_2} + \dfrac{1}{R_4}} = \frac{\sum (G_k U_{Sk}) + \sum I_{Sk}}{\sum G_k} \tag{2-19}$$

式(2-19)称为弥尔曼定理。

式(2-19)中 $\sum (G_k U_{Sk}) + \sum I_{Sk} = \dfrac{U_{S1}}{R_1} - \dfrac{U_{S2}}{R_2} + I_S$ 为节点电流的代数和。方向流向节点 1 的,电流为正;从节点 1 流出的,电流为负。恒流源支路电流等于此恒流源的电流,且流向节点 1 的为正;从节点 1 流出的为负,而恒流源支路的电阻对节点电压 U_{10} 不起作用,在公式中不出现。$\sum G_k$ 为各支路电导的和,恒为正值,但要去除含恒流源支路的电导。

例 2-11 应用弥尔曼定理求图 2-25 所示电路中的各支路电流。

解 本电路只有一个独立节点,设节点 1 的电压为 U_{10},由式(2-19)得

$$U_{10} = \frac{\dfrac{20}{5} + \dfrac{10}{10}}{\dfrac{1}{5} + \dfrac{1}{20} + \dfrac{1}{10}} \text{ V} = 14.28 \text{ V}$$

设各支路电流 I_1、I_2、I_3 的参考方向如图 2-25 所示,求得各支路电流为

$$I_1 = \frac{20 - U_1}{5} = \frac{20 - 14.28}{5} \text{ A} = 1.14 \text{ A}$$

$$I_2 = \frac{10 - U_1}{10} = \frac{10 - 14.28}{10} \text{ A} \approx -0.43 \text{ A}$$

$$I_3 = \frac{U_1}{20} = \frac{14.28}{20} \text{ A} \approx 0.71 \text{ A}$$

图 2-24　只有一个独立节点的电路　　　　　图 2-25　例 2-11 图

【思考题】

(1)什么是节点电压法?利用节点电压法求解电路的步骤有哪些?

(2)如果电路中含有理想电压源支路,如何列写节点电压方程?

(3)什么情况下用节点电压法求解电路较简单?

2.6　叠　加　原　理

2.6.1　叠加原理的内容

　　叠加原理是线性电路的一个重要原理,它反映出线性电路中各激励作用独立性的基本性质。叠加原理可叙述为:在线性电路中,所有独立源共同作用产生的响应(电流、电压),等于各独立源单独作用产生响应(电流、电压)的代数和。对不作用的独立源以零值处理,即恒压源短路、恒流源开路,但它们的内阻保留。下面通过图 2-26(a)中 R_2 支路电流 I 为例说明叠加原理在线性电路中的体现。

图 2-26　叠加原理举例

　　图 2-26(a)是一个含有两个独立源的线性电路,根据弥尔曼定理,可得电路两个节点间的电压为

$$U_{10} = \frac{\dfrac{U_{\rm S}}{R_1} - I_{\rm S}}{\dfrac{1}{R_1} + \dfrac{1}{R_2}} = \frac{R_2 U_{\rm S} - R_1 R_2 I_{\rm S}}{R_1 + R_2}$$

R_2 支路电流为

$$I = \frac{U_{10}}{R_2} = \frac{\dfrac{R_2 U_{\rm S} - R_1 R_2 I_{\rm S}}{R_1 + R_2}}{R_2} = \frac{U_{\rm S} - R_1 I_{\rm S}}{R_1 + R_2} = \frac{U_{\rm S}}{R_1 + R_2} - \frac{R_1 I_{\rm S}}{R_1 + R_2}$$

　　图 2-26(b)是电压源 $U_{\rm S}$ 单独作用下的情况。此情况下电流源作用为零,零电流源相当于无限大电阻(即开路)。$U_{\rm S}$ 单独作用下 R_2 支路电流为

$$I' = \frac{U_{\rm S}}{R_1 + R_2}$$

　　图 2-26(c)是电流源 $I_{\rm S}$ 单独作用下的情况。此情况下电压源作用为零,零电压源相当于零电阻(即短路)。$I_{\rm S}$ 单独作用下 R_2 支路电流为

$$I'' = \frac{R_1}{R_1 + R_2} I_{\rm S}$$

　　所有独立源作用时,R_2 支路电流的代数和为

$$I = I' - I'' = \frac{U_{\rm S}}{R_1 + R_2} - \frac{R_1}{R_1 + R_2} I_{\rm S}$$

对 I' 取正号,是因为它的参考方向选择得与 I 的参考方向一致;对 I'' 取负号,是因为它的参考方向选择得与 I 的参考方向相反。

2.6.2 用叠加原理求解电路的步骤

运用叠加原理解题和分析电路的基本步骤如下:

(1)分解电路:将多个独立源共同作用的电路分解成一个(或几个)独立源作用的分电路,每一个分电路中,不作用的电源按"零值"处理,并将待求的电压、电流的正方向在原电路、分电路中标出。

(2)求解每一个分电路:分电路往往是比较简单的电路,有时可由电阻的连接及基本定律直接求解。

(3)叠加:原电路中待求的电压、电流等于各分电路中对应求出的量的代数和。

运用叠加原理分析电路时应**注意**以下几点:

(1)叠加原理适用于多电源的线性电路,分成多个单电源电路,使分析大为简化。

(2)要注意电压、电流的参考方向。若各电源单独作用时的电压、电流方向与原电路中的电压、电流方向一致,则取正号;若相反取负号。

(3)电功率和电能量的计算不能应用叠加原理,因为它们和电流(电压)之间不是线性关系,而是二次方关系。

(4)电路中存在受控源时,受控源不能按独立源处理。独立源可以单独作用,受控源在叠加过程中一般应保留在电路中,注意到其控制关系即可,然后将计算结果叠加。

(5)根据具体电路,各独立源也可以分组作用。

(6)某电源单独作用时,其他电源均应按零值处理。零值恒压源相当于短路,而零值恒流源相当于开路。但保留其内阻。

例 2-12　如图 2-27(a)所示,电路参数已在图中标出,试用叠加原理求流过 R_2 的电流、R_2 两端的电压 U_{R_2} 及 R_2 消耗的功率 P_{R_2}。

解　假定待求支路电流 I 及电压 U_{R_2} 的参考方向,如图 2-27(a)所示。

求各电源单独作用时,待求支路的电流分量及电压分量。

(1)设电压源单独作用,令电流源不起作用即等效为开路,此时电路如图 2-27(b)所示,由此电路求得

$$I' = \frac{E}{R_1 + R_2} = \frac{10}{6 + 4} \text{ A} = 1 \text{ A}$$

$$U'_{R_2} = 4 \times I' = 4 \times 1 \text{ V} = 4 \text{ V}$$

(2)设电流源单独作用,令电压源不起作用即等效为短路,此时电路如图 2-27(c)所示,由此电路求得

$$I'' = \frac{R_1}{R_1 + R_2} I_S = \frac{6}{6 + 4} \times 5 \text{ A} = 3 \text{ A}$$

$$U''_{R_2} = 4 \times I'' = 4 \times 3 \text{ V} = 12 \text{ V}$$

(3)将各分电路中的电流及电压分别进行叠加,求出原电路中的电流和电压为

$$I = I' + I'' = (1 + 3) \text{ A} = 4 \text{ A}$$

$$U_{R_2} = U'_{R_2} + U''_{R_2} = (4 + 12) \text{ V} = 16 \text{ V}$$

电阻 R_2 实际消耗的功率为

$$P_{R_2} = 4I^2 = 4 \times 4^2 \text{ W} = 64 \text{ W}$$

在各分电路中电阻 R_2 消耗的功率分别为

$$P'_{R_2} = U' \times I' = 4 \times 1 \text{ W} = 4 \text{ W}, P''_{R_2} = U'' \times I'' = 12 \times 3 \text{ W} = 36 \text{ W}, P'_{R_2} + P''_{R_2} = (4 + 36) \text{ W} = 40 \text{ W}$$

可见 $P_{R_2} \neq P'_{R_2} + P''_{R_2}$，故功率不能用叠加原理计算。

（a）电路　　　　　　（b）电压源单独作用　　　　　（c）电流源单独作用

图 2-27　例 2-12 图

例 2-13　在图 2-28(a)所示的桥形电路中,已知 $R_1 = 2 \text{ Ω}, R_2 = 1 \text{ Ω}, R_3 = 3 \text{ Ω}, R_4 = 0.5 \text{ Ω}$, $U_S = 4.5 \text{ V}, I_S = 1 \text{ A}$。试用叠加原理求电压源的电流 I 和电流源的端电压 U。

解　(1)当电压源单独作用时,电流源开路,如图 2-28(b)所示,各支路电流分别为

$$I'_1 = I'_3 = \frac{U_S}{R_1 + R_3} = \frac{4.5}{2+3} \text{ A} = 0.9 \text{ A}$$

$$I'_2 = I'_4 = \frac{U_S}{R_2 + R_4} = \frac{4.5}{1+0.5} \text{ A} = 3 \text{ A}$$

$$I' = I'_1 + I'_2 = (0.9 + 3) \text{ A} = 3.9 \text{ A}$$

电流源支路的端电压 U' 为

$$U' = R_4 I'_4 - R_3 I'_3 = (0.5 \times 3 - 3 \times 0.9) \text{ V} = -1.2 \text{ V}$$

(2)当电流源单独作用时,电压源短路,如图 2-28(c)所示,各支路电流分别为

$$I''_1 = \frac{R_3}{R_1 + R_3} I_S = \frac{3}{2+3} \times 1 \text{ A} = 0.6 \text{ A}$$

$$I''_2 = \frac{R_4}{R_2 + R_4} I_S = \frac{0.5}{1+0.5} \times 1 \text{ A} = 0.333 \text{ A}$$

$$I'' = I''_1 - I''_2 = (0.6 - 0.333) \text{ A} = 0.267 \text{ A}$$

电流源支路的端电压 U'' 为

$$U'' = R_1 I''_1 + R_2 I''_2 = (2 \times 0.6 + 1 \times 0.333) \text{ V} = 1.533 \text{ V}$$

（a）　　　　　　　　（b）　　　　　　　　（c）

图 2-28　例 2-13 图

（3）两个独立源共同作用时，电压源的电流为

$$I = I' + I'' = (3.9 + 0.267)\ \mathrm{A} = 4.167\ \mathrm{A}$$

电流源的端电压为

$$U = U' + U'' = (-1.2 + 1.533)\ \mathrm{V} = 0.333\ \mathrm{V}$$

【实验与技能训练】——叠加原理的验证

连接图 2-29 所示电路。

（1）令 E_1 电源单独作用，用万用表和毫安表（接电流插头）测量各支路电流及各电阻元件两端电压，将测量数据填入表 2-2 中。

（2）令 E_2 电源单独作用，重复上述测量，将测量数据填入表 2-2 中。

（3）令 E_1 和 E_2 共同作用，重复上述测量，将测量数据填入表 2-2 中。

表 2-2　叠加原理的测量数据

被测量	I_1/mA	I_2/mA	I_3/mA	U_{FA}/V	U_{BA}/V	U_{AD}/V
E_1 单独作用						
E_2 单独作用						
所测量的代数和						
E_1、E_2 共同作用						

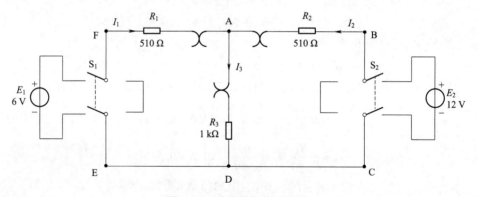

图 2-29　验证叠加原理电路

【思考题】

（1）什么是叠加原理？叠加原理适用于什么电路？

（2）用叠加原理解题和分析电路的步骤是什么？

（3）叠加原理实验中，让各电源分别单独作用，应如何操作？可否直接将不作用的电源置零（短接）？

（4）电阻所消耗的功率能否用叠加原理求得？为什么？试用上述实验数据进行计算，并得出结论。

2.7　戴维南定理

2.7.1　戴维南定理的内容

在一个复杂电路的分析中,有时只需计算某一支路的电流、电压或功率,无须把所有的未知量都计算出来。这种情况,若用以上所介绍的方法(如支路电流法)计算就较麻烦。戴维南定理给出了求有源线性二端网络等效电压源的普遍方法,可以方便地计算出复杂电路中某一支路的电流、电压或功率,同时戴维南定理还是电路分析中一个重要的定理。

1. 戴维南定理

把一个电路或网络所要计算响应的支路断开,剩余部分是一个含有电源,只有两个端子的网络,即有源二端网络。对所需要计算的这条支路来说,有源二端网络相当于一个电源。戴维南定理给出了有源二端网络等效电路的一般性结论,为确定等效电压源的参数(E'和R_0')提供了简明的解析方法和实验方法。

戴维南定理可表述为:任何一个线性有源二端网络,都可以用一个等效电压源代替。等效电压源的电动势(E')等于有源二端网络的开路电压U_{OC},内阻R_0'等于除源网络(即有源二端网络中电源均为零时),即无源二端网络的等效电阻R_0。

如图 2-30(a)所示,对外电路(如负载)来说,有源二端网络可用等效电压源(E和R_0'串联支路)来代替,如图 2-30(b)所示。

有源二端网络与外电路(负载R_L)断开,求出开路电压U_{OC},如图 2-30(c)所示,则等效电压源的电动势$E' = U_{OC}$。

将有源二端网络中的所有电源都去掉(即做零值处理),可得图 2-30(d)所示的无源两端网络,由此可求出等效电压源的内阻R_0'。

| (a) | (b) | (c) | (d) |

图 2-30　戴维南定理的图形描述

2. 求等效电压源内阻 R_0' 的方法

等效电压源内阻R_0'计算方法有以下三种:

(1)设有源二端网络内所有电源为零,即成为无源二端网络,用电阻串联、并联和混联或三角形连接与星形连接等效变换进行化简,计算二端网络端口处的等效电阻。

(2)设网络内所有电源为零,在二端网络端口处加电压U,计算或测量输入端口的电流I,则等效电阻$R_0' = U/I$。

（3）用实验方法测量或用计算方法求得有源二端网络开路电压 U_{OC} 和短路电流 I_{SC}，则等效电阻 $R = U_{OC}/I_{SC}$（注意：此时有源网络内所有独立源和受控源均保留不变）。

2.7.2 用戴维南定理求解电路的步骤

运用戴维南定理解题步骤如下：

（1）将电路分为待求支路和有源二端网络两部分。

（2）将待求支路断开，求有源二端网络的等效电压源，即求 E' 和 R_0'。

（3）将待求支路接入由 E' 和 R_0' 构成的等效电压源中，求待求支路的电流。

在应用戴维南定理时应注意：求 E' 和 R_0' 时，均不考虑被断开的待求支路的影响，并注意 U_{OC} 的正负以确定 E' 的方向；有源二端网络和所求支路之间不应有受控源或磁耦合等联系，即负载支路的性质和变化不影响 E' 和 R_0' 的值。

例 2-14 在图 2-31（a）所示电路中，已知 $E_1 = 6$ V，$E_2 = 1.5$ V，$R_1 = 0.6$ Ω，$R_2 = 0.3$ Ω，$R_3 = 9.8$ Ω。求：通过 R_3 的电流。

解 将电路分成有源二端网络和待求支路两部分，其有源二端网络如图 2-31（b）所示，由此图可求得

$$U_{OC(AB)} = E_1 - \frac{E_1 - E_2}{R_1 + R_2}R_1 = \left(6 - \frac{6 - 1.5}{0.6 + 0.3} \times 0.6\right) \text{V} = 3 \text{ V}$$

即 $E' = U_{OC(AB)} = 3$ V。

将有源二端网络中的电源按零值处理，可得无源二端网络，如图 2-31（c）所示，由此图可求得

$$R_0' = R_1 // R_2 = (0.6 // 0.3) \text{ Ω} = 0.2 \text{ Ω}$$

将待求支路 R_3 接入所求得的等效电压源上，如图 2-31（d）所示，则可求得通过 R_3 的电流

$$I_{R_3} = \frac{E'}{R_0' + R_3} = \frac{3}{0.2 + 9.8} \text{ A} = 0.3 \text{ A}$$

图 2-31　例 2-14 图

例 2-15 如图 2-32（a）所示电路，已知 $E = 48$ V，$R_1 = 12$ Ω，$R_2 = 24$ Ω，$R_3 = 36$ Ω，$R_4 = 12$ Ω，$R_5 = 33$ Ω。求：通过 R_5 的电流。

解 将电路分成有源二端网络和待求支路两部分，其有源二端网络如图 2-32（b）所示，由此图可求得

$$U_{OC(AB)} = -\frac{E}{R_1 + R_2}R_1 + \frac{E}{R_3 + R_4}R_3 = \left(-\frac{48}{12 + 24} \times 12 + \frac{48}{36 + 12} \times 36\right) \text{V} = 20 \text{ V}$$

即 $E' = U_{OC(AB)} = 20$ V。

将有源二端网络中的电源按零值处理,可得无源二端网络,如图 2-32(c)所示,由此图可求得

$$R_0' = R_1 /\!/ R_2 + R_3 /\!/ R_4 = (12 /\!/ 24 + 36 /\!/ 12)\ \Omega = 17\ \Omega$$

将待求支路 R_5 接入所求得的等效电压源上,如图 2-32(d)所示,则可求得通过 R_5 的电流

$$I_{R_5} = \frac{E'}{R_0' + R_5} = \frac{20}{17 + 33}\ \mathrm{A} = 0.4\ \mathrm{A}$$

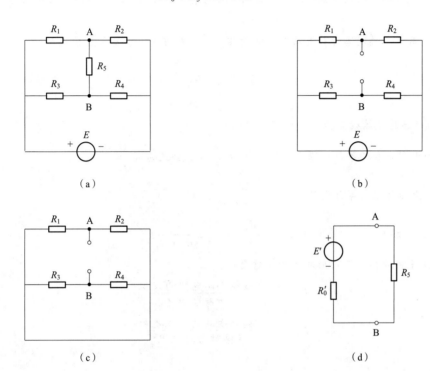

图 2-32　例 2-15 图

【实验与技能训练】——戴维南定理的验证

按图 2-31(a)连接电路,令 $E_1 = 6\ \mathrm{V}, E_2 = 12\ \mathrm{V}, R_1 = 510\ \Omega, R_2 = 510\ \Omega, R_3 = 1\ \mathrm{k}\Omega$。

(1)将电流表串联到 R_3 支路,测量通过 R_3 的电流 I_3,将数据填入表 2-3 中。

(2)选择万用表的直流电压挡的合适量程,断开 R_3 支路,如图 2-31(b)所示,测量 A、B 间的开路电压 $U_{\mathrm{OC(AB)}}$,将数据填入表 2-3 中。

(3)测量有源二端网络的短路电流 $I_{\mathrm{SC(AB)}}$,求得等效电阻 R_0'。

(4)将待求支路(R_3)接到所求得的等效电压源上,如图 2-31(d)所示,再用电流表测量 R_3 支路的电流 I_3,将数据填入表 2-3 中。

表 2-3　戴维南定理的测量数据

测量值			等效电压源及计算值		
I_3/A	$U_{\mathrm{OC(AB)}}/\mathrm{V}$	$I_{\mathrm{SC(AB)}}/\mathrm{A}$	E'	$R_0' = (U_{\mathrm{OC(AB)}}/I_{\mathrm{SC(AB)}})/\Omega$	I_3/A

【思考题】

(1)什么是戴维南定理?什么情况下用戴维南定理求解电路比较方便?

(2)用戴维南定理解题的步骤是什么?

(3)在求戴维南等效电路做短路实验时,测 I_{sc} 的条件是什么?在本实验中可否直接做负载短路实验?

(4)测量有源二端网络开路电压及等效内阻有哪几种方法?各有何优缺点?

小　结

1. 电阻的连接及等效变换

(1)n 个电阻串联的等效电阻为:$R = \sum_{i=1}^{n} R_i$。分压公式为:$U_i = \dfrac{R_i}{R}U$。

(2)n 个电阻并联的等效电阻为:$\dfrac{1}{R} = \sum_{i=1}^{n} \dfrac{1}{R_i}$ 或 $G = \sum_{i=1}^{n} G_i$。

两个电阻并联时的分流公式为:$I_1 = \dfrac{R_2}{R_1 + R_2}I$, $I_2 = \dfrac{R_1}{R_1 + R_2}I$。

(3)电阻星形连接与三角形连接的等效变换:

$$R_{\curlyvee} = \frac{\triangle 连接相邻两电阻的乘积}{\triangle 连接所有电阻之和}$$

$$R_{\triangle} = \frac{\curlyvee 连接电阻两两乘积之和}{\curlyvee 连接对面的电阻}$$

三个电阻相等时,$R_{\curlyvee} = \dfrac{1}{3}R_{\triangle}$ 或 $R_{\triangle} = 3R_{\curlyvee}$。

2. 电源的两种等效电路

在分析复杂电路时,对外电路而言实际电压源与电流源可以相互转换,转换公式为 $I_S = E/R_0$, R_0 的大小不变,只是连接位置改变。

3. 网络方程分析法

(1)支路电流法:支路电流法以 b 个支路的电流为未知数,列 $n-1$ 个节点电流方程,用支路电流表示电阻电压,列 $b-(n-1)$ 个回路电压方程,共列 b 个方程。

(2)节点电压法:节点电压法以 $n-1$ 个节点电压为未知数,用节点电压表示支路电压、支路电流,列 $n-1$ 个节点电流方程联立求解。

4. 网络定理

(1)叠加原理适应于线性电路的电压和电流的计算。依据叠加原理可将多个电源共同作用的复杂电路,分解为各个电源单独作用的简单电路,在各分解图中分别计算,最后代数和相加求出结果。注意:电压源不作用时视为短路,电流源不作用时视为开路,而电源内阻必须保留。

(2)戴维南定理适应于求解线性含源二端网络中某一支路的电流。戴维南定理将一个有源二端线性网络等效为一个电压源,等效电压源的源电压 E' 等于有源二端网络开路时的开路电压 U_{OC},即 $E' = U_{OC}$;等效电压源的内阻 R'_0 等于有源二端网络除去各电源(E 短路,I_S 开路)后的等效电阻。

习　题

一、填空题

1. 在电器商场买的导线,每卷导线的电阻值为 0.5 Ω,将两卷这样的导线接长使用,电阻值为_____ Ω;将两卷这样的导线并接起来使用,电阻值为_____ Ω。

2. 已知电阻 R_1 与 R_2 串联时的等效电阻为 9 Ω,R_1 与 R_2 并联时的等效电阻为 2 Ω,则 $R_1 =$ _____ Ω,$R_2 =$ _____ Ω。

3. 一个量程为 10 V,内阻为 20 kΩ 的直流电压表串联了一个 180 kΩ 的分压电阻后量程扩大到_____ V。

4. 一个量程为 0.1 A,内阻为 5 Ω 的直流电流表,要测量 1 A 的电流需要并联_____ Ω 的分流电阻。

5. 节点电压的含义是_____;节点电压法是以节点电压为_____量,根据基尔霍夫_____定律列出节点的电流方程,联立方程解出节点电压,进而求解电路中其他物理量的方法。

6. 叠加原理只能应用于_____电路中的_____、_____叠加,但功率不能叠加。应用叠加原理分析电路时,当某个电源单独作用时,其余电压源相当于_____,电流源相当于_____。

7. 有源二端网络是指具有_____,并含有_____的电路。

8. 任何一个复杂的有源二端网络均可用_____来代替,称为_____定理,又称_____定理。

9. 一个有源二端网络的开路电压为 10 V,短路电流为 100 mA,则其戴维南等效电路的电压是_____ V,内阻是_____ Ω。

二、选择题

1. 一只 10 W、500 Ω 的电阻 R_1 与一只 15 W,500 Ω 的电阻 R_2 并联后的等效电阻及其额定功率为(　　)。

　　A. 250 Ω,10 W　　　B. 1 kΩ,25 W　　　C. 250 Ω,20 W　　　D. 250 Ω,25 W

2. 有两只电阻 R_1 和 R_2,且 $R_1 = 2R_2$,将它们串联后加电压,其消耗的功率分别为 P_1 和 P_2,则(　　);若并联,则(　　)。

　　A. $P_1 > P_2$　　　B. $P_1 < P_2$　　　C. $P_1 = P_2$

3. 一条导线的电阻值为 4 Ω,在温度不变的情况下把它均匀拉长为原来的 4 倍,其电阻值为(　　)。

　　A. 4 Ω　　　B. 16 Ω　　　C. 20 Ω　　　D. 64 Ω

4. 三个电阻串联的电路中,电阻之比为 $R_1 : R_2 : R_3 = 1 : 2 : 3$,则三个电阻上的电压之比 $U_1 : U_2 : U_3$ 为(　　)。

　　A. 6:3:2　　　B. 1:2:3　　　C. 3:2:1　　　D. 2:3:6

5. 三个电阻并联的电路中,电阻之比为 $R_1 : R_2 : R_3 = 1 : 2 : 3$,则各支路中的电流之比 $I_1 : I_2 : I_3$ 为(　　)。

A. 6：3：2　　　　B. 1：2：3　　　　C. 3：2：1　　　　D. 2：3：6

6. 应用戴维南定理求有源二端网络的等效电压源时,该有源二端网络应是(　　)。

A. 线性网络　　　B. 非线性网络　　　C. 线性与非线性网络　　D. 任何网络

三、判断题

1. 电压源与电流源可以等效变换,恒压源与恒流源也能等效变换。　　　　　　　　(　　)

2. 并联电阻数目越多,等效电阻越小,因此向电路取用的电流也越少。　　　　　　(　　)

3. 当几个直流电压源相串联时,可提高向电路提供的电压值。　　　　　　　　　(　　)

4. 电压源与电流源等效变换前后,电源内部是不等效的。　　　　　　　　　　　(　　)

5. 由于叠加原理只适用于电流或电压的叠加,不适用于功率的叠加,所以用叠加原理求解电路时无法求得功率。　　　　　　　　　　　　　　　　　　　　　　　　　　　　(　　)

四、计算题

1. 一只 110 V、100 W 的电灯与另一只 110 V、40 W 的电灯串联后。试问:可以接到电压为 220 V 的电源供电线路上吗?

2. 现有一只电表,已知表头电流为 50 μA,内阻为 3 kΩ。试问:应串联多大电阻才能改装成量程为 10 V 的电压表?

3. 两个电阻串联时的等效电阻为 180 Ω,并联时的等效电阻为 40 Ω。试问:这两个电阻各是多少?

4. 计算图 2-33 所示各电路中的未知电压 U 或电阻 R。

图　2-33

5. 计算图 2-34 所示各电路中的等效电阻 R_{ab}。

图　2-34

6. 将图 2-35 中星形连接的三端网络等效转换为三角形连接的三端网络。

图 2-35

7. 将图 2-36 中三角形连接的三端网络等效转换为星形连接的三端网络。

8. 求图 2-37 所示电路中 4 Ω 电阻的电流。

图 2-36   图 2-37

9. 求图 2-38 所示电路中的电流 I。

10. 在图 2-39 所示的电路中,已知 $R_1 = 10\ \Omega, R_2 = 30\ \Omega, R_3 = 22\ \Omega, R_4 = 4\ \Omega, R_5 = 60\ \Omega, U_S = 22\ V$。求电流 I。

图 2-38

图 2-39

11. 化简图2-40所示的各电路。

图　2-40

12. 在图2-41所示电路中,试用电源等效变换方法计算图2-41(a)中的电压 U 及图2-41(b)中的电流 I。

图　2-41

13. 在图2-42所示电路中,有多少条支路? 在图上标明支路电流,并选定参考方向,列出求解各支路电流所需的全部方程。

14. 在图2-43所示电路中,已知 $E_1 = 15$ V, $E_2 = 10$ V, $R_1 = 18$ Ω, $R_2 = 4$ Ω, $R_3 = 4$ Ω。求:各支路的电流。

15. 在图2-44所示电路中,已知 $E = 12$ V, $I_S = 2$ A, $R_1 = 2$ Ω, $R_2 = 2$ Ω, $R_3 = 2$ Ω。求:各支路的电流及电流源的电压 U。

图　2-42　　　　　　图　2-43　　　　　　图　2-44

16. 试用支路电流法求图 2-45 所示电路中的各支路的电流。

17. 试用节点电压法求图 2-46 所示电路中 5 Ω 和 3 Ω 电阻的电流。

图 2-45   图 2-46

18. 试用节点电压法求图 2-47 所示电路中的节点 a、b、c 的电压(以节点 d 为参考点)。

19. 用弥尔曼定理求解图 2-48 所示电路中的各支路电流。

图 2-47   图 2-48

20. 试用叠加原理求图 2-49 所示电路中的电流 I。

21. 试用叠加原理计算图 2-50 所示电路中 4 Ω 电阻支路的电流 I,并计算该电阻吸收的功率 P。

图 2-49   图 2-50

22. 求图 2-51 所示电路的戴维南等效电路。

23. 如图 2-52 所示电路,已知 $E_1 = 12$ V,$E_2 = 6$ V,$R_1 = 10$ Ω,$R_2 = 10$ Ω,$R_3 = 15$ Ω,求通过 R_3 的电流。

24. 在图 2-53 所示电路中,已知 $R_1 = 8\ \Omega, R_2 = 4\ \Omega, R_3 = 6\ \Omega, R_4 = 2\ \Omega, U_S = 8\ \text{V}, I_S = 2\ \text{A}$。试用戴维南定理求通过 R_2 的电流。

图　2-51　　　　　　　　图　2-52　　　　　　　　图　2-53

25. 试用戴维南定理求图 2-54 所示电路的电流 I。

26. 试用戴维南定理求图 2-55 所示电路中 8 Ω、5 V 支路的电流。

图　2-54

图　2-55

第 3 章

正弦交流电路

学习内容

➢ 正弦交流电的三要素,相位差,正弦交流电的表示方法。

➢ 单一参数交流电路中的电压与电流关系;功率和能量转换。

➢ RLC 串联电路中的电压与电流关系;功率和能量转换。

➢ 提高交流电路功率因数的方法及交流电路中的谐振现象。

➢ 三相对称电动势的产生及三相电源星形连接时的线电压与相电压的关系。

➢ 三相负载的星形连接和三角形连接时的线电压与相电压的关系,线电流与相电流的关系。

➢ 三相电路的功率。

学习目标

【知识目标】

➢ 理解交流电的基本概念,正弦交流电的三要素,掌握正弦交流电最大值与有效值的关系。

➢ 掌握正弦交流电的三角函数、波形图及相量表示法,会用相量图分析正弦交流电路。

➢ 掌握单一参数交流电路中的电压与电流的关系和功率计算,了解能量转换。

➢ 掌握 RLC 串联电路中的电压与电流关系和功率计算,了解能量转换。

➢ 掌握感性负载与电容器并联电路的分析,掌握正弦交流电路中提高功率因数的方法。

➢ 了解谐振电路的条件和特征。

➢ 了解三相对称电动势的产生,掌握三相电源星形连接时的相电压与线电压之间的关系。

➢ 掌握三相对称负载星形和三角形连接时,相关物理量的计算(包括相电压、线电压、相电流、线电流和三相电功率)。

➢ 理解三相四线制电路中性线的作用,能正确地把负载接入三相电源。

【能力目标】

➢ 会分析简单及较复杂的交流电路,并会使用交流电压表(毫伏表)、万用表测量交流电压及用交流电流表测量交流电流。

➢ 会使用示波器测试低频信号发生器产生的典型信号。

➢ 会进行白炽灯照明电路、电感式镇流器荧光灯电路的安装、检测与维修。

3.1　正弦交流电路的基本知识

3.1.1　交流电概述

　　大小和方向都随时间做周期性变化的电压、电流、电动势分别称为交流电压、交流电流、交流电动势,统称为交流电。大小和方向随时间按正弦规律变化的交流电称为正弦交流电。本书以后如不加说明,所说的交流电都是指正弦交流电。

　　在线性电路中,若激励为时间的正弦函数,则稳定状态下的响应也为时间的正弦函数,这样的电路称为正弦交流稳态电路,简称为正弦交流电路。

　　正弦交流电广泛应用于生产与生活的各个领域,它具有易产生、便于输送和使用的特点。与直流电相比,正弦交流电具有发电成本低、便于远距离传输、转换效率高等优点。

　　正弦交流电路和直流电路有根本的区别,但直流电路的分析方法原则上也适用于正弦交流电路。由于正弦交流电路电压、电流的大小和方向随时间按正弦规律变化,因此分析和计算比直流电路要复杂得多。

　　正弦交流电路的基本理论和分析方法是学习交流电机、电器的重要基础。分析与讨论正弦交流电路具有十分重要的意义。

3.1.2　正弦交流电的三要素

　　以正弦交流电流为例,其数学表达式为 $i = I_m \sin(\omega t + \varphi_i)$。式中,$I_m$ 为电流的最大值;ω 为角频率;φ_i 为初相,正弦电量的变化取决于这三个量,通常把最大值、角频率和初相称为正弦交流电的三要素。

1. 周期、频率和角频率

1)周期

　　正弦交流电变化一个循环所需要的时间称为周期,用 T 表示,周期的单位是秒(s)。图 3-1 中正弦交流电流从 a 点变化到 c 点经历了一个周期。

2)频率

　　单位时间内交流电变化循环的次数称为频率,用 f 表示,频率的单位是赫兹(Hz),简称赫。频率与周期互为倒数,即

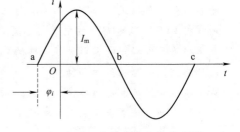

图 3-1　正弦交流电流的波形图

$$f = \frac{1}{T} \quad 或 \quad T = \frac{1}{f} \qquad (3-1)$$

　　我国采用 50 Hz 作为工业和民用用电的频率,又称工频。世界上有些国家或地区(如美国、加拿大等)用 60 Hz 作为电力标准频率。通常在交流动力电路、照明电路中都是用的工频电,在其他不同技术领域内使用不同的频率。例如,高频炉的频率是 200 ~ 300 kHz,中频炉的频率是 500 ~ 800 Hz,高速电动机的频率是 150 ~ 2 000 Hz,无线电调频广播载波频率为 88 ~ 108 MHz,广播电视载波频率为 30 ~ 300 MHz 等。

3）角频率

正弦交流电每秒内变化的电角度称为角频率,用 ω 表示,单位是 rad/s(弧度每秒),也表示正弦交流电变化的快慢。因为一个周期经过的角度 $\alpha = 2\pi$ rad(360°),故角频率与频率、周期的关系为

$$\omega = 2\pi f = \frac{2\pi}{T} \tag{3-2}$$

可见,周期、频率、角频率都是用来表示正弦交流电变化快慢的,知道其中一个量,就可以确定出另外两个量。

2. 瞬时值、最大值和有效值

1）瞬时值

正弦交流电在变化过程中,任一瞬间所对应的值,称为瞬时值。规定用小写字母 i、u、e 分别表示交流电流、电压、电动势的瞬时值。由于交流电的方向是周期性变化的,所以必须在电路中先假定交流电的参考正方向。在规定了交流电的参考正方向后,当交流电的瞬时值为正值时,表明实际方向与其参考方向一致;当瞬时值为负值时,表明实际方向与参考方向相反。

2）最大值

瞬时值中最大的值,称为交流电的最大值或振幅(有时也称为幅值或峰值)。交流电的最大值用大写字母加下标 m 来表示,如 E_m、U_m、I_m 分别表示电动势、电压、电流的最大值。

3）有效值

交流电的瞬时值随时间而变化,不便于用它来计量交流电的大小。在工程技术中,规定用有效值来衡量交流电的发热和做功的能力。交流电的有效值定义为:假设交流电流 i 通过一个电阻 R 在一个周期内产生的热量 Q,与一个恒定的直流电流 I 通过相同的电阻 R,在相同时间内所产生的热量 Q' 相等,就可以说这个直流电流 I 与交流电流 i 在发热方面是等效的,就把这个直流电流的数值 I,定义为该交流电流 i 的有效值。简而言之,交流电流的有效值就是热效应与它等同的直流值。用大写字母 I、U、E 分别表示交流电流、电压、电动势的有效值。

交流电流 i 一个周期内在 R 上产生的热量为

$$Q = \int_0^T i^2 R dt$$

直流电流 I 同一时间内在 R 上产生的热量为

$$Q' = I^2 RT$$

若两者相等,$Q = Q'$,则

$$\int_0^T i^2 R dt = I^2 RT$$

可得出交流电流的有效值为

$$I = \sqrt{\frac{1}{T}\int_0^T i^2 dt}$$

设 $i = I_m \sin\omega t$,则

$$I = \sqrt{\frac{1}{T}\int_0^T I_m^2 \sin^2\omega t dt} = \frac{I_m}{\sqrt{2}} \tag{3-3}$$

同理,正弦交流电压、电动势相应地有

$$U = \frac{U_{\mathrm{m}}}{\sqrt{2}}, \ E = \frac{E_{\mathrm{m}}}{\sqrt{2}} \tag{3-4}$$

一般所说的正弦电压或电流的大小,都是指它的有效值;交流电压表、电流表的读数都是它们的有效值;交流电机和电器的额定电压、额定电流也都是有效值。

3. 相位、初相、相位差

1)相位

在正弦交流电流的数学表达式 $i = I_{\mathrm{m}}\sin(\omega t + \varphi_i)$ 中,$\omega t + \varphi_i$ 称为正弦交流电的相位角,简称相位。相位是研究正弦交流电时的一个重要概念,它表示正弦交流电在某一时刻所处的变化状态,它不仅决定该时刻瞬时值的大小和方向,还决定该时刻的交流电变化的趋势(即增加还是减少)。

2)初相

$t = 0$ 时的相位角 φ_0 称为初相角,简称初相。初相表示计时开始时交流电所处的变化状态。初相的取值范围一般规定为: $-\pi \leqslant \varphi_0 \leqslant \pi$。

3)相位差

分析交流电路时,经常会遇到若干个正弦交流电量,不仅要分析它们的数量关系,还必须分析它们的相位关系。

把两个同频率正弦电量相位之差称为它们的相位差,记作 φ。

设两个同频率的正弦电量 $u = U_{\mathrm{m}}\sin(\omega t + \varphi_u)$,$i = I_{\mathrm{m}}\sin(\omega t + \varphi_i)$,则 u 与 i 的相位差为

$$\varphi = (\omega t + \varphi_u) - (\omega t + \varphi_i) = \varphi_u - \varphi_i \tag{3-5}$$

即两个同频率正弦电量的相位差等于它们的初相位之差。虽然每个正弦电量的相位随时间而变,但它们在任意时间相位差是不变的。

若 $\varphi > 0°$,表明 $\varphi_u > \varphi_i$,如图 3-2(a)所示,称 u 超前 i 的相位为 φ,或者说 i 滞后于 u 一个相位 φ。

若 $\varphi = 0°$,表明 $\varphi_u = \varphi_i$,如图 3-2(b)所示,称 u 与 i 同相位(简称同相),表示两正弦电量同时达到最大值或同时为零。

若 $\varphi = \pm 180°$,如图 3-2(c)所示,称 u 与 i 反相位(简称反相),表示当 u 为正的最大值时,i 为负的最大值。

（a）u 超前 i　　　　　　（b）u 与 i 同相　　　　　　（c）u 与 i 反相

图 3-2　电压 u 与电流 i 的相位差

综上所述,当两个同频率的正弦电量计时起点($t = 0$)不同时,它们的相位和初相位不同,但它们之间的相位差不变。

例 3-1 已知某电路中的电压 $u = 311\sin(314t + 30°)$ V，电流 $i = 14.14\sin(314t - 60°)$ A，求：(1)角频率、频率、周期；(2)u、i 的最大值和有效值；(3)u、i 的初相；(4)u 与 i 的相位差。

解 (1)角频率 $\omega = 314$ rad/s

频率
$$f = \frac{\omega}{2\pi} = \frac{314}{2\pi} \text{ Hz} = 50 \text{ Hz}$$

周期
$$T = \frac{1}{f} = \frac{1}{50} \text{ s} = 0.02 \text{ s}$$

(2)电压 u 的最大值 $U_m = 311$ V，有效值 $U = \frac{U_m}{\sqrt{2}} = \frac{311}{\sqrt{2}}$ V $= 220$ V

电流 i 的最大值 $I_m = 14.14$ A，有效值 $I = \frac{I_m}{\sqrt{2}} = \frac{14.14}{\sqrt{2}}$ A $= 10$ A

(3)电压 u 的初相 $\varphi_u = 30°$，电流 i 的初相 $\varphi_i = -60°$。

(4)u 与 i 的相位差为
$$\varphi = \varphi_u - \varphi_i = 30° - (-60°) = 90°$$

3.1.3 正弦交流电量的相量表示

用三角函数表达式或波形图表示正弦交流电流、电压、电动势很直观。但是，在进行同频率的正弦交流电流(或电压、电动势)的加、减、乘、除运算时，无论是用三角函数表达式还是用波形图，都非常烦琐，不便于计算，一般不采用。为了便于交流电路的计算，常用相量表示正弦交流电量。这种相量表示法的基础是复数，就是用复数来表示正弦交流电量。

1. 复数及其运算

1)复数

数学上把数 $A = a + jb$ 称为复数，其中 $j = \sqrt{-1}$ 称为虚数单位。a 称为复数 A 的实部，b 称为复数 A 的虚部。

用来表示复数的直角坐标平面称为复平面，其中横轴的单位为"1"，称为实轴；纵轴的单位为"j"，称为虚轴。

复数 A 可以用复平面上的一条有向线段 OA 矢量来表示，如图 3-3 所示。a 为 A 在实轴上的投影，b 为 A 在虚轴上的投影。在 r、φ 已知时，由图 3-3 可得 $a = r\cos\varphi$，$b = r\sin\varphi$。OA 矢量的长度 $r = \sqrt{a^2 + b^2}$ 称为复数的模；OA 矢量与实轴的夹角 $\varphi = \arctan\frac{b}{a}$ 称为复数的辐角。一个复数 A 可以有四种表示方法。

图 3-3 复数的矢量表示

(1)代数式。复数的代数形式为
$$A = a + jb$$

(2)三角函数式。复数的三角函数形式为
$$A = r(\cos\varphi + j\sin\varphi)$$

(3)指数式。将欧拉公式 $e^{j\varphi} = \cos\varphi + j\sin\varphi$ 代入复数的三角函数式，则可得复数的指数形式为
$$A = re^{j\varphi}$$

（4）极坐标式。为了简便，工程上常把指数形式写成极坐标形式为

$$A = r \angle \varphi$$

一个复数可用上述四种方法来表示，复数的四种表示方法可相互转换。

2）复数的运算

（1）加、减运算。进行复数的加、减运算时，一般用复数的代数式。设有复数，$A_1 = a_1 + jb_1 = r_1 \angle \varphi_1$，$A_2 = a_2 + jb_2 = r_2 \angle \varphi_2$，则

$$A_1 \pm A_2 = (a_1 + jb_1) \pm (a_2 + jb_2) = (a_1 \pm a_2) + j(b_1 \pm b_2)$$

即几个复数相加或相减，实部和虚部分别相加或相减。

（2）乘、除运算。一般情况下，进行复数的乘、除运算时，用复数的极坐标式或指数式。

设有复数 $A_1 = r_1 \angle \varphi_1$，$A_2 = r_2 \angle \varphi_2$。

①乘法运算：

$$A_1 \cdot A_2 = r_1 \cdot r_2 \angle (\varphi_1 + \varphi_2)$$

即复数相乘时，其模相乘，辐角相加。

作为两个复数相乘的特例，是一个复数乘以 $+j$ 或 $-j$。

因为，$e^{\pm j 90°} = \cos 90° \pm j\sin 90° = 0 \pm j = \pm j$。所以，$\pm j$ 是模为 1，辐角为 $\pm 90°$ 的复数，所以任意复数乘以 $+j$ 的计算为

$$jA_1 = 1 \angle 90° \times r_1 \angle \varphi_1 = r_1 \angle (\varphi_1 + 90°)$$

即任一复数乘以 $+j$，其模不变，辐角增大 $90°$，相当于把复矢量 A 逆时针旋转 $90°$，如图 3-4 所示。

同理，$-jA_1 = 1 \angle (-90°) \times r_1 \angle \varphi_1 = r_1 \angle (\varphi_1 - 90°)$

即任一复数乘以 $-j$，其模不变，辐角顺时针转过 $90°$，如图 3-4 所示。$\pm j$ 称为旋转因子。

②除法运算：

$$\frac{A_1}{A_2} = \frac{r_1 \angle \varphi_1}{r_2 \angle \varphi_2} = \frac{r_1}{r_2} \angle (\varphi_1 - \varphi_2)$$

即复数相除时，其模相除，辐角相减。

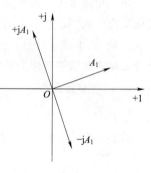

图 3-4　j 的几何意义

2. 正弦交流电量的相量表示法

用复数表示正弦电量的方法称为正弦电量的相量表示法。将复数表示法及四则运算用于正弦电路的分析与计算的方法称为正弦电量的相量分析法。

设正弦电流为 $i = I_m \sin(\omega t + \varphi_i) = I\sqrt{2} \sin(\omega t + \varphi_i)$ 和一个复数 $I_m e^{j(\omega t + \varphi_i)}$，将二者加以比较，发现它们之间有如下对应关系：

（1）复数的模和辐角分别等于正弦电量的最大值 I_m 和相位 $(\omega t + \varphi_i)$。

（2）正弦电量的瞬时值恰好为复数的虚部，即

$$I_m e^{j(\omega t + \varphi_i)} = I_m \cos(\omega t + \varphi_i) + jI_m \sin(\omega t + \varphi_i)$$

（3）复数 $I_m e^{j(\omega t + \varphi_i)} = I_m e^{j\varphi} \cdot e^{j\omega t} = \dot{I}_m \cdot e^{j\omega t}$，等于一个复常数（又称复振幅）$\dot{I}_m$ 乘以旋转因子 $e^{j\omega t}$，相当于复平面上一个模不变、辐角随时间而变化的旋转矢量（旋转角速度为正弦电量的角频率 ω）。该旋转矢量任一时刻在虚轴上的投影，等于该时刻正弦电量的瞬时值。显然，这个复数完整地表示了正弦电量的三要素，如图 3-5 所示。

当 $t = t_1$ 时,旋转矢量对应的复数为 $\dot{I}_{\mathrm{m}} \cdot \mathrm{e}^{\mathrm{j}\omega t_1}$,此时电流为

$$i_1 = \mathrm{J}_{\mathrm{m}}\left[\dot{I}_{\mathrm{m}}\mathrm{e}^{\mathrm{j}\omega t_1}\right] = I_{\mathrm{m}}\sin(\omega t_1 + \varphi_i)$$

式中,J_{m} 表示取 [　] 内的虚部。

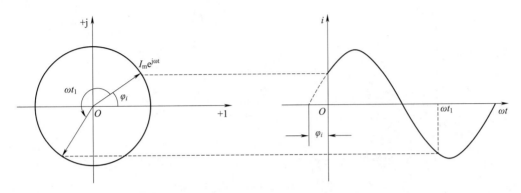

图 3-5　旋转矢量与正弦电量的示意图

　　(4) 在线性电路中,如果所示的激励都是同频率的正弦电量,则电路各部分的响应是与激励同频率的正弦电量。就是说,为了确定或区分正弦电压、电流,只需考虑最大值和初相位这两个要素就足够了。因此,正弦电量可由初始位置($t = 0$ 时)的矢量 $\dot{I}_{\mathrm{m}} = I_{\mathrm{m}} \angle \varphi_i$ 唯一确定,即正弦电流 $i = I_{\mathrm{m}}\sin(\omega t + \varphi_i)$ 可以用复数 $\dot{I}_{\mathrm{m}} = I_{\mathrm{m}} \angle \varphi_i$ 来表示,并称复数 $\dot{I}_{\mathrm{m}}$ 为电流 i 的相量。复数不再是时间的函数,可以参与一般的复数运算,但是,它所表示的电流仍是时间的正弦函数。由于在电路分析中经常使用有效值,所以正弦电量的相量也常用有效值相量表示。为了与一般的复数区别,用大写字母的上方加小圆点表示,即 $\dot{I} = I \angle \varphi_i$。

　　正弦电量可用复平面上的一复矢量表示,如图 3-6 所示。复数的模各为正弦电量的最大值或有效值,复数的辐角为正弦电量的初相位。

　　同理,正弦电压、电动势的幅值相量和有效值相量分别为 $\dot{U}_{\mathrm{m}} = U_{\mathrm{m}} \angle \varphi_u$、$\dot{E}_{\mathrm{m}} = E_{\mathrm{m}} \angle \varphi_e$;$\dot{U} = U \angle \varphi_u$、$\dot{E} = E \angle \varphi_e$。

　　注意:相量只是表示正弦电量,而不是等于正弦电量。用相量表示正弦电量后,就可把烦琐的三角函数运算转换为简单的复数运算。由于在分析线性电路时,正弦电动势、电压、电流均为同频率的正弦电量,频率是已知的或特定的,可以不考虑,只要求出正弦电量的幅值(或有效值)和初相位,即可写出正弦电量函数表达式。

　　多个同频率的正弦电量,按各正弦电量的大小和初相位,用矢量画在同一坐标的复平面上的若干个相量图形,称为相量图。例如,$\dot{I} = 10 \angle 30° \mathrm{A}$,$\dot{U} = 20 \angle (-45°) \mathrm{V}$ 用相量图表示,如图 3-7 所示。

　　在相量图上可直观地看出正弦电量的大小和相互间的相位关系,电流相量 $\dot{I}$ 比电压相量 $\dot{U}$ 超前 75°。正弦电量的相量表示法有两种形式:一是复数式,常用代数式(或三角函数式)做相量的加减运算,常用指数式(或极坐标式)做相量的乘除运算;二是相量图,它是配合复数式进行分析和计算的一个很有用的辅助工具。

正弦电量用相量表示后,基尔霍夫定律的瞬时值(任一瞬间都成立)形式 $\sum i = 0$,$\sum u = 0$ 就变换为

$$\sum \dot{I} = 0,\ \sum \dot{U} = 0$$

图 3-6　电流的相量图

图 3-7　电压、电流的相量图

例 3-2　已知一并联电路中的 $i_1 = 4\sqrt{2}\sin(314t + 60°)\ A$,$i_2 = 3\sqrt{2}\sin(314t - 30°)\ A$,试求总电流 i。

解　(1)借助相量图求解,画出 i_1、i_2 的相量图如图 3-8 所示。

用平行四边形法画出总电流 i 的相量 $\dot{I}$,由相量图可知,由于 $\dot{I}_1$ 和 $\dot{I}_2$ 的夹角为 90°,所以可得

$$I = \sqrt{I_1^2 + I_2^2} = \sqrt{4^2 + 3^2}\ A = 5\ A$$

相量 $\dot{I}$ 与实轴的夹角 φ 就是总电流 $\dot{I}$ 的初相位。

$$\varphi = \arctan\frac{I_1}{I_2} - 30° = \arctan\frac{4}{3} - 30° = 23.1°$$

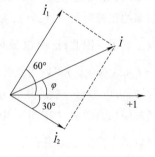

图 3-8　例 3-2 相量图

总电流的三角函数表达式为

$$i = 5\sqrt{2}\sin(314t + 23.1°)\ A$$

(2)用相量运算法求解,将 $i = i_1 + i_2$ 转化为基尔霍夫电流定律的相量表达式为:$\dot{I} = \dot{I}_1 + \dot{I}_2$。所以

$$\dot{I} = \dot{I}_1 + \dot{I}_2 = (4\cos 60° + j4\sin 60°) + [3\cos(-30°) + j3\sin(-30°)]$$
$$= [(2 + j3.47) + (2.6 - j1.5)]\ A = (4.6 + j1.87)\ A = 5\angle 23.1°\ A$$

总电流的三角函数表达式为

$$i = 5\sqrt{2}\sin(314t + 23.1°)\ A$$

由上例可知,用相量表示正弦电量后,可以简化运算,并能同时求出正弦电量的大小和初相位,相量法是正弦交流电路普遍运用的方法。常用相量图表示各正弦电量之间的关系,并借助相量图进行相量运算。

【实验与技能训练】——正弦交流电路的简单测试

(1)交流信号的频率、大小测量。调节信号发生器,使其输出正弦信号,将示波器与函数信号发生器连接,分别用示波器、晶体管毫伏表测量正弦信号的参数,将测量数据填入表 3-1 中。

表 3-1　交流信号的频率、大小的测量

测试项目	频率/Hz			信号值/mV		
给定值	50	100	1 000	10	20	100
测量值						

（2）交流电压、电流的测量。连接图 3-9 所示电路。图中的交流电源电压为 220 V,50 Hz,三个电阻可用三个 1 kΩ 的电阻（或用三个 220 V/25 W 灯泡）。测量电源两端电压 U、三个电阻两端电压 U_{R_1}、U_{R_2}、U_{R_3} 及电流 I_1、I_2、I_3,将测量数据填入表 3-2 中。

图 3-9　实践操作图

表 3-2　交流电压、电流的测量

测试项目	U	U_{R_1}	U_{R_2}	U_{R_3}	I_1	I_2	I_3
测量值							

测量时应**注意**:如果事先不知道被测电压、电流的大小,应尽量选用较大的量程测一次,然后根据实际情况再选择合适的量程;测试时手一定不能碰到表笔的金属部分,以免引起电击。

【思考题】

（1）某交流供电的频率 $f=400$ Hz,试求其角频率 ω 和周期 T。

（2）两个不同频率的正弦电量,在某一时刻同时达到正的最大值,能否断定它们是同相的? 为什么?

（3）对两个频率不相同的正弦电量,能否比较它们之间的相位关系? 为什么? 能否把它们画在同一张相量图中? 为什么?

（4）下列各式是否正确? 如不正确请指出错误。

①$u=220\angle 30°$ V;②$I=30\angle 60°$A;③$\dot{I}=20e^{20°}$A;④$U=220\sqrt{2}\sin(\omega t+30°)$ V;⑤$i=10\sin(\omega t-45°)=10e^{-j45°}$ V。

（5）查阅资料,分析、讨论非正弦交流电的有效值和最大值之间的关系。

3.2　单一参数的正弦交流电路

直流稳态电路的电压、电流均为恒定值,在分析计算直流稳态电路时,电感元件相当于短路,电容元件相当于开路,因此,无源元件可以只考虑电阻元件 R。正弦交流电路稳态时的电压、电流都是随时间按正弦规律变化的,因此正弦交流电路的分析计算不仅与电阻元件 R 有关,而且与电感元件 L、电容元件 C 都有关。在分析计算正弦交流电路时,必须把电路元件的参数 R、L、C 都考虑进去。在一定条件下,某一特性为影响电路的主要因素时,其余特性可以忽略,即构成单一参数的正弦交流电路模型。

本节先介绍只有某一个参数的电路。由电阻、电感、电容单一参数和交流电源组成的正弦交流电路。实际交流电路可以认为是由不同的单一参数元件组合而成的。所以单一参数的交流电路是最简单的正弦交流电路,它们在交流电路中的特性是分析实际交流电路的基础。

3.2.1　电阻元件的正弦交流电路

在交流电路中,凡是由电阻起主导作用的各种负载(如白炽灯、电阻炉及电烙铁等)都称为电阻性负载。由电阻性负载和交流电源组成的电路,称为纯电阻电路。

1. 电阻元件电压与电流的关系

如图 3-10(a)所示是一线性电阻元件的交流电路,图中标明了电压、电流的参考正方向。设 $i = I_m \sin \omega t$,根据电路的欧姆定律,可得

$$u = iR = I_m R \sin \omega t = U_m \sin \omega t$$

式中,$U_m = I_m R$。

由此可得电流与电压有效值之间的关系为

$$I = \frac{U}{R} \tag{3-6}$$

相量关系为

$$\dot{U} = \dot{I} R \tag{3-7}$$

在纯电阻正弦交流电路中,电阻的电压和电流同频率、同相位,电压与电流有效值(或最大值)之间的关系符合欧姆定律。它们的波形图和相量图如图 3-10(b)、(c)所示。

2. 电路中的功率和能量转换

电路元件在某一瞬间吸收或释放的功率,称为瞬时功率,用小写字母 p 表示,它等于该瞬间的电压 u 与电流 i 的乘积。当电压 u 和电流 i 采用关联参考方向时,瞬时功率 p 与 u、i 的关系为

$$p = ui = U_m \sin \omega t I_m \sin \omega t = \sqrt{2}\, U \sqrt{2}\, I \sin^2 \omega t = UI(1 - \cos 2\omega t)$$

瞬时功率 p 变化的曲线如图 3-10(d)所示。由于 $p \geqslant 0$,说明电阻总是吸收功率,并不断地将电能转换为热能。

（a）电路图　　　　　　　　　　（b）电压和电流的波形图

（c）电流、电压的相量图　　　　　（d）瞬时功率波形图

图 3-10　纯电阻电路图、电压和电流的波形图、相量图和瞬时功率波形图

由此可见,瞬时功率是随时间周期变化的,电工技术上,通常取瞬时功率在一个周期内的平均值来表示交流电功率的大小,称为有功功率(又称平均功率,简称功率),用大写字母 P 表示。

纯电阻电路的有功功率为

$$P = \frac{1}{T}\int_0^T p\,\mathrm{d}t = \frac{1}{T}\int_0^T UT(1 - \cos 2\omega t)\,\mathrm{d}t = UI$$

$$P = UI = I^2 R = \frac{U^2}{R} \tag{3-8}$$

例 3-3　把 $R = 20\ \Omega$ 的电阻接在电压 $u = 200\sin(314t + 30°)$ V 的电源上。试求:(1)流过电阻电流的最大值和有效值,写出瞬时值表达式;(2)计算电阻 1 h 所消耗的电能。

解　(1)电流的最大值、有效值和瞬时值表达式分别为

$$I_m = \frac{U_m}{R} = \frac{200}{20}\ \mathrm{A} = 10\ \mathrm{A}$$

$$I = \frac{I_m}{\sqrt{2}} = \frac{10}{\sqrt{2}}\ \mathrm{A} = 7.07\ \mathrm{A}$$

$$i = 10\sin(314t + 30°)\ \mathrm{A}$$

(2)电阻 1 h 内所消耗的功率为

$$W = Pt = I^2 Rt = (7.07^2 \times 20) \times 10^{-3} \times 1\ \mathrm{kW \cdot h} \approx 1.0\ \mathrm{kW \cdot h}$$

3.2.2　电感元件的正弦交流电路

1. 电感元件电压与电流的关系

如图 3-11(a)所示,设电感中的电流 $i = I_m\sin\omega t$,若电压与电流的方向采用关联参考方向,则

$$u = L\frac{\mathrm{d}i}{\mathrm{d}t} = I_m\omega L\cos\omega t = I_m\omega L\sin(\omega t + 90°) = U_m\sin(\omega t + 90°)$$

式中,$U_m = I_m\omega L$ 或 $U = I\omega L$,$\varphi_u = 90°$。

由 $U = I\omega L$ 得 $I = \dfrac{U}{\omega L}$,此式表明:当 U 一定时,ωL 越大,I 越小。ωL 反映了电感对电流的阻碍作用,称为电感电抗,简称感抗。用 X_L 表示感抗,即

$$X_L = \omega L = 2\pi f L \tag{3-9}$$

X_L 的单位为欧[姆](Ω)。感抗 X_L 与电感 L、频率 f 成正比。可见,电感线圈对高频电流有较大的阻力;对直流电,由于直流电的频率 $f = 0$,所以感抗 $X_L = 0$,可视为短路。

纯电感电路中,电压与电流的有效值关系为

$$I = \frac{U}{X_L} \tag{3-10}$$

相量关系为

$$\dot{U} = \mathrm{j}X_L\dot{I} \tag{3-11}$$

在纯电感正弦交流电路中,电感的电压与电流同频率,电压在相位上超前电流 90°(或者说电流滞后于电压 90°),电压、电流有效值(或最大值)之间的关系符合欧姆定律。它们的波形图和相量图如图 3-11(b)、(c)所示。

2. 电路中的功率和能量转换

纯电感电路的瞬时功率为

$$p = ui = U_m I_m\cos\omega t \cdot \sin\omega t = UI\sin 2\omega t$$

瞬时功率变化的曲线如图 3-11(d)所示。在第一个与第三个 1/4 周期内,电感中的电流值在增大,磁场在建立,电感从电源吸收能量并转换为磁场能量,所以 $p > 0$(u 与 i 方向一致)。在第二个与第四个 1/4 周期内,电感中的电流值在减小、磁场在减小,电感将存储的磁场能量又转换为电能还回电源,即 $p < 0$(u 与 i 方向相反)。

（a）电路图

（b）电压和电流的波形图

（c）电流、电压的相量图

（d）瞬时功率的波形图

图 3-11 纯电感电路图、电压和电流的波形图、相量图和瞬时功率波形图

电感元件电路的有功功率为

$$P = \frac{1}{T}\int_0^T p\mathrm{d}t = \frac{1}{T}\int_0^T UI\sin 2\omega t\mathrm{d}t = 0$$

有功功率等于零,说明电感只与电源往复不断地交换能量。能量交换的大小用无功功率 Q_L 来衡量,即

$$Q_L = UI = I^2 X_L = \frac{U^2}{X_L} \tag{3-12}$$

为了与有功功率相区别,无功功率的单位用乏(var)或千乏(kvar)表示。

例 3-4 有一个电感线圈 $L = 50$ mH,接在电压 $u = 220\sqrt{2}\sin(314t + 60°)$ V 的电源上,试求:(1)流过该电感的电流 i 瞬时值表达式;(2)画出电流、电压的相量图;(3)求电路的无功功率。

解 (1)流过电感的电流

感抗为: $X_L = \omega L = 314 \times 50 \times 10^{-3}\ \Omega = 15.7\ \Omega$

电流有效值为: $I = \frac{U}{X_L} = \frac{220}{15.7}\ \text{A} \approx 14\ \text{A}$

由于纯电感电路中电流滞后电压 90°，所以，电流瞬时值表达式

为：$i = 14\sqrt{2}\sin(314t - 30°)$ A

（2）电压、电流的相量图如图 3-12 所示。

（3）电路的无功功率为

$$Q_L = UI = 220 \times 14 \text{ var} = 3\,080 \text{ var}$$

图 3-12 例 3-4 电压、
电流的相量图

3.2.3 电容元件的正弦交流电路

1. 电容元件电压与电流的关系

图 3-13（a）所示为一个理想电容元件的交流电路，图中标明了电
压、电流的参考方向。当电压发生变化时，电容器极板上电荷量也要随之发生变化。

设电容上的电压为 $u = U_m \sin \omega t$，则

$$i = C\frac{du}{dt} = U_m C\omega\cos \omega t = U_m \omega C\sin(\omega t + 90°) = I_m \sin(\omega t + 90°)$$

式中，$I_m = U_m \omega C$ 或 $I = U\omega C$；$\varphi_i = 90°$。

由 $I = U\omega C$ 得 $I = \dfrac{U}{1/\omega C}$，此式表明：当 U 一定时，$\dfrac{1}{\omega C}$ 越大，I 就越小。$\dfrac{1}{\omega C}$ 反映了电容对电流的阻
碍作用，称为电容电抗，简称容抗。用 X_C 表示，即

$$X_C = \frac{1}{\omega C} = \frac{1}{2\pi f C} \tag{3-13}$$

容抗的单位为欧［姆］（Ω）。容抗 X_C 与电容 C、频率 f 成反比。可见，电容元件对高频电流阻
力较小，对低频电流阻力较大；对直流电，由于其频率 $f = 0$，所以容抗 $X_C \rightarrow \infty$，可视为开路。电容
元件有隔断直流的作用。

电容的电流与电压的有效值关系为

$$I = \frac{U}{X_C} \tag{3-14}$$

相量关系为

$$\dot{U} = -jX_C\dot{I} \tag{3-15}$$

在纯电容正弦交流电路中，电压与电流同频率，电流在相位上超前电压 90°（或者说电压滞后
于电流 90°），电压、电流有效值（或最大值）之间的关系符合欧姆定律。它们的波形图和相量图如
图 3-13（b）、（c）所示。

2. 电路中的功率和能量转换

纯电容电路中的瞬时功率变化曲线如图 3-13（d）所示。在纯电容电路中，电压与电流的相位
差为 90°，不消耗电能，有功功率等于零。只是电容与电源之间不断地进行能量交换。能量交换的
大小用无功功率 Q_C 来衡量，即

$$Q_C = UI = I^2 X_C = \frac{U^2}{X_C} \tag{3-16}$$

Q_C 的单位为乏（var）或千乏（kvar）。

例 3-5 有一电容元件 $C = 39.5$ μF，接在频率为 50 Hz、电压有效值为 220 V 的正弦电源上。
试求：（1）电容的容抗；（2）电容的无功功率 Q_C。

（a）电路图

（b）电压和电流的波形图

（c）电流、电压的相量图

（d）瞬时功率的波形图

图 3-13   纯电容电路图、电压和电流的波形图、相量图和瞬时功率波形图

解   （1）容抗为

$$X_C = \frac{1}{2\pi fC} = \frac{1}{2\pi \times 50 \times 39.5 \times 10^{-6}} \ \Omega \approx 80 \ \Omega$$

（2）电流的有效值为

$$I = \frac{U}{X_C} = \frac{220}{80} \ A = 2.75 \ A$$

无功功率为

$$Q_C = I^2 X_C = 2.75^2 \times 80 \ \text{var} = 605 \ \text{var}$$

【实验与技能训练】——单一参数正弦交流电路的测试

1. 电阻元件的正弦交流电路的测试

连接图 3-14 所示电路，电路中的电阻 $R = 1 \ \text{k}\Omega$，交流电源用信号发生器代替，信号发生器输出电压 $U = 10 \ \text{V}$。

（1）将双踪示波器的 CH1 通道接电源电压探头，采样电源两端电压信号，CH2 通道接电阻电压探头，实际是采样流过电阻的电流信号，读数相关数据，填入表 3-3 中。

（2）选择合适的水平和垂直标度，将触发电平设置到 CH1 上，即可得到相应的电压与电流的波形图。

（3）用交流毫伏表测量电阻两端的电压，用交流电流表测量流过电阻的电流，读出相关数据，

图 3-14   电阻元件电路测试

填入表 3-3 中。

（4）对表 3-3 中的有关数据进行分析计算,将计算值填入表 3-3 中。

表 3-3　电阻元件正弦交流电路的测试

测试项目	频率	用示波器测量的值			用毫伏表或电流表测量的值
		相位	最大值	有效值	
电阻两端的电压	$f = 50$ Hz				
	$f = 1$ kHz				
	$f = 10$ kHz				
通过电阻的电流	$f = 50$ Hz				
	$f = 1$ kHz				
	$f = 10$ kHz				
U/I		电阻电压与电流的相位差			

测试时应**注意**:有的函数信号发生器设定值是信号的幅值,请参见有关仪器的说明书进行设定;采用双踪示波器才可观察到两波形的相位差;电阻两端的电压波形的相位代表通过电阻电流的相位。

2. 电感元件的正弦交流电路的测试

连接图 3-15 所示电路。电路中的电感 $L = 100$ mH,为了能测试电流,在电路中串联一个很小的电阻 $R = 10$ Ω;信号发生器输出电压 $U = 10$ V。

图 3-15　电感元件电路测试

（1）将双踪示波器的 CH1 通道接电感电压探头,采样电感两端电压信号;CH2 通道接电阻电压探头,读出相关数据,填入表 3-4 中。

（2）选择合适的水平和垂直标度,将触发电平设置到 CH1 上,即可得到相应的电压与电流的波形图。

（3）用交流毫伏表测量电阻、电感两端的电压,用交流电流表测量流过电阻中的电流,读出相关数据,填入表 3-4 中。

（4）对表 3-4 中的有关数据进行分析计算,将计算值填入表 3-4 中。

表 3-4　电感元件正弦交流电路的测试

测试项目	频率	用示波器测量的值			用毫伏表或电流表测量的值
		相位	最大值	有效值	
电感两端的电压	$f = 50$ Hz				
	$f = 1$ kHz				
	$f = 10$ kHz				
电阻两端的电压	$f = 50$ Hz				
	$f = 1$ kHz				
	$f = 10$ kHz				

续表

测试项目	频率	用示波器测量的值			用毫伏表或电流表测量的值
		相位	最大值	有效值	
电路中的电流	$f = 50$ Hz				
	$f = 1$ kHz				
	$f = 10$ kHz				
U/I				电感电压与电流的相位差	

3. 电容元件的正弦交流电路的测试

按图 3-16 连接电路,电路中的电容 $C = 10$ μF,为了能测试电流,在电路中串联了一个很小的电阻,电阻 $R = 10$ Ω,信号发生器输出电压 $U = 10$ V。

(1)将双踪示波器的 CH1 通道接电容电压探头,采样电容两端电压信号;CH2 通道接电阻电压探头,读出相关数据,填入表 3-5 中。

(2)选择合适的水平和垂直标度,将触发电平设置到 CH1 上,即可得到相应的电压与电流的波形图。

(3)用交流毫伏表测量电阻、电容两端的电压,用交流电流表测量流过电阻中的电流,读出相关数据,填入表 3-5 中。

(4)对表 3-5 中的有关数据进行分析计算,将计算值填入表 3-5 中。

图 3-16 电容元件电路测试

表 3-5 电容元件正弦交流电路的测试

测试项目	频率	用示波器测量的值			用毫伏表或电流表测量的值
		相位	最大值	有效值	
电容两端的电压	$f = 50$ Hz				
	$f = 1$ kHz				
	$f = 10$ kHz				
电阻两端的电压	$f = 50$ Hz				
	$f = 1$ kHz				
	$f = 10$ kHz				
电路中的电流	$f = 50$ Hz				
	$f = 1$ kHz				
	$f = 10$ kHz				
U/I				电容电压与电流的相位差	

【思考题】

（1）将在交流电路中使用的 220 V、60 W 的白炽灯接在 220 V 的直流电源上，试问发光亮度是否相同？为什么？

（2）在纯电阻交流电路中，下列表达式是否正确？

① $i = \dfrac{u}{R}$；② $i = \dfrac{\dot{u}}{R}$。

（3）为什么常把电感线圈称为"低通"元件（意即低频电流容易通过）？

（4）在纯电感交流电路中，下列表达式是否正确？

① $i = \dfrac{u}{X_\text{L}}$；② $\dot{I} = \dfrac{\dot{U}}{X_\text{L}}$；③ $I = \dfrac{U}{\text{j}X_\text{L}}$。

（5）为什么常把电容器称为"高通"元件？

（6）在纯电容交流电路中，下列表达式是否正确？

① $i = \dfrac{u}{X_\text{C}}$；② $\dot{I} = \dfrac{\dot{U}}{X_\text{C}}$；③ $I = \dfrac{U}{\text{j}X_\text{C}}$。

（7）上述实验中，改变信号发生器输出信号的频率，对电阻元件、电感元件、电容元件电路各有什么影响？

3.3　RLC 串联正弦交流电路

实际电路中，无源元件不可能是单一参数的"纯"电路元件，如一个线圈既含有电感也含有电阻，一个电容器一般既含有电容又含有电阻等，所以实际的电路元件可以等效为电阻、电感、电容的不同组合。本节学习由电阻、电感、电容元件串联组成的交流电路。

3.3.1　RLC 串联正弦交流电路的分析

实际电路一般可看成由几种理想电路元件组成，RLC 的串联电路是一种典型电路，其中的一些概念和结论可用于各种复杂的交流电路，而单一参数电路、RC 串联电路、RL 串联电路等，都可以看成是 RLC 串联电路的特例。

1. RLC 串联电路中的电压与电流的关系

电阻 R、电感 L、电容 C 串联电路，如图 3-17（a）所示。电路各元件流过同一电流，图中标出了电流与各元件电压的正方向。设电流 $i = I_\text{m}\sin \omega t$，根据基尔霍夫电压定律得 $u = u_\text{R} + u_\text{L} + u_\text{C}$。

1）相量图分析法

RLC 串联电路，外加电压的有效值 U 可以用 u_R、u_L、u_C 的相量和求得，画出相量合成图如图 3-17（b）所示，或简化成图 3-17（c）的形式。

由相量合成图可得

$$U = \sqrt{U_\text{R}^2 + (U_\text{L} - U_\text{C})^2} \tag{3-17}$$

由电阻元件电路、电感元件电路、电容元件电路的电压与电流关系可得

$$U = \sqrt{U_\text{R}^2 + (U_\text{L} - U_\text{C})^2} = \sqrt{(IR)^2 + (IX_\text{L} - IX_\text{C})^2} = I\sqrt{R^2 + (X_\text{L} - X_\text{C})^2}$$

令 $|Z| = \sqrt{R^2 + (X_L - X_C)^2}$，称 $|Z|$ 为电路的阻抗，单位也是欧[姆](Ω)，则

$$I = \frac{U}{|Z|} \tag{3-18}$$

图 3-17(b)中所示的 $\dot{U}$ 与 $\dot{I}$ 的夹角 φ，即为总电压 u 与电流 i 之间的相位差，由相量图可得

$$\varphi = \arctan \frac{U_L - U_C}{U_R} = \arctan \frac{X_L - X_C}{R} \tag{3-19}$$

（a）电路图   （b）相量图   （c）电压三角形

图 3-17   RLC 串联电路

图 3-17(c)表征了总电压与有功电压、无功电压之间的关系，这个三角形称为电压三角形。

如果把电压三角形的各边同除以电流相量即得到表征电路阻抗与电阻、电抗之间关系的三角形，称为阻抗三角形，如图 3-18 所示。

图 3-18   阻抗三角形

复阻抗的阻抗角 φ 即为电压与电流的相位差 φ。求出了复阻抗的阻抗角，就求得了该电路电压与电流的相位差 φ。在电流频率一定时，电压与电流的大小关系、相位关系、电路性质完全由负载的电路参数决定。下面对阻抗角 φ 进行讨论。

（1）如果 $X_L > X_C$，即 $U_L > U_C$，则 $\varphi > 0°$，电压 u 超前于电流 i 角度 φ，电感的作用大于电容的作用，电路呈电感性，如图 3-17(b)所示。

（2）如果 $X_L < X_C$，即有 $U_L < U_C$，则 $\varphi < 0°$，电压 u 滞后于电流 i 角度 φ，电容的作用大于电感的作用，电路呈电容性，如图 3-19(a)所示。

（3）如果 $X_L = X_C$，即有 $U_L = U_C$，则 $\varphi = 0°$，电压 u 与电流 i 同相位，电感电压 u_L 与电容电压 u_C 正好平衡，互相抵消，电路呈电阻性，如图 3-19(b)所示。

注意：在分析与计算交流电路时必须时刻具有交流的概念，首先要有相位的概念。在串联电路中，电源电压相量等于各参数上的电压相量之和。电源电压的有效值除了同性质的无源元件串联之外，其他情况电源电压的有效值不等于各元件上的电压有效值之和，即 $U \neq U_R + U_L + U_C$。

2）相量运算分析法

电流 $i = I_m \sin \omega t$ 对应的相量式为 $\dot{I} = I \angle 0°$。

（a）电路呈电容性时的相量图　　　　　　（b）电路呈电阻性时的相量图

图 3-19　电容性与电阻性电路的相量图

若 u_R、u_L、u_C 用相量表示，则 $u = u_R + u_L + u_C$ 对应的相量形式为

$$\dot{U} = \dot{U}_R + \dot{U}_L + \dot{U}_C \tag{3-20}$$

将 $\dot{U}_R = \dot{I} R$，$\dot{U}_L = j\dot{I} X_L$，$\dot{U}_C = -j\dot{I} X_C$ 代入式（3-20）中得

$$\dot{U} = \dot{I} R + j\dot{I} X_L - j\dot{I} X_C = \dot{I} [R + j(X_L - X_C)] = \dot{I}(R + jX) = \dot{I} Z$$

式中，$X = X_L - X_C = \omega L - \dfrac{1}{\omega C}$，称为电抗，是感抗与容抗之差，单位为欧［姆］（Ω）；$Z = R + j(X_L - X_C) = R + jX = |Z| \angle \varphi$，称为复阻抗，是复数，其单位也是欧［姆］（Ω）。

所以 $\dot{U} = \dot{I} Z$ 也可表示为

$$\dot{U} = \dot{I} |Z| \angle \varphi \tag{3-21}$$

$\dot{U} = \dot{I} Z$ 表达式与直流电路中的欧姆定律 $U = RI$ 有相似的形式，称之为正弦交流电路的欧姆定律的相量形式，它既表达了电路中电压与电流的有效值之间的关系，也反映出了电压与电流的相位关系。

由图 3-18 所示的阻抗三角形可得：$R = |Z| \cos \varphi$，$X = |Z| \sin \varphi$。

2. RLC 串联正弦交流电路中的功率和能量转换

在分析单一元件的交流电路时，已知电阻元件消耗电能，电感、电容元件不消耗电能，仅与电源间进行能量交换。

1）瞬时功率 p

若一个无源二端网络中既含有电阻元件，又含有电感、电容元件，则该二端网络既有能量损耗，又有能量交换，它的瞬时功率 $p = ui$。由以上分析可知 $i = \sqrt{2} I \sin \omega t$，$u = \sqrt{2} U \sin(\omega t + \varphi)$，则

$$p = ui = \sqrt{2} U \sin(\omega t + \varphi) \times \sqrt{2} I \sin \omega t = UI[\cos \varphi - \cos(2\omega t + \varphi)]$$

2）有功功率

在 RLC 串联电路中，仍然只有电阻消耗功率，所以电路的有功功率为

$$P = I^2 R = I(IR) = IU_R$$

由电压三角形得 $U_R = U\cos\varphi$，则

$$P = IU\cos\varphi \tag{3-22}$$

也可由有功功率定义求得

$$P = \frac{1}{T}\int_0^T p\,\mathrm{d}t = \frac{1}{T}\int_0^T UI[\cos\varphi - \cos(2\omega t + \varphi)]\mathrm{d}t = UI\cos\varphi$$

某一电路的有功功率大小表示了这个电路消耗功率的大小，如 60 W 灯泡是指灯泡的有功功率为 60 W。

式(3-22)中 $\cos\varphi$ 称为功率因数，φ 又称功率因数角。因为 $-90° \leqslant \varphi \leqslant 90°$，所以 $0 \leqslant \cos\varphi \leqslant 1$，有功功率一般小于总电压与总电流有效值的乘积 UI。

3）无功功率

由于电路中有储能元件电感和电容，它们不消耗能量，但与电源进行能量的交换。一般交流电路的无功功率是电路中全部电感的无功功率与电容无功功率的代数和。由于感性电路中的 $\varphi > 0$，Q 为正；容性电路中的 $\varphi < 0$，Q 为负。所以 RLC 串联电路中的无功功率为 Q_L 与 Q_C 之差，即

$$Q = Q_L - Q_C = I^2 X_L - I^2 X_C = IU_L - IU_C = I(U_L - U_C)$$

由图 3-17（c）所示电压三角形可得 $(U_L - U_C) = U\sin\varphi$，则

$$Q = IU\sin\varphi \tag{3-23}$$

电路的总的无功功率可正可负，电路呈感性时，$Q = Q_L - Q_C > 0$；呈容性时，$Q = Q_L - Q_C < 0$。

4）视在功率

在 RLC 串联交流电路中，端电压的有效值 U 和电流有效值 I 的乘积称为视在功率，用符号 S 表示，即

$$S = UI \tag{3-24}$$

视在功率用于表示发电机、变压器等电气设备的容量，交流电气设备是按照规定的额定电压 U_N 和额定电流 I_N 来设计和使用的。电源向电路提供的容量就是额定电压与额定电流的乘积，称为额定视在功率 S_N，即 $S_N = U_N I_N$。视在功率的单位是伏·安（V·A）或千伏·安（kV·A）。

有功功率 P、无功功率 Q、视在功率 S 各代表不同的意义，各采取不同的单位，三者的关系式为

$$\begin{cases} P = UI\cos\varphi = S\cos\varphi \\ Q = UI\sin\varphi = S\sin\varphi \\ S = \sqrt{P^2 + Q^2} \end{cases} \tag{3-25}$$

三者之间的关系也可用三角形表示，称为功率三角形，如图 3-20 所示。由于功率不是相量，所以三角形的三条边均不带箭头。

对于同一个交流电路，阻抗三角形、电压三角形和功率三角形是相似直角三角形，把这三个三角形画在一起，如图 3-21 所示。

借助于三个三角形可帮助分析、记忆、求解角度。计算某一负载电路的功率因数可以用以下公式计算

$$\cos\varphi = \frac{P}{S} = \frac{U_R}{U} = \frac{R}{|Z|} \tag{3-26}$$

图 3-20　功率三角形

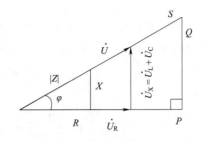

图 3-21　阻抗三角形、电压三角形和功率三角形

注意:根据电路的功率守恒定律,电路中总的有功功率等于各部分有功功率之和,即 $P_\text{总} = \sum P = \sum I^2 R$;总的无功功率等于各部分无功功率之和,即 $Q_\text{总} = \sum Q = \sum I^2 X_\text{L} - \sum I^2 X_\text{C}$。但是,一般情况下总的视在功率不等于各部分视在功率之和,即 $S \neq S_1 + S_2$。

例 3-6　把电阻 $R = 22\ \Omega$,电感 $L = 0.6\ \text{H}$ 的线圈与电容 $C = 63.7\ \mu\text{F}$ 串联后,接到 220 V、50 Hz 的交流电源上,求电路中的电流、电路的功率因数、有功功率、无功功率和视在功率。

解　感抗、容抗、阻抗分别为

$$X_\text{L} = 2\pi f L = 2 \times 3.14 \times 50 \times 0.6\ \Omega = 188.4\ \Omega$$

$$X_\text{C} = \frac{1}{2\pi f C} = \frac{1}{2 \times 3.14 \times 50 \times 63.7 \times 10^{-6}}\ \Omega \approx 50\ \Omega$$

$$|Z| = \sqrt{R^2 + (X_\text{L} - X_\text{C})^2} = \sqrt{22^2 + (188.4 - 50)^2}\ \Omega \approx 140.1\ \Omega$$

电流的有效值为

$$I = \frac{U}{|Z|} = \frac{220}{140.1}\ \text{A} \approx 1.57\ \text{A}$$

电路的功率因数为

$$\cos \varphi = \frac{R}{|Z|} = \frac{22}{140.1} \approx 0.157$$

有功功率为

$$P = I^2 R = 1.57^2 \times 22\ \text{W} \approx 54\ \text{W}$$

无功功率为

$$Q = I^2(X_\text{L} - X_\text{C}) = 1.57^2 \times (188.4 - 50)\ \text{var} \approx 341.1\ \text{var}$$

视在功率为

$$S = UI = 220 \times 1.57\ \text{V} \cdot \text{A} = 345.4\ \text{V} \cdot \text{A}$$

例 3-7　在 RLC 串联电路中,已知 $R = 10\ \text{k}\Omega$,$L = 5\ \text{mH}$,$C = 0.001\ \mu\text{F}$,接到端电压 $u = 10\sqrt{2}\sin 10^6 t\ \text{V}$ 的电源上。试求:(1)感抗、容抗和复阻抗;(2)电路中的电流 i;(3)电阻、电感、电容的电压瞬时值表达式;(4)绘出相量图并判断电路性质;(5)求功率 P 和 Q。

解(1)感抗为

$$X_\text{L} = \omega L = 10^6 \times 5 \times 10^{-3}\ \Omega = 5\ \text{k}\Omega$$

容抗为

$$X_\text{C} = \frac{1}{\omega C} = \frac{1}{10^6 \times 0.001 \times 10^{-6}}\ \Omega = 1\ \text{k}\Omega$$

复阻抗为

$$Z = R + \mathrm{j}(X_L - X_C) = 10 + \mathrm{j}(5 - 1) \ \mathrm{k\Omega} = 10.77 \angle 21.8° \ \mathrm{k\Omega}$$

（2）电压相量为

$$\dot{U} = 10 \angle 0° \ \mathrm{V}$$

电流相量为

$$\dot{I} = \frac{\dot{U}}{Z} = \frac{10 \angle 0° \ \mathrm{V}}{10.77 \angle 21.8° \ \mathrm{k\Omega}} = 0.929 \angle -21.8° \ \mathrm{mA}$$

电流瞬时值表达式为

$$i = 0.929 \sqrt{2} \sin(10^6 t - 21.8°) \ \mathrm{mA}$$

（3）电阻电压相量为

$$\dot{U}_R = \dot{I} R = 0.929 \times 10^{-3} \angle (-21.8°) \times 10 \times 10^3 \ \mathrm{V} = 9.29 \angle -21.8° \ \mathrm{V}$$

电感电压相量为

$$\dot{U}_L = \mathrm{j} \dot{I} X_L = \angle 90° \times 0.929 \times 10^{-3} \angle (-21.8°) \times 5 \times 10^3 \ \mathrm{V} = 4.65 \angle 68.2° \ \mathrm{V}$$

电容电压相量为

$$\dot{U}_C = -\mathrm{j} \dot{I} X_C = \angle (-90°) \times 0.929 \times 10^{-3} \angle (-21.8°) \times 1 \times 10^3 \ \mathrm{V} = 0.929 \angle -111.8° \ \mathrm{V}$$

电阻、电感、电容的电压瞬时值表达式分别为

$$u_R = 9.29 \sqrt{2} \sin(10^6 t - 21.8°) \ \mathrm{V}$$

$$u_L = 4.65 \sqrt{2} \sin(10^6 t + 68.2°) \ \mathrm{V}$$

$$u_C = 0.929 \sqrt{2} \sin(10^6 t - 111.8°) \ \mathrm{V}$$

（4）相量图如图 3-22 所示。判断电路性质，可从总电路阻抗角 φ 判断，也可以看复阻抗的虚部电抗 X。由于电抗 $X > 0$，$\varphi > 0$，电路呈电感性。从相量图上也可以看出 $\dot{U}$ 超前 $\dot{I}$。

（5）有功功率为

$$P = UI\cos \varphi = 10 \times 0.929 \times 10^{-3} \times 0.93 \ \mathrm{W} \approx 8.6 \times 10^{-3} \ \mathrm{W}$$

无功功率为

$$Q = UI\sin \varphi = 10 \times 0.929 \times 10^{-3} \times 0.37 \ \mathrm{var} \approx 3.4 \times 10^{-3} \ \mathrm{var}$$

图 3-22 例 3-7 的相量图

3.3.2 串联谐振电路

在具有电感元件和电容元件的电路中，电路两端的电压与电路中的电流一般是不同相位的。如果调节电路的参数或电源的频率，使电压与电流同相位，整个电路的负载呈电阻性，电路的这种工作状态称为谐振。谐振现象在电子技术上有很大的应用价值，但在电力系统中谐振会带来严重的危害。

1. 串联谐振的条件及谐振频率

在如图 3-17（a）所示的 RLC 串联电路中，当 $X_L = X_C$ 时，$X = X_L - X_C = 0$，$\varphi = 0$，总电压与电流同相位，电路呈电阻性，此时电路处于谐振状态。由于电路中电感、电容、电阻串联，所以称为串联谐振。由此可得发生串联谐振的条件为

$$X_L = X_C$$

即

$$\omega_0 L = \frac{1}{\omega_0 C}$$

发生谐振时的角频率即为谐振角频率，记为 ω_0，由上式可得

$$\omega_0 = \frac{1}{\sqrt{LC}}$$

发生谐振时的频率即为谐振频率，记为 f_0，由上式可得谐振频率为

$$f_0 = \frac{1}{2\pi \sqrt{LC}} \tag{3-27}$$

f_0 称为电路的固有频率，由电路自身参数 L、C 决定。当电源频率 f 与电路固有频率 f_0 相等时，电路发生谐振。可见只要改变电路参数 L、C 或电源频率 f 都可使电路发生谐振或消除谐振。

2. 串联谐振的特征

电路在发生串联谐振时，具有以下特征：

（1）电路的阻抗最小，且为纯阻性。由于谐振时 $X_L = X_C$，所以，谐振时电路的阻抗为

$$Z_0 = R + j(X_L - X_C) = R$$

（2）电路中的电流最大，且与外加电源电压同相，谐振时电流值为

$$I_0 = \frac{U}{|Z_0|} = \frac{U}{R}$$

（3）串联谐振时，由于 $X_L = X_C$，$U_L = U_C$，u_L 与 u_C 大小相等，相位相反，U_L 与 U_C 抵消，所以电源电压 $U = U_R$。

（4）串联谐振时，电感和电容上的电压相等，相位相反，且大小为电源电压 U 的 Q 倍。Q 为电路的品质因数。

在工程上，通常把谐振时的电容电压或电感电压与总电压之比，称为电路的品质因数，用符号 Q 表示，串联谐振电路的品质因数 Q 为

$$Q = \frac{U_L}{U} = \frac{U_C}{U} = \frac{IX_L}{IR} = \frac{IX_C}{IR} = \frac{X_L}{R} = \frac{X_C}{R}$$

即

$$Q = \frac{\omega_0 L}{R} = \frac{1}{\omega_0 CR}$$

将 $\omega_0 = \frac{1}{\sqrt{LC}}$ 代入上式，整理得

$$Q = \frac{1}{R}\sqrt{\frac{L}{C}} \tag{3-28}$$

品质因数 Q 是一个无量纲的物理量。它表示电路发生谐振时，电感或电容元件上的电压是电源电压的 Q 倍。例如，$Q = 100$，$U = 4$ V，谐振时电容或电感上的电压高达 400 V。Q 值越大，电路的选频特性越好。电路的 Q 值一般是几十到几百。

因 $X_L = X_C \gg R$ 时，$U_L = U_C = QU \gg U_R = U$，即电感和电容上的电压远远高于电源的端电压 U，所以串联谐振又称电压谐振。串联谐振时的相量关系如图 3-19（b）所示。

⑤谐振时，电源电压与电流同相位（$\varphi = 0$），电路呈电阻性。有功功率 $P = UI\cos\varphi = UI$，表明电源功率全部消耗在电阻上；总的无功功率 $Q = UI\sin\varphi = 0$，表明电源与电路之间没有能量的交换。

但 $Q_L = Q_C$，表明能量的交换是在电感与电容之间进行的，即当电容释放电场能量时，这些能量正好被线圈吸收建立磁场；而当线圈释放磁场能量时，这些能量又正好被电容吸收建立电场。

串联谐振在电力工程中是有害的，由于 U_L 和 U_C 都高于电源电压 U，会击穿线圈和电容器的绝缘，在电力工程中应避免发生串联谐振。但在无线电工程中，常利用串联谐振在电感或电容元件上获得高于电源电压几十倍或几百倍的电压，以达到选频的目的。

例 3-8 图 3-23（a）所示为一个收音机天线输入回路，L_1 是天线线圈，L_2、C 组成串联谐振电路，其等效电路如图 3-23（b）所示。若电容调至 $C = 300$ pF，线圈电感 $L = 0.3$ mH，电阻 $R = 10$ Ω，输入端加一个谐振信号电压 $U = 1$ mV。试求：（1）电路的固有频率 f_0；（2）谐振电流 I_0；（3）电路的品质因数 Q；（4）电容电压 U_C；（5）若 U 不变，但频率偏离 f_0 的值 10%[即 $f = (1 + 10\%)f_0$] 时 U'_C 是多少？

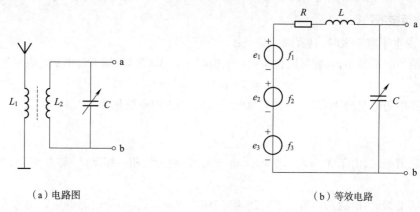

（a）电路图　　　　　　　　　　（b）等效电路

图 3-23　收音机天线原理图

解　（1）电路的固有频率为

$$f_0 = \frac{1}{2\pi \sqrt{LC}} = \frac{1}{2\pi \sqrt{0.3 \times 10^{-3} \times 300 \times 10^{-12}}} \text{ Hz} \approx 531 \text{ kHz}$$

（2）谐振电流为

$$I_0 = \frac{U}{R} = \frac{1 \times 10^{-3}}{10} \text{ A} = 0.1 \text{ mA}$$

（3）品质因数为

$$Q = \frac{\omega_0 L}{R} = \frac{2\pi f_0 L}{R} = \frac{2\pi \times 531 \times 10^3 \times 0.3 \times 10^{-3}}{10} = 100$$

（4）电容电压为

$$U_C = QU = 100 \times 1 \times 10^{-3} \text{ V} = 100 \text{ mV}$$

（5）当 $f = (1 + 10\%)f_0 = 1.1 \times 531 \times 10^3$ Hz ≈ 584 kHz 时

$$X_L = 2\pi fL = 2\pi \times 584 \times 10^3 \times 0.3 \times 10^{-3} \text{ Ω} \approx 1\,101 \text{ Ω}$$

$$X_C = \frac{1}{2\pi fC} = \frac{1}{2\pi \times 584 \times 10^3 \times 300 \times 10^{-12}} \text{ Ω} \approx 908 \text{ Ω}$$

$$|Z| = \sqrt{R^2 + (X_L - X_C)^2} = \sqrt{10^2 + (1\,101 - 908)^2} \text{ Ω} \approx 193.3 \text{ Ω}$$

$$U'_C = \frac{U}{|Z|} X_C = \frac{1}{193.3} \times 908 \text{ mV} \approx 4.7 \text{ mV}$$

此时电容两端电压 U'_C 比谐振时的电压 U_C 下降了

$$\frac{U_C - U'_C}{U_C} \times 100\% = \frac{100 - 4.7}{100} \times 100\% = 95.3\%$$

该电路由于品质因数较高,选频效果明显。

【实验与技能训练】——RLC 串联正弦交流电路的测试

1. RLC 串联交流电路的测试

(1)在实验线路板上按图 3-17(a)所示连接电路,电路中的 $R = 100\ \Omega$, $L = 47\ \text{mH}$, $C = 10\ \mu\text{F}$,交流电源用函数信号发生器代替,$U = 5\ \text{V}$,频率分别为 50 Hz、1 kHz、10 kHz。

(2)用双踪示波器的 CH1 测试电源两端的电压信号,分别用 CH2 测试电阻、电感、电容两端的电压信号,读出数据,填入表 3-6 中。

(3)用 CH2 测试电阻两端的电压信号,选择合适的水平和垂直标度,将触发电平设置到 CH1 上,即可得到相应的电压与电流的波形。

(4)用交流毫伏表测量频率分别为 50 Hz、1 kHz、10 kHz 时的电源、电阻、电感、电容两端的电压,将测得的数据填入表 3-6 中。

表 3-6　RLC 串联交流电路的测试

测试项目	频率	用示波器测量的最大值	计算有效值	交流毫伏表测量值
电源电压 U	$f = 50$ Hz			
	$f = 1$ kHz			
	$f = 10$ kHz			
电阻电压 U_R	$f = 50$ Hz			
	$f = 1$ kHz			
	$f = 10$ kHz			
电感电压 U_L	$f = 50$ Hz			
	$f = 1$ kHz			
	$f = 10$ kHz			
电容电压 U_C	$f = 50$ Hz			
	$f = 1$ kHz			
	$f = 10$ kHz			

2. 串联谐振电路的测试

(1)测试电路如图 3-17(a)所示,电路中的电阻 $R = 100\ \Omega$, $L = 47\ \text{mH}$, $C = 10\ \mu\text{F}$,交流电源用函数信号发生器代替,$U = 5\ \text{V}$ 保持不变。

(2)找出电路的谐振频率 f_0。其方法是:将毫伏表接在 R 的两端,令信号源的频率由小逐渐变大(**注意要维持信号源的输出幅度不变**),当 U_R 的读数为最大时,读得频率计上的频率值即为电路的谐振频率 f_0,并测量 U_C 与 U_L 之值(**注意及时更换毫伏表的量限**)。

(3)在谐振点两侧,按频率递增或递减 50 Hz 或 100 Hz,依次各取八个测量点,逐点测出 U_R、U_L、U_C 的值,将测得的数据填入表 3-7 中。

表 3-7　串联谐振电路的测量

频　率								
电阻电压 U_R								
电感电压 U_L								
电容电压 U_C								

测量时应**注意**：在进行 RLC 串联电路谐振测试时，测试频率点的选择应在靠近谐振频率附近多取几点。在变换频率测试前，应调整信号输出幅度（用示波器监视输出幅度），使其维持在 5 V；测量 U_C 和 U_L 数值前应将毫伏表的量限改大，而且在测量 U_L 与 U_C 时，交流毫伏表的"＋"端应接 C 与 L 的公共点，其接地端应分别触及 L 和 C 的另一端；在测试过程中，信号源的外壳应与毫伏表的外壳绝缘（不共地）。如能用浮地式交流毫伏表测量，则效果更佳。

【思考题】

（1）为什么 RLC 串联电路中，$U \neq U_R + U_L + U_C$。

（2）三个同样的白炽灯，分别与电阻、电感、电容串联后接到相同的交流电源上，如果 $R = X_L = X_C$，那么三个白炽灯亮度是否一样？为什么？如果把它们改接在直流电源上，灯的亮度各有什么变化？

（3）有"110 V、100 W"和"110 V、40 W"两盏白炽灯，能否将它们串联后接在 220 V 的工频交流电源上使用？为什么？

（4）图 3-23(a) 中，L 与 C 是并联的，为什么说是串联谐振电路？

（5）试说明当频率低于或高于谐振频率时，RLC 串联电路是容性的还是感性的？

3.4　感性负载与电容器并联正弦交流电路

一个实际线圈与电容器并联也是一种常用的电路。例如，为了提高线路的功率因数，往往将电容器与荧光灯或异步电动机并联使用；在电子线路的晶体管振荡器中用这种电路作为振荡回路。本节以在实际中应用较多的感性负载与电容器并联电路为例介绍并联正弦交流电路的内容。

3.4.1　感性负载与电容器并联正弦交流电路的分析

1. 电路中电流的计算

感性负载与电容器并联交流电路，如图 3-24(a) 所示。电路中的各支路两端电压相等。设电压 $u = U_m \sin \omega t$，根据基尔霍夫电流定律得 $i = i_1 + i_C$。

通过线圈的电流有效值为

$$I_1 = \frac{U}{|Z_1|} = \frac{U}{\sqrt{R^2 + X_L^2}}$$

i_1 比 u 滞后 φ_1 角，其值为

$$\varphi_1 = \arctan \frac{X_L}{R}$$

通过电容支路的电流有效值为

$$I_C = \frac{U}{X_C}$$

i_C 比 u 超前 $\frac{\pi}{2}$ 角。

在并联电路中,一般选择电压为参考正弦电量,画出相量图,如图 3-24(b)所示。从相量图上可以求出总电流与支路电流的量值关系,以及总电流与总电压之间的相位关系。

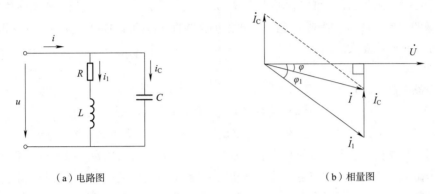

（a）电路图　　　　　　　　　　　　　　　　（b）相量图

图 3-24　感性负载与电容器并联交流电路

把通过线圈支路的电流 $\dot{i}_1$ 分解为两个分量:与电压同相的电流分量(大小为 $I_1\cos\varphi_1$)称为电流 $\dot{i}_1$ 的有功分量或简称为有功电流;垂直于电压相量的电流分量(大小为 $I_1\sin\varphi_1$)称为电流 $\dot{i}_1$ 的无功分量或简称为无功电流。由 $\dot{i}_1$ 及其有功分量、无功分量构成一个直角三角形,称为 $\dot{i}_1$ 的电流三角形。此电流三角形的底角 φ_1 是电流 $\dot{i}_1$ 与电压 $\dot{U}$ 的相位差。

流过电容支路的电流 $\dot{i}_C$ 超前于电压 $\frac{\pi}{2}$,所以 $\dot{i}_C$ 的有功分量的大小为零,而无功分量的大小就是 I_C。

由相量图可得,$\dot{i}$ 有功分量的大小与 $\dot{i}_1$ 有功分量大小相等,即 $I_a = I\cos\varphi = I_1\cos\varphi_1$;$\dot{i}$ 无功分量的大小等于 $\dot{i}_1$ 的无功分量大小与 $\dot{i}_C$ 无功分量大小之差,即 $I_r = I_1\sin\varphi_1 - I_C$,所以总电流的大小为

$$I = \sqrt{(I_1\cos\varphi_1)^2 + (I_1\sin\varphi_1 - I_C)^2} \tag{3-29}$$

总电流滞后于电压的相位差 φ,可由下式求得

$$\varphi = \arctan\frac{I_1\sin\varphi_1 - I_C}{I_1\cos\varphi_1} \tag{3-30}$$

由式(3-30)及图 3-24(b)所示相量图可以看出,当 $I_1\sin\varphi_1 > I_C$ 时,总电流 i 滞后于电压 u,整个电路为电感性负载;当 $I_1\sin\varphi_1 < I_C$ 时,总电流 i 超前于电压 u,整个电路为电容性负载;当 $I_1\sin\varphi_1 = I_C$ 时,总电流 i 与电压 u 同相,整个电路为电阻性负载,此时总电流 I 的数值最小,而总的功率因数为最大,$\cos\varphi = 1$。

从相量图可以看出:并联电路的总电流的大小 I 比线圈支路的电流的大小 I_1 还要小。总电流小于感性负载中的电流,这在直流电路中是不可能的,但在交流电路中却是可能的,而且不难理解:因为线圈支路的电流的无功分量与电容支路的电流的无功分量在相位上相差 $180°$,即它们是反相的,因而在并联后的总电流中有一部分无功电流互相抵消了。

2. 电路中的功率

1）有功功率

线圈支路的有功功率 $P_1 = UI_1\cos\varphi_1$，无功功率 $Q_L = UI_1\sin\varphi_1$；电容器不取用有功功率，它的无功功率 $Q_C = UI_C$，故电路的总有功功率就等于线圈支路的有功功率，即

$$P = UI\cos\varphi = UI_1\cos\varphi_1 \tag{3-31}$$

由式（3-29）及图 3-24（b）可以看出，因为 $I < I_1$，所以 $\cos\varphi > \cos\varphi_1$，表示并联电路总的功率因数大于线圈的功率因数。一般地，电感性负载并联适当的电容，可以提高电路总的功率因数，这在实用上有很大的经济意义。

2）无功功率

并联电路总的无功功率为

$$Q = Q_L - Q_C = I_1^2 X_L - I_C^2 X_C = UI\sin\varphi \tag{3-32}$$

由式（3-32）可见，$Q < Q_L$，即总的无功功率比线圈支路的无功功率要小。这是因为线圈支路的电流 i_1 的无功电流与电容支路的无功电流 i_C 反相，一部分无功电流在线圈与电容器之间流通，也就有一部分无功功率在线圈与电容器之间相互补偿，即在它们之间相互吞吐能量。这样，电路与电源之间能量吞吐的规模只剩下 $Q_L - Q_C$ 了。电路中总的无功功率的减小，就意味着电路功率因数的提高。

3. 并联谐振

在电子线路中也广泛利用实际线圈与电容器构成并联谐振电路，如图 3-24（a）所示。如上所述，当线路中的无功电流全部为电容电流所补偿时，即 $I_1\sin\varphi_1 = I_C$ 时，总电流与电压同相，整个电路呈纯电阻性，这种状态称为并联谐振。

由 $I_1\sin\varphi_1 = I_C$ 推出并联谐振电路的谐振频率 f_0 为

$$f_0 = \frac{1}{2\pi}\sqrt{\frac{1}{LC} - \frac{R^2}{L^2}} \tag{3-33}$$

一般线圈的电阻 R 很小，可忽略不计，于是上式就变为

$$f_0 \approx \frac{1}{2\pi\sqrt{LC}} \tag{3-34}$$

并联电路发生谐振的特征如下：

（1）电路中的阻抗值最大，且为纯电阻性。即并联谐振时呈现高阻抗，故可与高内阻的电源配合使用。

（2）在电源电压一定的情况下，总电流最小，且与总电压同相。

（3）并联谐振时，各支路电流大于总电流，是总电流的 Q 倍，一般 Q 值为 100 左右。所以并联谐振又称电流谐振。

并联谐振在无线电技术和工业电子技术中也常用到。例如，并联谐振高阻抗的特点可制成选频放大器、振荡器、滤波器等。

3.4.2 电路功率因数的提高

1. 提高功率因数的意义

在交流供电线路中，负载是多种多样的，负载功率因数的大小取决于负载的性质，实际用电设

备的功率因数都在 $0 \sim 1$ 之间。由于电力系统中接有大量的感性负载,线路的功率因数小于 1。例如,白炽灯和电阻炉是纯电阻性负载,只消耗有功功率,其功率因数为 1;荧光灯是感性电路,其功率因数为 $0.45 \sim 0.6$;异步电动机可等效看成由电阻和电感组成的感性负载,满载时功率因数达 0.9 左右,空载时会降到 0.2;交流电焊机的功率因数在 $0.3 \sim 0.4$ 等等。功率因数低会引起下述不良的后果。

（1）电源设备的容量不能得到充分的利用。电源设备(如变压器、发电机)的容量也就是视在功率,是依据其额定电压与额定电流设计的。例如,一台 $1\ 000\ \text{kV} \cdot \text{A}$ 的变压器,若负载的功率因数为 0.9,变压器可输出 900 kW 的有功功率;若负载的功率因数为 0.5,变压器可输出 500 kW 的有功功率。因此负载的功率因数低时,电源设备的容量得不到充分的利用。

（2）增加了线路上的功率损耗和电压降。若用电设备在一定电压与一定功率之下运行,那么当功率因数高时,线路上电流就小;反之,当功率因数低时,线路上电流就大,线路电阻与设备绕组中的功率损耗也就大,同时线路上的电压降也就增大,会使负载上的电压降低,从而影响负载的正常工作。

由以上分析可以看到,提高功率因数对国民经济有着十分重要的意义。

2. 提高电路功率因数的方法

功率因数不高,根本原因就是由于感性负载的存在,而感性负载本身需要一定的无功功率。一般来说,负载(设备)本身的功率因数是不能改变的,提高电路的功率因数是在保证负载正常工作的前提下进行的。

一般可以从两方面来考虑提高电路的功率因数。一方面是提高自然功率因数,主要办法有改进电动机的运行条件、合理选择电动机的容量,或采用同步电动机等措施;另一方面是采用人工补偿,又称无功补偿,就是在通常广泛应用的感性电路中,人为地并联容性负载,利用容性负载的超前电流来补偿滞后的电感性电流,以达到提高功率因数的目的。

在感性负载的两端并联电容量适当的电容器来提高电路的功率因数的方法不会改变负载原来的工作状态,负载取用的电流、有功功率以及负载本身的功率因数仍和原来一样,但是负载的一部分无功电流、无功功率从电容支路得到了补偿,从而使线路的功率因数提高了,总电流减小了,电源设备得到了充分利用。因此变电室内常并联有专用的电力电容器,用来提高该变电室所供负载线路的功率因数。

补偿电容器电容的计算方法如下:

根据图 3-24 及以上分析可得

并联电容器前

$$P = UI_1 \cos \varphi_1, \quad I_1 = \frac{P}{U \cos \varphi_1}$$

并联电容器后

$$P = UI \cos \varphi, \quad I = \frac{P}{U \cos \varphi}$$

电容支路电流

$$I_\text{C} = I_1 \sin \varphi_1 - I \sin \varphi = \frac{P \sin \varphi_1}{U \cos \varphi_1} - \frac{P \sin \varphi}{U \cos \varphi} = \frac{P}{U}(\tan \varphi_1 - \tan \varphi)$$

将 $I_\text{C} = \dfrac{U}{X_\text{C}} = \omega C U$ 代入上式,整理可得

$$C = \frac{P}{\omega U^2}(\tan \varphi_1 - \tan \varphi) \tag{3-35}$$

应用式(3-35)就可以求出把功率因数从 $\cos \varphi_1$ 提高到 $\cos \varphi$ 所需的电容值。

在实用中往往需要确定电容器的个数，而制造厂家生产的补偿用的电容器的技术数据是直接给出其额定电压 U_N 和额定无功功率 Q_N(千乏)的。为此，就需要计算补偿的无功功率 Q_C。

由 $Q_C = I^2 X_C = \dfrac{U^2}{X_C} = \omega C U^2$，得 $C = \dfrac{Q_C}{\omega U^2}$，代入式(3-35)中可得

$$Q_C = P(\tan \varphi_1 - \tan \varphi) \tag{3-36}$$

用并联电容器提高功率因数，一般提高到 0.9 左右就可以了，因为要补偿到功率因数接近 1 时，所需的电容量太大，反而不经济。

例 3-9 有一台发电机的额定容量 $S_N = 10$ kV·A，额定电压 $U_N = 220$ V，角频率 $\omega = 314$ rad/s，给一负载供电，该负载的有功功率 $P = 5$ kW，功率因数 $\cos \varphi_1 = 0.5$。试求：(1)该负载所需的电流值，该负载是否超载？(2)在负载不变的情况下，将一个电容器与负载并联，使供电系统的功率因数提高到 0.85，问需要并联多大的电容器？此时线路电流是多少？

解 (1)负载电流为

$$I = \frac{P}{U\cos \varphi_1} = \frac{5 \times 10^3}{220 \times 0.5} \text{ A} \approx 45.45 \text{ A}$$

发电机的额定电流为

$$I_N = \frac{S_N}{U_N} = \frac{10 \times 10^3}{220} \text{ A} \approx 45.45 \text{ A}$$

可见，发电机正好满载。

(2)由式(3-35)计算并联电容器的电容值。

由 $\cos \varphi_1 = 0.5$ 求得 $\tan \varphi_1 = 1.732$，由 $\cos \varphi = 0.85$ 求得 $\tan \varphi = 0.62$，则

$$C = \frac{P}{\omega U^2}(\tan \varphi_1 - \tan \varphi) = \frac{5 \times 10^3}{314 \times 220^2}(1.732 - 0.62) \text{ F} \approx 365.8 \text{ μF}$$

并联电容器后线路的电流为

$$I = \frac{P}{U\cos \varphi_2} = \frac{5 \times 10^3}{220 \times 0.85} \text{ A} \approx 26.7 \text{ A}$$

并联电容器后线路的电流由 45.45 A 下降到 26.7 A，发电设备还可多并联负载。

例 3-10 已知某荧光灯的额定功率为 40 W，额定电压为 220 V，额定电流为 0.4 A。试求：(1)此荧光灯的功率因数；(2)若要把整个电路的功率因数提高到 0.9，需补偿的无功功率 Q_C 及电容量 C(设电源频率为 50 Hz)。

解 (1)由 $P = UI_1\cos \varphi_1$ 可求得

$$\cos \varphi_1 = \frac{P}{UI_1} = \frac{40}{220 \times 0.4} \approx 0.455$$

此荧光灯的功率因数为 0.455。

(2)由 $\cos \varphi_1 = 0.455$ 求得 $\tan \varphi_1 = 1.96$，由 $\cos \varphi = 0.9$ 求得 $\tan \varphi = 0.487$，由式(3-36)求得需补偿的无功功率为

$$Q_C = P(\tan \varphi_1 - \tan \varphi) = 40 \times (1.96 - 0.487) \text{ var} = 58.92 \text{ var}$$

电容量为

$$C = \frac{Q_C}{\omega U^2} = \frac{58.92}{2 \times 3.14 \times 50 \times 220^2}\ \text{F} \approx 3.88 \times 10^{-6}\ \text{F} = 3.88\ \mu\text{F}$$

【实验与技能训练】——荧光灯电路的连接与测试

1. 荧光灯电路的连接和观测

（1）按图 3-25 所示电路接线（电容器先不接），经教师检查同意后通电，荧光灯应立即发光。

图 3-25　荧光灯电路的连接与测试电路

（2）分别测量电路中各部分的电压 U、U_1、U_2 和电流 I、功率 P，测量时要注意仪表量程的选择。将测量数据填入表 3-8 中。

（3）根据测量结果计算出灯管消耗的功率（$P_2 = U_2 \times I$）、镇流器消耗的功率（$P_1 = P - P_2$）和总功率因数 $\cos \varphi$，将数值填入表 3-8 中。

表 3-8　荧光灯电路的观测

测　量　值					计　算　值		
P/W	I/A	U/V	U_1/V	U_2/V	P_2/W	P_1/W	$\cos \varphi$

2. 并联电容器后的测量

（1）将实验图 3-25 中的电容器 C 接上，逐渐增加电容量，观察 I_1、I_c、I 及 P 的变化情况，将每次的电容量和相应各量的读数填入表 3-9 中。

（2）分别计算上述情况时的电路功率因数，与并联电容器之前的功率因数相比较。

表 3-9　并联电容器后的测量与计算

顺序	电容量 C/μF	测　量　值					计算值
		U/V	I_1/A	I_c/A	I/A	P/W	$\cos \varphi$
1	1						
2	2.2						
3	4.7						

注意：安装荧光灯管时，应先将灯管管脚对准弹簧管座上的管脚孔，轻轻推压，然后再上好另一头管座。辉光启动器安装时不能有松动或接触不良现象，否则将影响灯管的启动。镇流器不要

漏接,以免烧坏灯管。在接单相功率表时,应将电压线圈和电流线圈标有"*"或"±"的符号端连在一起,与电源的相线相连,电压线圈的另一端与电源中性线相连,电流线圈的另一端与负载相连。

【思考题】

(1)并联电容器提高电路的功率因数,是否是通过提高感性负载的功率因数来提高的? 为什么? 此时增加了一条电流支路,那么电路的总电流是增加了还是减小了? 此时感性负载上的电流和功率是否改变? 为什么?

(2)能否将一个电容器与感性负载串联来提高电路的功率因数? 为什么?

(3)为什么无论是串联电路还是并联电路,其总的视在功率都不等于各元件视在功率之和?

3.5 复杂正弦交流电路的分析

以上对简单的正弦交流电路进行了分析,对复杂的正弦交流电路,如果构成电路的电阻、电感、电容等元件都是线性的,电路中正弦电源都是同频率的,那么电路中各部分的电压和电流仍将是同频率的正弦电量,可用相量法分析。

与相量形式的欧姆定律及基尔霍夫定律类似,只要把电路中的无源元件表示为复阻抗或复导纳(复阻抗的倒数),所有正弦电量均用相量表示,那么讨论直流电路时所采用的各种网络分析方法、原理、定理都完全适用于线性正弦交流电路,下面通过例题来说明分析复杂正弦交流电路的方法。

例 3-11 在图 3-26(a)所示的电路中,已知 $\dot{U}_S = 50\angle 0°$ V,$\dot{I}_S = 10\angle 30°$ A,$X_L = 5$ Ω,$X_C = 3$ Ω。求图中的 $\dot{U}$。

解 (1)用电源等效变换求解。先将 $\dot{U}_S$ 与 jX_L 串联的电压源,变换成 $\dot{I}_{S1}$ 与 jX_L 并联的电流源,如图 3-26(b)所示。

其中

$$\dot{I}_{S1} = \frac{\dot{U}_S}{jX_L} = \frac{50\angle 0°}{j5} \text{ A} = 10\angle -90° \text{ A}$$

再将电流源 $\dot{I}_S$ 与 $\dot{I}_{S1}$ 并联,得到电流源 $\dot{I}_{S2}$,如图 3-26(c)所示。

$$\dot{I}_{S2} = \dot{I}_{S1} + \dot{I}_S = (10\angle -90° + 10\angle 30°) \text{ A} = 10\angle -30° \text{ A}$$

图 3-26 例 3-11 用电压源与电流源等效变换求解的图

等效复阻抗 Z 为

$$Z = \frac{jX_L(-jX_C)}{jX_L - jX_C} = \frac{j5 \times (-j3)}{j5 - j3} \ \Omega = -j7.5 \ \Omega$$

所以

$$\dot{U} = \dot{I}_S Z = 10\angle -30° \times (-j7.5) \ \text{V} = 75\angle -120° \ \text{V}$$

（2）用叠加原理求解。电压 $\dot{U}$ 是 $\dot{U}_S$ 单独作用时的 $\dot{U}'$[见图 3-27（a）]和 $\dot{I}_S$ 单独作用时的电压 $\dot{U}''$[见图 3-27（b）]的代数和。

对图 3-27（a）有

$$\dot{U}' = \frac{-jX_C}{jX_L - jX_C}\dot{U}_S = \frac{-j3}{j5 - j3} \times 50\angle 0° \ \text{V} = -75\angle 0° \ \text{V}$$

对图 3-27（b）有

$$\dot{U}'' = \frac{jX_L(-jX_C)}{jX_L - jX_C}\dot{I}_S = \frac{j5 \times (-j3)}{j5 - j3} \times 10\angle 30° \ \text{V} = 75\angle -60° \ \text{V}$$

所以

$$\dot{U} = \dot{U}' + \dot{U}'' = (-75\angle 0° + 75\angle -60°) \ \text{V} = 75\angle -120° \ \text{V}$$

（a）　　　　　　　　　　　　　（b）

图 3-27　例 3-11 用叠加原理求解的图

例 3-12　在图 3-28 所示的电路中，已知 $\dot{U}_{S1} = 100\angle 0° \ \text{V}$，$\dot{U}_{S2} = 100\angle 53.1° \ \text{V}$，$Z_1 = (5 + j5) \ \Omega$，$Z_2 = (5 - j5) \ \Omega$，$Z_3 = -j5 \ \Omega$，分别用节点电压法和戴维南定理求图中的电流 $\dot{I}$。

解　（1）用节点电压法求解。此电路只有两个节点，可用弥尔曼定理，列节点电压方程为

$$\dot{U}_{AB} = \frac{\dfrac{\dot{U}_{S1}}{Z_1} + \dfrac{\dot{U}_{S2}}{Z_2}}{\dfrac{1}{Z_1} + \dfrac{1}{Z_2} + \dfrac{1}{Z_3}} = \frac{\dfrac{100\angle 0°}{5 + j5} + \dfrac{100\angle 53.1°}{5 - j5}}{\dfrac{1}{5 + j5} + \dfrac{1}{5 - j5} + \dfrac{1}{-j5}} \ \text{V} = (30 - j10) \ \text{V}$$

图 3-28　例 3-12 的图

所以

$$\dot{I} = \frac{\dot{U}_{AB}}{Z_3} = \frac{30 - j10}{-j5} \ \text{A} = 6.32\angle 71.6° \ \text{A}$$

（2）用戴维南定理求解。将电路分为有源二端网络和待求支路两部分，其有源二端网络如图 3-29（a）所示。求有源二端网络的端口 A、B 处的开路电压 $\dot{U}_{OC(AB)}$ 为

$$\dot{U}_{OC(AB)} = \frac{\dot{U}_{S1} - \dot{U}_{S2}}{Z_1 + Z_2}Z_2 + \dot{U}_{S2} = \left[\frac{100\angle 0° - 100\angle 53.1°}{5 + j5 + 5 - j5} \times (5 - j5) + 100\angle 53.1°\right] \ \text{V} = (40 + j20) \ \text{V}$$

即

$$\dot{U}'_S = \dot{U}_{OC(AB)} = (40 + j20) \text{ V}$$

将有源二端网络中的所有电源去掉(按零值处理),如图 3-29(b)所示,计算端口 A、B 的等效内阻抗 Z'_0 为

$$Z'_0 = \frac{Z_1 Z_2}{Z_1 + Z_2} = \frac{(5 + j5) \times (5 - j5)}{(5 + j5) + (5 - j5)} \Omega = 5 \text{ } \Omega$$

将待求支路接入戴维南等效电路,如图 3-29(c)所示,$\dot{I}$ 为

$$\dot{I} = \frac{\dot{U}'_S}{Z'_0 + Z_3} = \frac{40 + j20}{5 - j5} \text{ A} = 6.32 \angle 71.6° \text{ A}$$

图 3-29　例 3-12 用戴维南定理求解的图

用相量法分析正弦交流电路的步骤如下:

(1)将时域电路模型变换成相对应的相量模型,电压和电流均为相量模型,无源元件为复阻形式。

(2)用直流电路的分析方法来分析计算相量模型电路。

(3)根据题目要求,写出正弦电量的三角函数形式或计算出其他变量。

【思考题】

根据例 3-11、例 3-12 计算的结果,写出例 3-11 中的 u、例 3-12 中的 i 的三角函数表达式。

3.6　三相正弦交流电路

前面学习的单相交流电路是一个电源供电的交流电路。目前普遍采用的是三相电源组成的供电系统。由三相电源供电的电路称为三相交流电路。三相交流供电系统比单相交流供电系统在电能的产生、传送、分配及应方面都具有一系列的优点。现代电力系统大多采用三相交流电源。单相交流电源可由单相交流发电机产生,也可以从三相电源中取出一相作为单相电源使用。实际上,日常应用的单相交流电源就是取自三相交流供电系统。本节介绍三相对称电动势的产生,三相电源的连接,三相负载的星形连接、三角形连接电路中的线电压与相电压的关系,线电流与相电流的关系,三相电功率等知识。

3.6.1　三相对称电动势的产生及三相电源的连接

1. 三相对称电动势的产生

三相对称电动势是由三相交流发电机产生的。三相交流发电机的结构示意图如图 3-30(a)所

示,三相交流发电机中有三个相同的绕组(称为三相绕组),嵌放在静止不动的定子中。能绕转轴旋转的转子是绕有通电(直流电)线圈的磁极,它做成特殊的极靴结构,这样定子与转子间的气隙磁场可按正弦规律变化。三相绕组的首端分别用 U_1、V_1、W_1 表示,末端分别用 U_2、V_2、W_2 表示,这三个绕组分别称为 U 相、V 相、W 相绕组,它们在空间的位置互差120°,称为三相对称绕组。

（a）三相交流发电机的结构示意图　　　　　　（b）正弦电动势的方向

图 3-30　三相交流发电机的结构示意图及正弦电动势的方向

　　当原动机拖动发电机转子恒速转动时,每相定子绕组依次切割磁感线,产生频率相同、幅值相等、相位互差120°的三相感应电动势 e_U、e_V、e_W。各相电动势的正方向选定为由绕组的末端指向首端。如图 3-30(b)所示,若以 e_U 为参考正弦量,则三相电动势的瞬时值表达式为

$$\begin{cases} e_U = E_m \sin \omega t \\ e_V = E_m \sin(\omega t - 120°) \\ e_W = E_m \sin(\omega t - 240°) = E_m \sin(\omega t + 120°) \end{cases} \qquad (3\text{-}37)$$

三相对称电动势的正弦波形图和相量图如图 3-31(a)、(b)所示。

（a）正弦波形图　　　　　　　　　　　　（b）相量图

图 3-31　三相对称电动势的正弦波形图和相量图

　　三相电动势达到最大值(或零值)的先后次序称为三相交流电的相序。由图 3-31(a)所示的波形可知,三相电动势的相序是 U → V → W → U,在工程上,通常用黄、绿、红三色来分别表示 U

相、V 相和 W 相。按 U → V → W → U… 的次序循环下去的称为正相序,而按 U → W → V → U… 的次序循环下去的称为逆相序。

2. 三相电源的连接

1)星形(丫)连接

实际发电机的三个绕组总是连接成一个整体向外部供电的。如果把三相发电机绕组的三个末端连在一点,这个点称为中性点,记为 N,从中性点引出的导线称为中性线(简称中线)。而从绕组的三个首端引出三条输电线,称为相线或端线,俗称火线。这种连接方法称为三相电源的星形(丫)连接,如图 3-32 所示。由三根相线、一根中性线构成的供电系统称为三相四线制。通常低压供电网都采用三相四线制。

每相绕组两端的电压(三相电源作星形连接时,即相线与中性线间的电压),称为相电压,用 u_U、u_V、u_W 或用 u_P 表示。

任意两相绕组首端之间的电压或两根相线(火线)之间的电压,称为线电压,用 u_{UV}、u_{VW}、u_{WU} 或用 u_L 表示。

由图 3-32 可得线电压与相电压的关系为

$$u_{UV} = u_U - u_V, u_{VW} = u_V - u_W, u_{WU} = u_W - u_U$$

相量关系式为

$$\begin{cases} \dot{U}_{UV} = \dot{U}_U - \dot{U}_V \\ \dot{U}_{VW} = \dot{U}_V - \dot{U}_W \\ \dot{U}_{WU} = \dot{U}_W - \dot{U}_U \end{cases} \tag{3-38}$$

线电压与相电压的相量图如图 3-33 所示。作相量图时可先作出相电压相量,再根据式(3-38)分别作出线电压相量。由图 3-33 可知,由于三相电动势对称、相电压对称,则线电压也是对称的,线电压在相位上超前对应的相电压 30°。

图 3-32 三相电源的星形连接

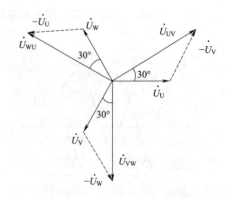

图 3-33 三相电源星形连接时
线电压与相电压的相量图

线电压与相电压的大小关系为

$$U_{UV} = 2U_U \cos 30° = \sqrt{3}\, U_U$$

同理

$$U_{\mathrm{VW}} = \sqrt{3}\, U_{\mathrm{V}},\ U_{\mathrm{WU}} = \sqrt{3}\, U_{\mathrm{W}}$$

写成一般形式为

$$U_{\mathrm{L}} = \sqrt{3}\, U_{\mathrm{P}} \tag{3-39}$$

由上述结果可以看出：三相对称电源作星形连接时，各相电压的有效值相等（即 $U_{\mathrm{U}} = U_{\mathrm{V}} = U_{\mathrm{W}}$），各线电压的有效值也相等（即 $U_{\mathrm{UV}} = U_{\mathrm{VW}} = U_{\mathrm{WU}}$）。线电压与相电压的关系为 $U_{\mathrm{L}} = \sqrt{3}\, U_{\mathrm{P}}$，并且 u_{L} 超前对应的 $u_{\mathrm{P}}30°$。

三相电源星形连接时，线电压的大小是相电压大小的 $\sqrt{3}$ 倍，因此，三相发电机绕组星形连接时，给负载可提供两种电压，我国低压供电系统线电压为 380 V，相电压为 220 V，标为 380 V/220 V。

2）三角形（△）连接

如果将三相发电机三个绕组的首、末端依次连接，从三个连接点引出三根相线，这种连接方法称为三相电源的三角形（△）连接，如图 3-34 所示。由图可知：三相电源接成三角形时，线电压等于对应的相电压，即 $u_{\mathrm{UV}} = u_{\mathrm{U}}$，$u_{\mathrm{VW}} = u_{\mathrm{V}}$，$u_{\mathrm{WU}} = u_{\mathrm{W}}$。由于三相电源对称，所以其有效值关系为

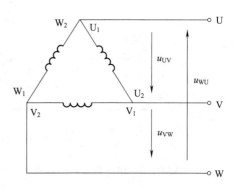

$$U_{\mathrm{L}} = U_{\mathrm{P}} \tag{3-40}$$

图 3-34　三相电源的三角形连接

由对称概念可知，在任何时刻，三相对称电压之和等于零，因此，当三相绕组接成闭合回路，只要连接正确，在电源内部无环流；若接错，将形成很大的环流。由于实际电源的内阻很小，会导致发电机绕组烧坏，这种情况是不允许发生的。

由于三相电源不可能绝对对称，电源回路内总是有环流，故实际三相发电机绕组均采用星形连接，很少采用三角形连接。

3.6.2　三相负载的连接与测试

三相电路的负载由三部分组成，其中每一部分称为一相负载。若三相负载的阻抗相同（即阻抗值相等，且阻抗角相同，或表示为 $|Z_{\mathrm{U}}| = |Z_{\mathrm{V}}| = |Z_{\mathrm{W}}|$ 且 $\varphi_{\mathrm{U}} = \varphi_{\mathrm{V}} = \varphi_{\mathrm{W}}$），则称为三相对称负载；否则，称为三相不对称负载。三相负载的连接方式有星形（丫）连接和三角形（△）连接两种形式。

1. 三相负载的星形（丫）连接

1）三相对称负载的星形连接

三相负载星形连接的三相四线制电路，如图 3-35 所示。每相负载的阻抗分别为 Z_{U}、Z_{V}、Z_{W}。如忽略导线上损失压降，则加在各相负载上的电压就等于电源对应的各相电压。

在三相交流电路中，流过各相线（火线）的电流称为线电流，分别用 i_{U}、i_{V}、i_{W} 表示，用 i_{L} 表示线电流；流过各相负载的电流称为相电流，用 i_{P} 表示；流过中性线的电流称为中性线电流，用 i_{N} 表示。习惯上，选定线电流的参考正方向由电源流向负载，中性线电流参考正方向由负载中性点流向电源中性点。由图 3-35 可知，负载作星形连接时，由于每根相线只和一相负载连接，所以三相负载星形连接时，相电流等于对应的线电流，即 i_{L} 等于对应的 i_{P}。

一般情况下，各相电流可分成三个单相电路分别计算。

因为三相电压对称,三相负载对称,所以三相负载的相电流也是对称的,即

$$I_U = I_V = I_W = I_P = \frac{U_P}{|Z|} \tag{3-41}$$

各相相电压与相电流的相位差相同,即

$$\varphi_U = \varphi_V = \varphi_W = \varphi = \arctan \frac{X}{R} \tag{3-42}$$

对称负载作星形连接时电压和电流的相量图如图 3-36 所示。由图 3-35 可得中性线电流为 $i_N = i_U + i_V + i_W$。

图 3-35 三相负载星形连接的三相四线制电路

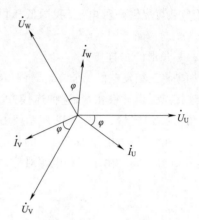

图 3-36 对称负载作星形连接时
电压和电流的相量图

在对称负载作星形连接时,由于各相电流是对称的,利用相量合成可得 $i_N = i_U + i_V + i_W = 0$,即在对称的三相电路中,中性线电流等于零,中性线不起作用,可去掉中性线,电路可采用三相三线制,如三相电动机接线电路。

在对称电路中,各相阻抗对称,各相相电压、相电流对称,三相电路可归结为一相电路计算,计算出一相,可推知其他两相。

例 3-13 三相对称负载作星形连接,接在线电压为 380 V 的电源上。已知各相的电阻 $R = 3\ \Omega$,感抗 $X_L = 4\ \Omega$,$u_U = 220\sqrt{2}\sin(314t + 30°)$V。试求:各相负载的相电流的表达式。

解 因负载对称,故用"只算一相,推知其他相"的方法计算,现只算 U 相。

各相的阻抗为

$$|Z| = \sqrt{R^2 + X_L^2} = \sqrt{3^2 + 4^2}\ \Omega = 5\ \Omega$$

各相的阻抗角为

$$\varphi = \arctan \frac{X_L}{R} = \arctan \frac{4}{3} = 53.1°$$

U 相的相电流的有效值为

$$I_U = \frac{U_U}{|Z|} = \frac{220}{5}\ A = 44\ A$$

U 相的相电流 i_U 滞后 U 相的相电压 u_U 的角度为 53.1°,则 U 相的相电流 i_U 的初相为

$$30° - 53.1° = -23.1°$$

所以,U 相的相电流表达式为

$$i_U = 44\sqrt{2}\sin(314t - 23.1°) \text{ A}$$

由于三个相电流是对称的,所以 V 相、W 相的相电流表达式分别为

$$i_V = 44\sqrt{2}\sin(314t - 23.1° - 120°) = 44\sqrt{2}\sin(314t - 143.1°) \text{ A}$$

$$i_W = 44\sqrt{2}\sin(314t - 23.1° + 120°) = 44\sqrt{2}\sin(314t + 96.9°) \text{ A}$$

2)三相不对称负载的星形连接

在三相电路中,若三相电源或三相负载不对称,此电路称为不对称电路。本节主要讨论三相电源对称、负载不对称的三相不对称电路。

在三相不对称负载采用星形连接接入三相电源时,一定要有中性线,即采用三相四线制,如图 3-37 所示。电源电压对称,负载不对称($Z_U \neq Z_V \neq Z_W$)。但由于中性线的存在,所以负载的相电压仍等于电源的相电压,即仍然是对称的,各相负载均可正常工作,这时与对称负载不同之处,就是三相电流不再是对称的了。这时各相电流分成三个单相电路分别计算,即 $\dot{I}_U = \dfrac{\dot{U}_U}{Z_U}$,$\dot{I}_V = \dfrac{\dot{U}_V}{Z_V}$,$\dot{I}_W = \dfrac{\dot{U}_W}{Z_W}$。或分别计算各相电流的有效值、各相相电压与相电流之间的相位差,即 $I_U = \dfrac{U_U}{|Z_U|}$,$\varphi_U = \arctan\dfrac{X_U}{R_U}$;$I_V = \dfrac{U_V}{|Z_V|}$,$\varphi_V = \arctan\dfrac{X_V}{R_V}$;$I_W = \dfrac{U_W}{|Z_W|}$,$\varphi_W = \arctan\dfrac{X_W}{R_W}$。

线电流与相电流的关系为 i_L 等于对应的 i_P;中性线电流为 $i_N = i_{UN} + i_{VN} + i_{WN} \neq 0$。

在三相不对称负载作星形连接时应**注意**:当三相负载不对称且无中性线时,负载的相电压就不对称了,分析得知,阻抗越小的相电压越低,阻抗越大的相电压越高。低于或高于额定电压,负载都不能正常工作。中性线的作用是使星形连接的不对称负载获得对称的相电压,保证负载正常工作。故三相不对称负载作星形连接时,必须有中性线,并且中性线不能断开;中性线上不能装接开关、熔断器等设备,并且中性线必须连接牢固。

实际应用时,中性线常用细钢丝制成,以免中性线断开发生事故。为了减小中性线电流,应力求三相负载对称。例如,三相照明负载应尽量平均分接在三相电源上,避免出现全部负载集中在一相上的情况。

例 3-14　图 3-37 所示为三相四线制供电的电路,电源线电压 $U_L = 380$ V,负载由三只白炽灯组成,每相负载的电阻值分别为 $R_U = 5$ Ω,$R_V = 10$ Ω,$R_W = 20$ Ω,每只灯的额定电压 $U_N = 220$ V。试求:(1)负载相电压、各相相电流及中性线电流;(2)V 相断路,而中性线又断开时,各相负载的电压和电流;(3)V 相短路,而中性线又断开时,各相负载的电压和电流。

解　(1)当负载不对称而有中性线的情况下,负载相电压对称等于对应的电源相电压,即

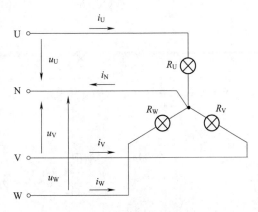

图 3-37　例 3-14 图

$$U_P = \frac{U_L}{\sqrt{3}} = \frac{380}{\sqrt{3}} \text{ V} \approx 220 \text{ V}$$

设 $\dot{U}_U = 220 \angle 0°$ V,则各相电流分别为

$$\dot{I}_U = \frac{\dot{U}_U}{R_U} = \frac{220 \angle 0°}{5} A = 44 \angle 0° A$$

$$\dot{I}_V = \frac{\dot{U}_V}{R_V} = \frac{220 \angle (-120°)}{10} A = 22 \angle -120° A$$

$$\dot{I}_W = \frac{\dot{U}_W}{R_W} = \frac{220 \angle 120°}{20} A = 11 \angle 120° A$$

各相电流的有效值分别为 $I_U = 44$ A,$I_V = 22$ A,$I_W = 11$ A。

中性线电流为

$$\dot{I}_N = \dot{I}_U + \dot{I}_V + \dot{I}_W = (44 \angle 0° + 22 \angle -120° + 11 \angle 120°) A = 29.1 \angle -19° A$$

由于负载不对称程度较高,中性线电流较大。所以在实际工作中,尽量做到均匀分配三相负载,以减小中性线电流。

（2）V 相断路,而中性线又断开时,各相负载的电压和电流。这种情况下,电路已成为单相电路,U 相与 W 相串联,接在线电压 $U_{UW} = 380$ V 的电源上,如图 3-38（a）所示。U 相和 W 相负载电流、电压分别为

$$I_{UW} = \frac{U_{UW}}{R_U + R_W} = \frac{380}{5+20} A = 15.2 A$$

$$U_U = I_{UW}R_U = 15.2 \times 5 \text{ V} = 76 \text{ V}$$

$$U_W = I_{UW}R_W = 15.2 \times 20 \text{ V} = 304 \text{ V}$$

U 相电灯组的电压远低于额定电压,W 相电灯组的电压远高于额定电压（烧坏）,这些情况是不允许的。

（3）V 相短路,而中线又断开时,各相负载的电压和电流。此时负载的中性点 N 即为 V 端线,如图 3-38（b）所示。U 相、W 相负载接在两相线之间,负载相电压为线电压,即

$$U_V = 0, \quad U_U = U_{UV} = 380 \text{ V}, \quad U_W = U_{WV} = 380 \text{ V}$$

（a）V 相断路,中性线断开

（b）V 相短路,中性线断开

图 3-38　例 3-14（2）、（3）的图

负载相电流分别为

$$I_U = \frac{U_U}{R_U} = \frac{380}{5} A = 76 A$$

$$I_{\mathrm{W}} = \frac{U_{\mathrm{W}}}{R_{\mathrm{W}}} = \frac{380}{20}\ \mathrm{A} = 19\ \mathrm{A}$$

U 相、W 相都越过额定电压,是不允许的。

由上例分析可知:当三相负载不对称且无中性线时,负载的相电压就不对称,阻抗越小的相电压越低;阻抗越大的相电压越高,低于或高于额定电压,负载都不能正常工作。所以,三相不对称负载作星形连接时必须要有中性线。

2. 三相负载的三角形(△)连接

如果三个单相负载 Z_{U}、Z_{V}、Z_{W} 的额定电压等于电源线电压,则必须把负载分别接在电源的各相线之间,这就构成了负载三角形(△)连接电路,如图 3-39 所示。

1)三相对称负载的三角形连接

三相负载的三角形连接电路如图 3-39 所示,因为各相负载接在两根相线之间,所以各相负载的相电压就等于对应的电源线电压,即 u_{P} 等于对应的 u_{L},在数值上 $U_{\mathrm{P}} = U_{\mathrm{L}}$。

由图 3-39 可得,$i_{\mathrm{U}} = i_{\mathrm{UV}} - i_{\mathrm{WU}}$,$i_{\mathrm{V}} = i_{\mathrm{VW}} - i_{\mathrm{UV}}$,$i_{\mathrm{W}} = i_{\mathrm{WU}} - i_{\mathrm{VW}}$,由于三相负载是对称的,所负载的相电流是对称的,线电流也是对称的,相量图如图 3-40 所示。

由图 3-40 可见,由于三相相电压对称、相电流对称,所以线电流也对称。线电流在相位上滞后对应的相电流30°,由相量图可求得相电流有效值 I_{P} 和线电流有效值 I_{L} 的关系为

$$I_{\mathrm{L}} = \sqrt{3}\,I_{\mathrm{P}} \tag{3-43}$$

图 3-39　三相对称负载三角形连接

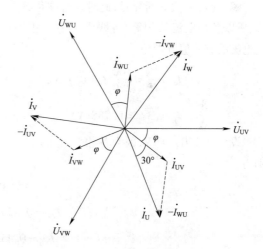

图 3-40　三相对称负载三角形
连接时电压、电流相量图

三相对称负载作三角形连接时,相电压对称,因每相负载都接在两条相线之间,若一相负载断开,并不影响其他两相工作。

2)三相不对称负载的三角形连接

在三相电路中,电源电压对称,负载不对称,各相相电流可分成三个单相电路分别计算,线电流要根据基尔霍夫电流定律进行相量计算。

三相不对称负载作三角形连接时,相电流不对称,线电流也不对称。

例 3-15　有一台三相交流电动机,每相绕组的等效电阻 $R = 6\ \Omega$,感抗 $X_{\mathrm{L}} = 8\ \Omega$,连成三角形,

接在线电压 $U_L = 380$ V 的三相电源上,试求电动机的相电流和线电流。

解 因为三相负载是对称的,所以各相的相电流相等,线电流也相等,并且 $U_L = U_P$。

负载相电压为

$$U_P = U_L = 380 \text{ V}$$

每相阻抗为

$$|Z| = \sqrt{R^2 + X_L^2} = \sqrt{6^2 + 8^2} \ \Omega = 10 \ \Omega$$

相电流有效值为

$$I_P = \frac{U_P}{|Z|} = \frac{380}{10} \text{ A} = 38 \text{ A}$$

线电流有效值为

$$I_L = \sqrt{3} I_P = 65.7 \text{ A}$$

例 3-16 在图 3-41 所示电路中。已知三相电源电压对称,$U_L = 220$ V,由三个灯泡组成三角形负载,V、W 相之间并联一个带开关 S 的灯泡。灯泡的额定值为:$P_N = 100$ W,$U_N = 220$ V。试求:(1)开关 S 断开时,相电流和线电流各为何值? 画出相量图;(2)开关 S 闭合后,相电流和线电流各为何值?

解 (1)开关 S 断开时,此时为对称负载作三角形连接,所以各相电流值相等,各线电流值也相等。相电流、线电流的有效值分别为

$$I_P = \frac{P_N}{U_N} = \frac{100}{220} \text{ A} \approx 0.455 \text{ A}$$

$$I_L = \sqrt{3} I_P = 0.788 \text{ A}$$

图 3-41 例 3-16 图

设 $\dot{U}_{UV} = 220 \angle 0°$ V,因为各相为纯电阻性负载,各相电流是对称的,所以各相电流的相量分别为

$$\dot{I}_{UV} = 0.455 \angle 0° \text{ A}$$

$$\dot{I}_{VW} = 0.455 \angle -120° \text{ A}$$

$$\dot{I}_{WU} = 0.455 \angle 120° \text{ A}$$

各线电流也是对称的,各线电流相量分别为

$$\dot{I}_U = \sqrt{3} \dot{I}_{UV} \angle -30° = 0.788 \angle -30° \text{ A}$$

同理

$$\dot{I}_V = 0.788 \angle -150° \text{ A}$$

$$\dot{I}_W = 0.788 \angle 90° \text{ A}$$

对称负载三角形连接时的相量图如图 3-42(a)所示。

(2)开关 S 闭合后,为不对称负载作三角形连接,各相负载相电流相量分别为

$$\dot{I}_{UV} = 0.455 \angle 0° \text{ A}, \dot{I}_{VW} = 0.91 \angle -120° \text{ A}, \dot{I}_{WU} = 0.455 \angle 120° \text{ A}$$

各相线的线电流相量分别为

$$\dot{I}_U = \dot{I}_{UV} - \dot{I}_{WU} = (0.455\angle0° - 0.455\angle120°)\ \text{A} = 0.788\angle-30°\ \text{A}$$

$$\dot{I}_V = \dot{I}_{VW} - \dot{I}_{UV} = (0.91\angle-120° - 0.455\angle0°)\ \text{A} = 1.2\angle-139.1°\ \text{A}$$

$$\dot{I}_W = \dot{I}_{WU} - \dot{I}_{VW} = (0.455\angle120° - 0.91\angle-120°)\ \text{A} = 1.2\angle79.1°\ \text{A}$$

不对称负载三角形连接时的相量图如图 3-42(b)所示。

（a）对称负载三角形连接时的相量图

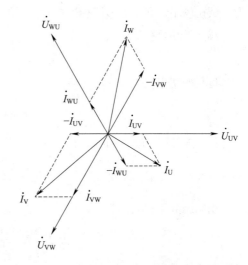

（b）不对称负载三角形连接时的相量图

图 3-42　例 3-16 相量图

3. 三相电路的功率

三相电路无论是星形连接还是三角形连接,也无论是对称负载还是不对称负载,三相电路的有功功率都等于各相有功功率之和,即

$$P = P_U + P_V + P_W = U_U I_U \cos\varphi_U + U_V I_V \cos\varphi_V + U_W I_W \cos\varphi_W \tag{3-44}$$

式中,各电压、电流为各相的相电压、相电流;φ 是各相相电压与相电流的相位差。

对于对称三相负载,各相电压和电流有效值相等、相位差相同,各相有功功率也相等,则

$$P = 3P_P = 3U_P I_P \cos\varphi \tag{3-45}$$

在三相电路中,线电压和线电流的测量比较方便,所以功率公式常用线电压、线电流表示。

当对称负载作星形连接时:$U_L = \sqrt{3}U_P$、$I_L = I_P$;当对称负载作三角形连接时:$U_L = U_P$、$I_L = \sqrt{3}I_P$,所以三相对称负载无论是星形连接或三角形连接,其有功功率表达式为

$$P = \sqrt{3}U_L I_L \cos\varphi \tag{3-46}$$

使用式(3-46)时,应当**注意**:φ 角取决于负载阻抗的阻抗角,仍是某相相电压与该相相电流的相位差,并不是线电压与线电流的相位差。

同理,三相电路的无功功率也等于各相无功功率之和,即

$$Q = Q_U + Q_V + Q_W = U_U I_U \sin\varphi_U + U_V I_V \sin\varphi_V + U_W I_W \sin\varphi_W \tag{3-47}$$

对于三相对称负载,三相电路的无功功率表达式为

$$Q = 3Q_P = 3U_P I_P \sin\varphi = \sqrt{3}U_L I_L \sin\varphi \tag{3-48}$$

三相电路的视在功率为

$$S = \sqrt{P^2 + Q^2} \tag{3-49}$$

在对称三相负载电路中,视在功率为

$$S = 3U_P I_P = \sqrt{3}\, U_L I_L \tag{3-50}$$

例 3-17 三相对称负载,每相负载的电阻 $R = 6\ \Omega$,感抗 $X_L = 8\ \Omega$,接入 380 V 的三相三线制电源。试比较星形和三角形两种连接时消耗的三相电功率。

解 各相负载的阻抗为

$$|Z| = \sqrt{R^2 + X_L^2} = \sqrt{6^2 + 8^2}\ \Omega = 10\ \Omega$$

负载的功率因数为

$$\cos \varphi = \frac{R}{|Z|} = \frac{6}{10} = 0.6$$

星形连接时,负载的相电压为

$$U_P = \frac{U_L}{\sqrt{3}} = \frac{380}{\sqrt{3}}\ V \approx 220\ V$$

线电流等于相电流为

$$I_L = I_P = \frac{U_P}{|Z|} = \frac{220}{10}\ A = 22\ A$$

故星形连接时,三相总有功功率为

$$P_Y = \sqrt{3}\, U_L I_L \cos \varphi = \sqrt{3} \times 380 \times 22 \times 0.6\ W \approx 8.7\ kW$$

三角形连接时,负载的相电压等于电源的线电压为

$$U_P = U_L = 380\ V$$

负载的相电流为

$$I_P = \frac{U_P}{|Z|} = \frac{380}{10}\ A = 38\ A$$

线电流为

$$I_L = \sqrt{3}\, I_P = \sqrt{3} \times 38\ A \approx 66\ A$$

故三角形连接时,三相总有功功率为

$$P_\triangle = \sqrt{3}\, U_L I_L \cos \varphi = \sqrt{3} \times 380 \times 66 \times 0.6\ W \approx 26.1\ kW$$

可见,$P_\triangle \neq P_Y$;且 $P_\triangle = 3P_Y$。

上述结果表明,在三相电源线电压一定的条件下,对称负载三角形接法消耗的功率是星形接法的 3 倍。这是因为,三角形连接时负载相电压是星形连接时的 $\sqrt{3}$ 倍,因而相电流也增为 $\sqrt{3}$ 倍;且三角形连接时线电流又是相电流的 $\sqrt{3}$ 倍,所以,三角形连接时的线电流是星形连接的 3 倍。因此,$P_\triangle$ 就是 P_Y 的 3 倍了。无功功率和视在功率也都是如此。

负载消耗的功率与连接方式有关,要使负载正常运行,必须采用正确的接法。例如,在同一电源条件下负载应接成星形的就不能接成三角形,否则负载会因 3 倍的过载而烧毁;反之,在同一电源条件下负载应接成三角形的也不能接成星形,否则负载也不能正常工作。

【实验与技能训练】——三相正弦交流电路的连接与测试

1. 三相负载作星形连接电路的测试

（1）按图 3-43 所示连接电路,将电流表接在各相线及中性线上。电源线电压 $U_L = 380$ V。经教师检查无误后,接通电源进行实验。

（2）将开关 S_1 断开、S_2 闭合,形成三相四线制对称负载。然后合上电源开关 QS 测量各线电压、相电压、线电流、中性点间电压、中性线电流,将测试数据填入表 3-10 中。

（3）断开 QS、S_2 形成三相三线制对称负载。再合上 QS 重复测量上述各量,将测试数据填入表 3-10 中,并与有中性线时的测量结果相比较,比较相应各量有无变化。

（4）断开 QS,闭合 S_1、S_2,形成三相四线制不对称负载。合上 QS 再测量各量,将测试数据填入表 3-10 中。

（5）断开 QS、S_2,闭合 S_1 形成三相三线制不对称负载,再合上 QS 重复测量上述各量,将测试数据填入表 3-10 中,并与有中性线时的测量结果相比较,比较相应各量有无变化。

表 3-10　三相负载星形连接时测试数据表

负载情况		线电压/V			负载相电压/V			线电流/mA			中性点间电压/V	中性线电流/mA
		U_{UV}	U_{VW}	U_{WU}	$U_{U'N'}$	$U_{V'N'}$	$U_{W'N'}$	I_U	I_V	I_W	$U_{NN'}$	I_N
负载对称	有中性线											
	无中性线											
负载不对称	有中性线											
	无中性线											

2. 三相负载作三角形连接电路的测试

（1）将三相电源的线电压调至 220 V。

（2）按图 3-44 接线,在相应位置接入电流表。请教师检查后,接通电源继续实验操作。

图 3-43　三相负载作星形连接的实验电路　　图 3-44　三相负载作三角形连接的实验电路

（3）断开 S,形成对称负载。合上 QS 测量相电压、线电流、相电流,将测试数据填入表 3-11 中。

（4）闭合 S,形成不对称负载,合上 QS 再测量上述各量,观察相应各量有无变化,将测试数据填入表 3-11 中。

表 3-11　三相负载三角形连接时测量项目测量数据表

负载情况	测量项目								
	负载相电压/V			线电流/mA			相电流/mA		
	$U_{U'V'}$	$U_{V'W'}$	$U_{W'U'}$	I_U	I_V	I_W	$I_{U'V'}$	$I_{V'W'}$	$I_{W'U'}$
负载对称									
负载不对称									

操作时应**注意**：

(1)由于三相电源电压较高,实验中线路必须经教师检查同意后方可通电实验。

(2)接线要仔细、牢靠,使用多股线时要防止裸线带毛刺,导线连接处要用绝缘胶带包好,以确保绝缘。

(3)测量电流和电压时,一定要注意仪表在线路中的正确连线和量程的选择。特别是用万用表测量时,操作一定要细心、谨慎,防止烧坏仪表或发生触电事故等。

(4)由于三相三线制不对称负载星形连接时各相所承受的相电压不等,在实验中,有些灯泡承受的电压已超过其额定值。因此测量、读数要迅速,读数完毕马上断电,以免损坏设备。

(5)更换实验内容时,必须先切断电源,严禁带电操作。

【思考题】

(1)在星形连接的三相电源中,已知线电压 $u_{UV} = 380\sqrt{2}\sin 314t$ V,请写出其他线电压和各相电压的三角函数式和相量表达式。

(2)某设备采用三相三线制供电,当因故断掉一相时,能否认为成两相供电了？

(3)三相负载在什么情况下应接成星形连接？ 在什么情况下应接成三角形连接？ 在什么情况下应接成有中性线的星形连接？

(4)三相四线制接法的照明电路中,突然有两相电灯变暗,一相变亮,试判断是何故障？

(5)三相对称负载作三线制星形连接时,有一相断开或短路,对其他两相各有何影响？

(6)三相总的视在功率为什么不等于各相视在功率之和？

(7)你能否从实验中观察到的现象,说明在三相四线制供电线路中,中性线上一定不能安装熔断器的道理？

小　结

(1)随时间按正弦规律周期性变化的电压、电流和电动势统称为正弦交流电。正弦交流电的三要素为最大值、频率和初相位。根据三要素可以写出正弦量的三角函数表达式,也可画出波形图和相量图。同频率正弦电量的相位关系由它们之间的相位差决定。

(2)用于表示正弦电量的复数称为相量,即用复数的模表示正弦电量的有效值;用复数的辐角表示正弦电量的初相。同频率的正弦电量之间的关系可借助相量图表示。相量法是分析和计算交流电路的重要工具。

(3)分析交流电路时,主要找出电路中各电量有效值关系、电压与电流相位关系及能量关系。

①对单一参数正弦交流电路欧姆定律的相量式及功率:

纯电阻电路: $\dot{U} = \dot{I}R, P = I^2R$。

纯电感电路: $\dot{U} = j\dot{I}X_L$(感抗 $X_L = \omega L$), $P = 0, Q_L = I^2X_L$。

纯电容电路: $\dot{U} = -j\dot{I}X_C\left(容抗\ X_C = \dfrac{1}{\omega C}\right), P = 0, Q_C = -I^2X_C$。

其中, $\pm j = 1\angle \pm 90°$

②RLC 串联正弦交流电路:

电压与电流欧姆定律的相量为: $\dot{U} = \dot{I}Z$。

复阻抗: $Z = R + j(X_L - X_C) = |Z|\angle \varphi$,其中 $|Z| = \sqrt{R_2 + (X_L - X_C)^2}$, $\varphi = \arctan \dfrac{X_L - X_C}{R}$。

电压相量关系为: $\dot{U} = \dot{U}_R + \dot{U}_L + \dot{U}_C$。

电压数值关系为: $U = \sqrt{U_R^2 + (U_L - U_C)^2}$。

有功功率: $P = UI\cos \varphi = I^2R$。

无功功率: $Q = UI\sin \varphi = Q_L - Q_C = I^2X_L - I^2X_C$。

视在功率: $S = UI = \sqrt{P^2 + Q^2}$。

阻抗角 φ,即电压与电流相位差角或功率因数角。

(4)功率因数是电力工业的一项重要经济指标,为了提高电源设备的利用率和减少线路损耗,应尽量提高电路的功率因数。提高功率因数的方法是在感性负载两端并联容性电器,用电容的无功功率 Q_C 对电感的无功功率 Q_L 进行补偿。

(5)相量形式的欧姆定律及基尔霍夫定律。只要把电路中的无源元件表示为复阻抗,所有正弦量均用相量表示,那么讨论直流电路时所采用的各种分析方法、原理、定理都完全适用于线性正弦交流电路。

(6)电路谐振分串联谐振和并联谐振,其共同的特征是电路的电压和电流同相,电路对外呈现电阻性。改变电路参数或电源频率,可使电路发生谐振。

串联谐振的主要特征有:电路阻抗最小,$Z_0 = R$;电流最大,$I_0 = U/R$;电感、电容两端出现高压现象,$U_L = U_C = QU$,Q 为电路的品质因数。

并联谐振的主要特征有:电路的阻抗值最大;电流最小;支路的谐振电流很大,是总电流的 Q 倍,一般 Q 值为 100 左右。

谐振对电力系统不利,应避免谐振出现,但在无线电技术中却利用它实现选频等。品质因数 Q 越大,选频效果越好。

(7)目前电力系统普遍采用三相电路。三相电源的电动势是三相对称电动势,即幅值相同、频率相同、相位互差 120°。三相电源通常采用星形连接。

(8)三相对称负载为三相负载值相等、阻抗角相同。在三相对称负载作星形、三角形两种接法时,线电压与相电压,线电流与相电流的关系分别为

星形接法: $\dot{U}_L = \sqrt{3}\dot{U}_P\angle 30°$(对应的), $\dot{I}_L = \dot{I}_P$(对应的)。

三角形接法: $\dot{U}_L = \dot{U}_P$(对应的), $\dot{I}_L = \sqrt{3}\dot{I}_P\angle -30°$(对应的)。

三相对称负载作星形连接时,中性线电流为零,故可取消中性线,构成三相三线制电路。若负载不对称时,应采用三相四线制,中性线在任何情况都不能断开,以保证各相相电压对称,中性线

不能安装开关、熔断器等。

三相电路的有功功率分别等于各相的有功功率之和,无功功率等于各相的无功功率之和。

在三相负载对称时,可用下列公式计算:

$$P = 3U_{p}I_{p}\cos\varphi = \sqrt{3}\,U_{L}I_{L}\cos\varphi$$

$$Q = 3U_{p}I_{p}\sin\varphi = \sqrt{3}\,U_{L}I_{L}\sin\varphi$$

$$S = \sqrt{P^{2}+Q^{2}} = \sqrt{3}\,U_{L}I_{L}$$

上述各式中的 φ 是相电压和相电流的相位差。

习　　题

一、填空题

1. 正弦交流电的三要素是_____、_____和_____,交流电的_____值可用来确切反映交流电的做功能力,其值等于与交流电_____相同的直流电的数值。

2. 已知正弦交流电压 $u = 220\sqrt{2}\sin(314t - 60°)$ V,则它的最大值是_____ V,有效值是_____ V,频率为_____ Hz,周期是_____ s,角频率是_____ rad/s,相位为_____,初相是_____。

3. 已知三个频率均为 50 Hz 的正弦交流电流 i_{1}、i_{2}、i_{3} 的最大值分别为 4 A、3 A 和 5 A。i_{1} 比 i_{2} 超前 30°,i_{2} 又比 i_{3} 超前 15°,若 i_{1} 的初相为零,则三个电流的瞬时值表达式分别为 $i_{1} =$ _____ A、$i_{2} =$ _____ A、$i_{3} =$ _____ A。

4. 两个同频率的正弦电流 i_{1}、i_{2} 的有效值分别为 40 A、30 A。当 $i_{1} + i_{2}$ 有效值为 70 A 时,则 i_{1} 与 i_{2} 之间的相位差为_____;当 $i_{1} + i_{2}$ 有效值为 10 A 时,则 i_{1} 与 i_{2} 之间的相位差为_____;当 $i_{1} + i_{2}$ 有效值为 50 A 时,则 i_{1} 与 i_{2} 之间的相位差为_____。

5. 在正弦交流电路中,容抗随频率的增高而_____,感抗随频率的增高而_____。

6. 电阻元件正弦电路的复阻抗是_____;电感元件正弦电路的复阻抗是_____;电容元件正弦电路的复阻抗是_____;RLC 串联电路的复阻抗是_____。

7. 在 RL 串联电路中,若电阻 R 两端的电压有效值为 6 V,电感 L 两端的电压有效值为 8 V,则 RL 两端的电压有效值为_____ V。

8. 能量转换过程不可逆的电路功率常称为_____功率;能量转换过程可逆的电路功率称为_____功率。

9. 电网的功率因数越高,电源的利用率就越_____,无功功率就越_____。

10. 只有电阻和电感元件相串联的电路,电路性质呈_____性;只有电阻和电容元件相串联的电路,电路性质呈_____性。

11. 在 RLC 串联电路中,当_____时发生谐振,谐振时电路中_____最小且等于_____;电路中电压一定时_____最大,且电路的总电压与总电流的相位_____。

12. 实际电气设备大多为_____性设备,功率因数往往_____。若要提高感性电路的功率因数,常采用人工补偿法进行调整,即在_____。

13. 由_____元件和_____元件串联可组成串联谐振电路,该电路的谐振条件是_____,此时谐振频率 $f_{0} =$ _____;谐振时电路呈_____性,当 $f > f_{0}$ 时电路呈_____性,

当 $f < f_0$ 时电路呈_____性。

14. 当电源角频率一定时,通过改变_____或_____的参数值可改变 ω_0,使电路发生谐振,这一过程称为_____。

15. 在串联谐振电路中,谐振时电抗 $X =$ _____,复阻抗 $Z =$ _____,说明谐振时阻抗最_____且为_____;此时电流 $I_0 =$ _____;电感元件两端的电压和电容元件两端的电压大小_____,相位_____,其大小与电源电压的关系是_____,所以串联联谐振又称_____谐振。

16. 并联谐振电路谐振时,在 $Q \gg 1$ 的条件下,可认为电感支路和电容支路的电流大小近似_____,且等于总电流的_____倍,其相位近似_____,并联谐振又称_____谐振。

17. 对称三相交流电是指三个_____相等、_____相同、_____上互差 120° 的三个_____的组合。

18. 由发电机绕组首端引出的输电线称为_____,由电源绕组末端中性点引出的输电线称为_____。_____与_____之间的电压是线电压,_____与_____之间的电压是相电压。电源绕组作_____接时,其线电压是相电压的_____倍;电源绕组作_____接时,线电压是相电压的_____倍。对称三相星形连接电路中,中性线电流通常为_____。

19. 三相四线制供电系统中,负载可从电源获取_____和_____两种不同的电压值。其中_____是_____的 $\sqrt{3}$ 倍,且相位上超前与其相对应的_____30°。

20. 当三相电源作星形连接时,若 $u_U = 220\sqrt{2}\sin(314t - 30°)$ V,则其他两相的相电压分别为 $u_V =$ _____,$u_W =$ _____。

21. 有一对称三相负载星形连接,每相负载的阻抗均为 22 Ω,功率因数为 0.8,测出负载中的电流是 10 A,则三相电路的有功功率等于_____;无功功率等于_____;视在功率等于_____。

22. 三相负载的额定电压等于电源线电压时,应作_____形连接,额定电压约等于电源线电压的 0.577 倍时,三相负载应作_____形连接。按照这样的连接原则,两种连接方式下,三相负载上通过的电流和获得的功率_____。

二、选择题

1. 有"220 V、100 W"、"220 V、25 W"白炽灯两盏,串联后接入 220 V 交流电源,其亮度情况是(   )。

   A. 100 W 灯泡最亮   B. 25 W 灯泡最亮   C. 两只灯泡一样亮

2. 已知工频正弦电压有效值和初始值均为 380 V,则该电压的瞬时值表达式为(   )。

   A. $u = 380\sin 314t$ V
   B. $u = 537\sin(314t + 45°)$ V
   C. $u = 380\sin(314t + 90°)$ V

3. 已知 $i_1 = 10\sin(314t + 90°)$ A,$i_2 = 10\sin(628t + 30°)$ A,则(   )。

   A. i_1 超前 i_2 60°   B. i_1 滞后 i_2 60°   C. 相位差无法判断

4. 两个同频率的正弦电流 i_1、i_2 的有效值都是 4 A,相加后的有效值也是 4 A,则它们之间的相位差为(   )。

A. 30°　　　　　B. 60°　　　　　C. 120°　　　　　D. 90°

5. 一个电热器,接在 10 V 的直流电源上,产生的功率为 P。把它改接在正弦交流电源上,使其产生的功率为 $P/2$,则正弦交流电源电压的最大值为(　　)。

A. 7.07 V　　　　B. 5 V　　　　C. 14 V　　　　D. 10 V

6. 纯电容正弦交流电路中,电压有效值不变,当频率增大时,电路中电流将(　　)。

A. 增大　　　　　B. 减小　　　　　C. 不变

7. 在 RL 串联电路中,$U_R = 16$ V,$U_L = 12$ V,则总电压为(　　)。

A. 28 V　　　　　B. 20 V　　　　　C. 2 V

8. RLC 串联电路中,电路的性质取决于(　　)。

A. 电路外加电压的大小　　　　　　　B. 电路的连接形式

C. 电路中各元件参数和电源的频率　　D. 电路的功率因数

9. RLC 串联电路在 f_0 时发生谐振,当频率增加到 $2f_0$ 时,电路性质呈(　　)。

A. 电阻性　　　　B. 电感性　　　　C. 电容性

10. 在 RLC 串联电路中,已知 $U_R = 4$ V,$U_L = 12$ V,$U_C = 15$ V,则总电压为(　　)。

A. 31 V　　　　　B. 3 V　　　　　C. 5 V

11. 在交流电路中,负载消耗的功率为有功功率 $P = UI\cos\varphi$,在负载两端并联电容器,使电路的功率因数提高后,负载所消耗的功率将(　　)。

A. 增大　　　　　B. 减小　　　　　C. 不变

12. 提高供电线路的功率因数,下列说法正确的是(　　)。

A. 减少了用电设备中无用的无功功率

B. 可以节省电能

C. 减少了用电设备的有功功率,提高了电源设备的容量

D. 可提高电源设备的利用率并减小输电线路中的功率损耗

13. 实验室中的功率表,是用来测量电路中的(　　)。

A. 有功功率　　　B. 无功功率　　　C. 视在功率　　　D. 瞬时功率

14. 电气设备的铭牌上标注的功率都是(　　)。

A. 有功功率　　　B. 无功功率　　　C. 视在功率　　　D. 瞬时功率

15. 对于已处于谐振状态的 RLC 串联电路,若将电阻 R 的值增大,则(　　)。

A. 电路停止谐振　　B. 谐振频率改变　　C. 谐振电流减小　　D. 品质因数增大

16. RLC 串联电路发生谐振时,电路电流最大,此时用电压表测量 L 或 C 两端的电压,则电压表的读数为(　　)。

A. 可能出现最大值　　B. 零　　　C. 电源电压

17. RLC 串联电路谐振时,应满足(　　)。

A. $X_L = X_C = 0$　　B. $X_L = X_C$　　C. $R = X_L + X_C$　　D. $R + X_L + X_C = 0$

18. 串联谐振时,其无功功率为 0,说明(　　)。

A. 电路中无能量转换

B. 电路中电容、电感和电源之间有能量交换

C. 电路中电容和电感之间有能量转换,而与电源之间无能量转换

D. 无法确定

19. RLC 串联谐振电路的谐振频率为(　　)。

 A. $\sqrt{LC}$ B. $\dfrac{1}{\sqrt{LC}}$ C. $\dfrac{1}{2\pi\sqrt{LC}}$ D. $2\pi\sqrt{LC}$

20. 欲使 RLC 串联电路的品质因数增大,可以(　　)。

 A. 增大 R B. 增大 C C. 增大 L

21. 对称三相电路是指(　　)。

 A. 三相电源对称的电路

 B. 三相负载对称的电路

 C. 三相电源和三相负载都对称的电路

22. 三相四线制供电线路,已知作星形连接的三相负载中 U 相为纯电阻,V 相为纯电感,W 相为纯电容,通过每相负载的电流均为 10 A,则中性线电流为(　　)。

 A. 30 A   B. 10 A   C. 7. 32 A

23. 在电源对称的三相四线制电路中,若三相负载不对称,则该负载各相电压(　　)。

 A. 不对称   B. 仍然对称   C. 不一定对称

24. 三相四线制中,中性线的作用是(　　)。

 A. 保证三相负载对称   B. 保证三相功率对称

 C. 保证三相电压对称   D. 保证三相电流对称

25. 为保证三相电路正常工作,防止事故发生,在三相四线制中,规定(　　)上不允许安装熔断器或开关。

 A. 相线   B. 中性线   C. 相线和中性线

三、判断题

1. 正弦电量的三要素是指其最大值、角频率和相位。 (　　)
2. 两同频率的正弦电量的相位差与计时起点的选择无关。 (　　)
3. 正弦电量可以用相量表示,因此可以说,相量等于正弦电量。 (　　)
4. 正弦交流电路的视在功率等于有功功率和无功功率之和。 (　　)
5. 电压三角形、阻抗三角形和功率三角形都是相量图。 (　　)
6. 正弦交流电路的频率越高,阻抗就越大;频率越低,阻抗越小。 (　　)
7. 在感性负载两端并联电容就可提高电路的功率因数。 (　　)
8. 提高功率因数,就意味着负载消耗的功率降低了。 (　　)
9. 人为地合理装设和使用电气设备是减少无功损耗、提高功率因数的方法,这种方法是提高用电设备的自然功率因数。 (　　)
10. 串联谐振电路谐振时,感抗和容抗相等,电抗为零。 (　　)
11. 串联谐振电路谐振时,阻抗最大,电流最小。 (　　)
12. 并联谐振电路,当 Q 值很大时,两支路上的电流近似相等,而总电流大于两支路上的电流。 (　　)
13. 当并联谐振外接电流源时,由于谐振时阻抗的模最大,所以电路的端电压最大。 (　　)
14. 若 Q 值很大,在串联谐振电路中,电感元件和电容元件上的电压一般高出电源电压很多倍,所以在实际电路中应注意电容元件、电感元件的耐压。 (　　)
15. 三相用电器正常工作时,加在各相上的端电压等于电源线电压。 (　　)
16. 三相负载作星形连接时,无论负载对称与否,线电流总等于相电流。 (　　)

17. 三相电源向电路提供的视在功率为各相视在功率之和,即 $S = S_U + S_V + S_W$。 （　　）

18. 中性线的作用就是使不对称星形连接三相负载的端电压保持对称。 （　　）

19. 三相不对称负载越接近对称,中性线上通过的电流就越小。 （　　）

20. 为保证中性线可靠,不能安装熔断器和开关。 （　　）

四、计算题

1. 已知 $i = 100\sin\left(\omega t - \dfrac{\pi}{4}\right)$ A。（1）试指出 $I_m = ?$ $\varphi_0 = ?$ （2）求 I。（3）求当 $f = 1\,000$ Hz, $t = 0.375$ ms 时电流的瞬时值。

2. 已知 $e_1 = E_m\sin\left(\omega t + \dfrac{\pi}{2}\right)$, $e_2 = E_m\sin\left(\omega t - \dfrac{\pi}{4}\right)$, $f = 50$ Hz。试求: e_1 与 e_2 的相位差,并指出它们超前、滞后的关系。当 $t = 0.005$ s 时, e_1 与 e_2 各处于什么相位?

3. 在高频电炉的感应圈中,通入电流 $i = 85\sin\left(1.256 \times 10^6 t + \dfrac{\pi}{3}\right)$ A。试求:此电流的角频率、频率、最大值、有效值和初相角。

4. 已知正弦电流 $i = I_m\sin\left(\omega t + \dfrac{2\pi}{3}\right)$,在 $t = 0$ 时, $i_0 = 4.9$ A。求:该电流的有效值。

5. 某正弦电压在 $t = 0$ 时为 220 V,其初相为 $\dfrac{\pi}{4}$。求它的有效值。

6. 某正弦电压的频率 $f = 50$ Hz,有效值 $U = 5\sqrt{2}$ V,在 $t = 0$ 时电压的瞬时值为 5 V,此刻电压在增加,求该电压瞬时值表达式。

7. 两个正弦电流 i_1 与 i_2,它们的最大值都是 5 A,当它们之间的相位差为 0°、90°、180°时,分别求它们的合成电流 $i_1 + i_2$ 的最大值。

8. 有一额定电压 220 V、额定功率 200 W 的灯泡,接在 $u = 220\sqrt{2}\sin 314t$ V 的电源上,试求:（1）流过灯泡的电流 I;（2）灯泡电阻 R;（3）若把该灯错接在 120 V 的交流电源上,灯泡的电流和功率各为多少?

9. 有一个灯泡接在 $u = 311\sin\left(314t + \dfrac{\pi}{2}\right)$ V 的交流电源上,灯丝炽热时电阻为 484 Ω,试求流过灯丝的电流瞬时值表达式以及灯泡消耗的功率。

10. 一个纯电感线圈的电感量 $L = 414$ mH,接在 $u = 275.8\sin\left(314t + \dfrac{\pi}{2}\right)$ V 的交流电源上,（1）求电路的电压和电流的有效值;（2）绘出电压、电流的相量图;（3）求平均功率和无功功率。

11. 已知一个电感线圈 $L = 35$ mH,接在电压为 110 V、频率为 50 Hz 的电源上。求:感抗 X_L、电流 i、有功功率 P、无功功率 Q,并画出相量图。

12. 已知一电容电路 $C = 10$ μF,电流 $i = 0.1\sqrt{2}\sin(100t + 60°)$ A。求:容抗 X_C、电压 u_C、有功功率 P、无功功率 Q_C,并画出相量图。

13. 三个同样的白炽灯,分别与电阻、电感及电容串联后接在交流电源上,如图 3-45 所示。如果 $R = X_L = X_C$,试问灯的亮度是否一样?为什么? 若将它们改接在直流电源上,灯的亮度各有什么变化?

14. 已知负载上的电压 $u = 220\sqrt{2}\sin(314t + 36.9°)$ V,负载电

图　3-45

阻 $R = 4\ \Omega$，$X_L = 3\ \Omega$。试求：通过负载的电流 i。

15. 在 RLC 串联交流电路中，已知 $u = 220\sqrt{2}\sin 314t$ V，$R = 40\ \Omega$，$L = 197$ mH，$C = 100$ μF。求：i、u_R、u_L、u_C 和 P、Q、S。

16. 一个具有电阻的电感线圈，若接在频率 $f = 50$ Hz、$U = 12$ V 的交流电源上，通过线圈的电流为 2.4 A，如将此线圈改接在 $U = 12$ V 的直流电源上，则通过线圈的电流为 4 A。试求：这个线圈的电阻、阻抗和感抗，并绘出阻抗三角形。

17. 为了测定一个空心线圈的参数，在线圈两端加以频率 $f = 50$ Hz 的正弦电压，现测得电压 $U = 110$ V，电流 $I = 0.5$ A，功率 $P = 40$ W。试根据这些数据求出线圈的电感和电阻。

18. 一个线圈接在 $U = 120$ V 的直流电源上，流过的电流 $I = 20$ A，若接在 $f = 50$ Hz、$U = 220$ V 的交流电源上，则通过的电流 $I = 28.2$ A。试求线圈的电阻 R 和电感 L。

19. 将 $R = 13\ \Omega$、$L = 165$ mH 的线圈与 $C = 1$ μF 的电容器串联后接至 $U = 12$ V、$f = 500$ Hz 的交流电源上。求电路中的电流 I 及其与电源电压的相位差；并求线圈上的电压 U_1 与电容器上的电压 U_C，绘出电压、电流相量图。

20. 在 RLC 串联电路中，已知 $R = 16\ \Omega$，$X_L = 16\ \Omega$，$X_C = 4\ \Omega$，电源电压 $u = 220\sqrt{2}\sin(314t + 66.9°)$ V。试求：(1) 线路的电流相量 $\dot{I}$；(2) 各元件上电压相量 $\dot{U}_R$、$\dot{U}_L$、$\dot{U}_C$；(3) 画出相量图；(4) 平均功率 P、无功功率 Q、视在功率 S 和功率因数 $\cos\varphi$。

图　3-46

21. 在图 3-46 所示电路中，已知 $U = 220$ V，$R = 6\ \Omega$，$X_L = 8\ \Omega$，$X_C = 19\ \Omega$。试求：电路的总电流 I，支路的电流 I_1、I_C；线圈支路的功率因数和电路的总功率因数。

22. 欲使功率为 40 W、电压为 220 V、电流为 0.65 A 的荧光灯电路的功率因数提高到 0.92，应并联多大的电容器？这时电路的总电流是多少？（设电源频率为 50 Hz）

23. 已知荧光灯的功率为 40 W，电压为 220 V，电流为 0.65 A。求：(1) 荧光灯支路的功率因数；(2) 欲使整个电路的功率因数提高到 0.95，需并联的电容器 C 的值为多大？(3) 若给 40 W 荧光灯并联的电容器的电容值为 4.7 μF 时，问此时的功率因数为多少？（设电源频率为 50 Hz）

24. 一个电感线圈与电容器串联，组成收音机的选频电路，已知 $L = 0.3$ mH，可变电容 C 为 $25 \sim 360$ pF。(1) 问能否满足收听 $535 \sim 1\,605$ kHz 中波段的要求？(2) 设线圈的电阻 $R = 25\ \Omega$，求 $f_{01} = 535$ kHz 和 $f_{02} = 16\,055$ kHz 所对应的品质因数 Q_1、Q_2；(3) 在哪一个频率下，收音机的选择性好？

25. 在 RLC 串联谐振电路中，已知 $L = 3$ mH，$R = 3\ \Omega$，$C = 0.33$ μF，电压 $U = 3$ V。求：电路的谐振频率 f_0、电流 I_0 及各元件上的电压 U_R、U_L、U_C。

26. 在图 3-47 所示的电路中，已知 $R_1 = 30\ \Omega$，$X_L = 40\ \Omega$，$R_2 = 80\ \Omega$，$X_C = 60\ \Omega$，电源电压 $u = 100\sqrt{2}\sin\omega t$ V。求：i_1、i_2 和 i，并画出电压和电流相量图。

图　3-47

27. 电路如图 3-48 所示，已知 $U = 100$ V，$R = 3\ \Omega$，$X_L = 4\ \Omega$，$X_C = 2\ \Omega$。求：电路的有功功率 P、无功功率 Q 及功率因数 $\cos\varphi$。

28. 电路如图 3-49 所示,已知 $I_1 = 4$ A,$I_2 = 9$ A,$I = 11.3$ A,$U = 120$ V。求:R_1、R_2 及 X_L。

29. 在图 3-50 所示的电路中,$X_C = R$,试问电感电压 u_1 与电容电压 u_2 的相位差是多少?

图　3-48　　　　　　　　　图　3-49　　　　　　　　　图　3-50

30. 功率为 40 W、功率因数为 0.5 的荧光灯,接到 $U = 220$ V 工频交流电源上。试求:(1)荧光灯的工作电流 I;(2)欲使电路的功率因数提高到 0.8,应并联多大的电容器?

31. 某单相交流电源,额定容量 $S_N = 40$ kV·A,额定电压 $U_N = 220$ V,频率 $f = 50$ Hz,给照明电路供电,若负载都是 40 W 的荧光灯,其功率因数为 0.5。求:(1)荧光灯最多可以点多少盏?(2)用补偿电容将功率因数提高到 1,这时电路的总电流是多少?需并联多大的补偿电容?(3)功率因数提高到 1 以后,除供给以上荧光灯外,若保持电源在额定情况下工作,还可以多点 40 W 的荧光灯多少盏?

32. 在图 3-51 所示的电路中,已知 $\dot{U}_{S1} = 100\angle 53.1°$ V,$\dot{U}_{S2} = 100\angle 0°$ V,$R = 6$ Ω,$X_L = 8$ Ω,$X_C = 8$ Ω。分别用节点电压法和支路电流法求图中的电流 $\dot{I}$。

33. 已知星形连接的三相电源的线电压 $u_{UV} = 380\sqrt{2}\sin(\omega t - 30°)$ V。试分别写出:u_{VW}、u_{WU}、u_U、u_V、u_W 的表达式。

34. 现有 220 V、60 W 的白炽灯 99 个,应如何将它们接入三相四线制电路?求负载在对称情况下的线电流及性中线电流。

35. 三个完全相同的线圈采用星形连接,接在线电压为 380 V 的三相电源上,线圈的电阻 $R = 3$ Ω,感抗 $X_L = 4$ Ω。试求:(1)各线圈的电流;(2)每相功率因数;(3)三相总功率。

36. 已知三相对称负载的每相电阻 $R = 8$ Ω,感抗 $X_L = 6$ Ω。(1)如果将负载连成星形接于线电压 $U_L = 380$ V 的三相电源上,试求相电压、相电流及线电流,并画相量图。(2)如将负载连成三角形接于线电压 $U_L = 220$ V 的电源上,试求相电压、相电流及线电流并将所得结果与(1)的结果进行比较。

37. 三相对称负载的功率为 5.5 kW,三角形连接在线电压为 220 V 的三相电源上,测得线电流为 19.5 A。求:(1)负载的相电流、功率因数、每相阻抗值;(2)若将该负载改为星形连接,接至线电压为 380 V 的三相电源上,则负载的相电流、线电流、吸收的功率各为多少?

38. 三相对称负载连接成三角形,每相电阻 $R = 4$ Ω,感抗 $X_L = 3$ Ω,接在线电压 $U_L = 190$ V 的三相电源上。试求三相负载吸收的总功率 P。

39. 不对称三相负载连接成星形,各相负阻抗分别为 $Z_U = Z_V = (17.3 + j10)$ Ω,$Z_W = 10$ Ω,三相电源线电压 $u_{UV} = 380\sqrt{2}\sin(314t + 30°)$ V。试求各相负载电流及中性线电流。

40. 在图 3-52 所示电路中,设三相负载对称,电流表 A_1 的读数为 10 A,问电流表 A_2 的读数为多少?

图 3-51   图 3-52

41. 在图 3-53 所示的电路中,设三相负载对称连接成三角形,已知 $U_L = 220\text{ V}$,$I_L = 17.3\text{ A}$,三相功率 $P = 4.5\text{ kW}$,试求:(1)每相负载的电阻和感抗;(2)当 U、V 相之间的负载断开时,图中各电流表的读数和总功率 P;(3)当 U 相断开时,图中各电流表的读数和总功率。

42. 有一台三相电动机,三相绕组作三角形连接后接在线电压 $U_L = 380\text{ V}$ 的三相电源上,从电源取用的功率 $P = 5\text{ kW}$,功率因数 $\cos\varphi = 0.76$,求相电流和线电流。如果将此电动机改接成星形,仍接在上述电源上,此时的相电流、线电流和总功率各是多少?

43. 在线电压 $U_L = 380\text{ V}$ 的三相电源上,接两组电阻性对称负载,如图 3-54 所示,试求线路电流 I_U、I_V、I_W。

图 3-53

图 3-54

第 **4** 章

一阶线性电路的过渡过程

学习内容

➤ 线性电路的过渡过程及换路定律;电路的暂态、稳态及时间常数的物理意义。

➤ 一阶线性电路的零状态响应。

➤ 一阶线性电路的零输入响应。

➤ 一阶线性电路的全响应。

学习目标

【知识目标】

➤ 了解线性电路的过渡过程。

➤ 掌握线性电路过渡过程的换路定律。

➤ 理解"三要素法"的三个量求解方法。

【能力目标】

➤ 会用"三要素法"求解一阶线性电路的零状态响应、零输入响应和全响应。

➤ 会使用灵敏电流计、示波器测试一阶线性电路过渡信号。

4.1 电路过渡过程的基本知识

前面各章介绍的是电路的稳定状态,即电路中的电流和电压在给定的条件下已达到某一稳定值的状态。在直流电路中,电压和电流都是不随时间变化的恒定量;而在正弦交流电路中,电压和电流都是时间的正弦函数,而且其最大值是不随时间变化的恒定量。对电路的这种稳定状态(简称"稳态")的研究,一般称为电路的稳态分析。本章介绍线性电路的过渡过程及分析。

4.1.1 电路过渡过程的概念

1. 电路过渡过程

在日常生活中,任何车辆起动时,车速总是从零开始逐渐上升的,经过一段时间后,才能达到一定的运行状态。车辆的静止是一种稳定状态,车辆的匀速运动是另一种稳定状态。以一种均匀速度过渡到另一种均匀速度行驶,就形成不同的稳定状态。车辆起动或停止的过程,或者更广泛地说,车辆加速或减速的过程,则是一种稳定状态到另一种稳定状态的过渡过程。

自然界中的物质运动从一种稳定状态(处于一定的能态)转变到另一种稳定状态(处于另一种能态)需要一定的时间,例如电动机从静止状态起动,到某一恒定转速要经历一定的时间,这就是加速过程;同样,当电动机制动时,它的转速从某一恒定转速下降到零,也需要减速过程。这就是说物质从一种状态过渡到另一种状态是不能瞬间完成的,需要有一个过程,即能量不能发生跃变。过渡过程就是从一种稳定状态转变到另一种稳定状态的中间过程。

在具有储能元件(电容元件和电感元件)的电路中,当电路的工作条件发生变化时,由于储能元件储存能量的变化,电路从一种稳定状态转变到另一种稳定状态,也可能经历过渡过程。把电路从一种稳定状态(稳态)变化到另一种稳定状态的中间过程,称为电路的过渡过程(暂态),过渡过程分析又称暂态分析。

电路的过渡过程通常是很短暂的(几毫秒甚至几微秒),所以又称暂态过程。在暂态过程中,原来的状态被破坏,新的状态在建立,电路处于急剧变化之中,它与稳定状态的物理现象有很大的差别。研究电路在暂态过程中电压和电流随时间的变化规律,称为电路的暂态分析。

研究电路中的过渡过程是有实际意义的。例如,电子电路中常利用电容器的充放电过程来完成积分、微分、多谐振荡等,以产生或变换电信号。而在电力系统中,由于过渡过程的出现将会引起过电压或过电流,若不采取一定的保护措施,就可能损坏电气设备,因此,需要认识过渡过程的规律,从而利用它的特点,防止它的危害。

2. 引起电路过渡过程的原因

为了了解电路产生过渡过程的内因和外因,下面观察一个实验现象。图 4-1 所示的电路,三个并联支路分别为电阻、电感、电容与灯泡串联,S 为电源开关。

当闭合开关 S 时,发现电阻支路的灯泡 EL_1 立即发光,且亮度不再变化,说明这一支路没有经历过渡过程,立即进入了新的稳态;电感支路的灯泡 EL_2 由暗渐渐变亮,最后达到稳定,说明电感支路经历了过渡过程;电容支路的灯泡 EL_3 由亮变暗直到熄灭,说明电容支路也经历了过渡过程。当然,若开关 S 状态保持不变(断开或闭合),就观察不到这些现象。

图 4-1　过渡过程演示电路

由此可知,产生过渡过程的外因是接通了开关,但接通开关并非都会引起过渡过程,如电阻支路。产生过渡过程的两条支路都存在储能元件(电感或电容),这是产生过渡过程的内因。在电路理论中,通常把电路状态的改变(如通电、断电、短路、电信号突变、电路参数的变化等)统称为换路,并认为换路是立即完成的。

综上所述,产生过渡过程的原因有两个方面,即外因和内因。电路换路是外因;电路中含有储能元件,又称动态元件(电感和电容)是内因。

4.1.2　换路定律和初始值的计算

1. 换路定律

仅含电阻元件的电路是一个静态的、无记忆的电路,描述电路的方程为代数方程。含有电感、电容元件的电路,称为动态电路。动态电路中的电感、电容元件由于所存储的能量不能突变而产生过渡过程,描述电路过渡过程的方程称为微分方程。

分析电路的过渡过程时,除应用基尔霍夫电流、电压定律和元件伏安关系外,还应了解和利用电路在换路时所遵循的规律(即换路定律)。

1)换路定律

换路定律:指一个具有储能元件的电路在换路瞬间,电容元件的端电压不能跃变,电感元件的电流不能跃变。即换路后一瞬间电感元件中的电流应等于换路前一瞬间电感元件中的电流,而换路后一瞬间电容元件两端的电压应等于换路前一瞬间电容元件两端的电压。

对于电容元件,$i_C = C \dfrac{\mathrm{d}u}{\mathrm{d}t}$;对于电感元件,$u_L = L \dfrac{\mathrm{d}i}{\mathrm{d}t}$。换路过程中电容上的电压及电感中的电流均不能跃变,而只能线性连续地变化,否则,电容电流及电感电压将为无限大,这在实际电路中是不可能的。

另外,从能量的观点分析:电容的电场能量为 $w_C = \dfrac{1}{2}CU_C^2$,电感的磁场能量为 $w_L = \dfrac{1}{2}LI_L^2$,式中电容 C 和电感 L 都是常量。假设电容的电压 u_C 可以跃变,则电容元件存储的电场能量 w_C 也要发生跃变,即在 $\Delta t \to 0$ 一段小段时间内,Δw_C 为一有限值,此瞬间从电源吸收的功率 $p = \lim\limits_{\Delta t \to 0} \dfrac{\Delta w_C}{\Delta t} = \infty$。事实上,一般没有能在瞬间提供无限大功率的电源,这说明电容元件的端电压不可能跃变,同样道理,电感电流的跃变也是不可能的。

通常规定电路换路是瞬间完成的,把换路的瞬间作为计时的起点,记作 $t = 0$;并把换路前的最后一瞬间,记为 $t = 0_-$;而把换路后的最初一瞬间,记为 $t = 0_+$。在 $t = 0_-$ 和 $t = 0$ 之间,以及在 $t = 0$ 和 $t = 0_+$ 之间的时间间隔均趋于零,即 0_- 和 0_+ 在数值上都等于 0。

换路定律的数学表达式为

$$\begin{cases} u_C(0_+) = u_C(0_-) \\ i_L(0_+) = i_L(0_-) \end{cases} \tag{4-1}$$

在暂态分析时,通常用 $u_C(0_+)$ 和 $i_L(0_+)$ 来描述电路的初始状态,这是因为一旦已知 $u_C(0_+)$ 和 $i_L(0_+)$ 后,电路其他部分的电压、电流在 $t = 0_+$ 时的值,都可以通过它们求出来。即用电容电压和电感电流以及电路的输入(电压源或电流源),完全可以确定电路其他的电压、电流。

2)换路瞬间储能元件的等效电路

(1)如果换路前储能元件没有储能,则在换路瞬间($t = 0_+$ 时)电容相当于短路,而电感相当于开路,如图 4-2 所示。

(a)电容等效电路   (b)电感等效电路

图 4-2 换路前元件没有储能,在 $t = 0_+$ 时的等效电路

(2)如果换路前储能元件储有能量,则在换路瞬间($t = 0_+$ 时),$u_C(0_+) = u_C(0_-) = U_0$ 和 $i_L(0_+) = i_L(0_-) = I_0$,电容相当于电压值为 U_0 的恒压源,电感相当于电流值为 I_0 的恒流源,如图 4-3 所示。

（a）电容等效电路　　　　　　　　　　　　（b）电感等效电路

图 4-3　换路前元件储有能量，在 $t=0_+$ 时的等效电路

根据换路定律，可以确定 u_C 和 i_L 的初始值 $u_C(0_+)$ 和 $i_L(0_+)$。电路其他部分的电压、电流的初始值，还需要应用电路定律进行计算。为直观起见，在计算时，画出 $t=0_+$ 时的等效电路。

2. 初始值的计算

换路后的最初一瞬间（即 $t=0_+$ 时刻）的电流、电压值统称为初始值。研究线性电路的过渡过程时，电容电压的初始值 $u_C(0_+)$ 及电感电流的初始值 $i_L(0_+)$ 可按换路定律来确定。其他可以跃变的量的初始值，要根据 $u_C(0_+)$、$i_L(0_+)$ 和应用 KCL、KVL 及欧姆定律来确定。

对于较复杂的电路，为了便于求得初始条件，在求得 $u_C(0_+)$ 和 $i_L(0_+)$ 后，可将电容元件代之以电压为 $u_C(0_+)$ 的电压源，将电感元件代之以电流为 $i_L(0_+)$ 的电流源。经这样替换过的电路称为原电路在 $t=0_+$ 时的等效电路，它为一个电阻性电路，可按电阻性电路进行分析计算。

具体的方法步骤如下：

（1）由换路前的稳态电路求出 $u_C(0_-)$ 和 $i_L(0_-)$ 的值。若电路较复杂，可先画出 $t=0_-$ 时刻的等效电路，再利用基尔霍夫定律（KCL、KVL）求解。

（2）由换路定律确定 $u_C(0_+)$ 和 $i_L(0_+)$ 的值，即 $u_C(0_+)=u_C(0_-)$，$i_L(0_+)=i_L(0_-)$。

（3）画出 $t=0_+$ 时的等效电路。

在画 $t=0_+$ 时的等效电路时，要特别**注意**换前储能元件是否储有能量，储有能量与没有储能的等效电路是不一样的。

（4）根据 KCL、KVL 及欧姆定律求解电路中其他各量的初始值。

例 4-1　在图 4-4（a）所示电路中，已知：$U_S=12$ V，$R_1=4$ kΩ，$R_2=8$ kΩ，$C=1$ μF，开关 S 原来处于断开状态，电容上电压 $u_C(0_-)=0$。求：开关 S 闭合后 $t=0_+$ 时，各电流及电容电压的值。

解　选定有关参考方向如图 4-4 所示。

（1）由已知条件可知：$u_C(0_-)=0$。

（2）由换路定律可知：$u_C(0_+)=u_C(0)=0$。

（3）画出 $t=0_+$ 时刻的等效电路，如图 4-4（b）所示。由于 $u_C(0_+)=0$，所以在等效电路中电容相当于短路。

（4）求其他各量的初始值。

由图 4-4（b）得

$$i_2(0_+)=\frac{u_C(0_+)}{R_2}=\frac{0}{R_2}=0 \text{ A}$$

$$i_1(0_+)=\frac{U_S}{R_1}=\frac{12}{4\times10^3} \text{ A}=3 \text{ mA}$$

根据 KCL 得

$$i_C(0_+)=i_1(0_+)-i_2(0_+)=(3-0) \text{ mA}=3 \text{ mA}$$

例 4-2　在图 4-5 所示电路中，开关 S 闭合前电路已处于稳态。试确定开关 S 闭合后的初始值

瞬间的电压 u_C、u_L 和电流 i_L、i_C、i_R 及 i_S 的初始值。

（a）电路原理图　　　　　　　　　　　　　（b）$t=0_+$ 时的等效电路图

图 4-4　例 4-1 图

（a）电路原理图　　　　　　　　　　　　　（b）$t=0_+$ 时的等效电路图

图 4-5　例 4-2 图

解　在 $t=0_-$ 时（即换路前），电路已处于稳态，对直流恒流源来说，电容相当于开路，电感相当于短路，各电压和电流可依直流稳态电路计算出来。

$$i_S(0_-) = 0 \text{ A}$$

$$i_C(0_-) = 0 \text{ A}$$

$$i_R(0_-) = \frac{2}{2+2} \times 20 \text{ mA} = 10 \text{ mA}$$

$$i_L(0_-) = \frac{2}{2+2} \times 20 \text{ mA} = 10 \text{ mA}$$

$$u_R(0_-) = 2 \text{ k}\Omega \times 10 \text{ mA} = 20 \text{ V}$$

$$u_C(0_-) = u_R(0_-) = 20 \text{ V}$$

$$u_L(0_-) = 0 \text{ V}$$

开关 S 闭合后，在 $t=0_+$ 时，电容、电感已有初始储能，所以在换路瞬间，电容相当于恒压源，电感相当于恒流源，画出等效电路如图 4-5（b）所示。依此电路可求出各电压、电流初始值。

由换路定律得

$$u_C(0_+) = u_C(0_-) = 20 \text{ V}$$

$$i_L(0_+) = i_L(0_-) = 10 \text{ mA}$$

其他电流、电压计算如下：

$$i_R(0_+) = 0 \text{ A}$$

$$i_C(0_+) = -\frac{u_C(0_+)}{1 \text{ k}\Omega} = -\frac{20 \text{ V}}{1 \text{ k}\Omega} = -20 \text{ mA}$$

由 KCL 得

$$20 = i_R(0_+) + i_S(0_+) + i_C(0_+) + i_L(0_+)$$

将已求得的量代入上式,则可求得

$$i_S(0_+) = 30 \text{ mA}$$

$$u_R(0_+) = i_R(0_+) \times 2 \text{ k}\Omega = 0 \times 2 \text{ k}\Omega = 0 \text{ V}$$

由 $i_L(0_+) \times 2 + u_L(0_+) = 0$,可得

$$u_L(0_+) = -10 \times 2 \text{ V} = -20 \text{ V}$$

将计算的结果填入表 4-1 中。

表 4-1　例 4-2 计算结果

瞬间	物理量						
	i_R	i_S	i_C	i_L	u_R	u_C	u_L
$t = 0_-$	10 mA	0	0	10 mA	20 V	20 V	0
$t = 0_+$	0	30 mA	−20 mA	10 mA	0	20 V	−20 V

以上例题表明:虽然电容元件上的电压 u_C 是不能跃变的,但其中电流 i_C 发生了跃变;电感中的电流是不能跃变的,但其上的电压 u_L 发生了跃变。至于纯电阻电路中的电压和电流,都可以跃变。那么,为了计算 $t = 0_+$ 时各电压、电流的初始值,只需计算 $t = 0_-$ 时的电容电压 $u_C(0_-)$ 和电感电流 $i_L(0_-)$ 即可,不必去计算 $t = 0_-$ 时其余的电压和电流值,因为它们都与初始值无关。

【思考题】

(1)什么是电路的过渡过程?

(2)电路产生过渡过程的根本原因是什么?

(3)由换路定律可知,在换路瞬间电感上的电流、电容上的电压不能跃变,那么对其余各物理量,如电容上的电流,电感上的电压及电阻上的电压、电流是否也遵循换路定律?

(4)电容元件何时看作开路?何时又看作电压源?电感元件何时看作短路?何时看作电流源?这样处理的条件和依据是什么?

(5)如何计算电路换路的初始值?

4.2　一阶线性电路的过渡过程分析

如果电路中仅含有一个储能元件或经化简后等效为只含有一个储能元件的动态电路,称为一阶线性电路。一阶线性电路分为 RC 电路和 RL 电路。一阶线性电路是最简单、最常见的暂态电路。本节对一阶线性电路的暂态过程进行分析与测试。

4.2.1　一阶线性电路的零状态响应

在电路分析中,"激励"和"响应"是经常提到的词语。那么什么是激励?什么是响应呢?简单地说,施加于电路的信号称为激励,对激励做出的反应称为响应(即经电路传输而输出的电压或电流)。

若在一阶线性电路中,换路前储能元件没有储能,即 $u_C(0_-)$、$i_L(0_-)$ 都为零,此情况下由外加激励而引起的响应称为零状态响应。

1. RC 串联电路的零状态响应

在图 4-6 所示的电路中，开关闭合前，电容 C 上没有充电。$t = 0$ 时刻开关 S 闭合。在图示的参考方向下，由 KVL 有

$$u_R + u_C = U_s \tag{4-2}$$

将各元件的伏安关系 $u_R = iR$ 和 $i = C\dfrac{\mathrm{d}u_C}{\mathrm{d}t}$ 代入式(4-2)

中得

图 4-6　RC 电路的零状态响应电路

$$RC\frac{\mathrm{d}u_C}{\mathrm{d}t} + u_C = U_s \tag{4-3}$$

式(4-3)是一阶常系数非齐次线性微分方程，用解微分方程的方法可得

$$u_C(t) = u_C(\infty) + A\mathrm{e}^{-\frac{t}{\tau}} \tag{4-4}$$

式中，$\tau = RC$，当 R 的单位为欧［姆］(Ω)，C 的单位为法［拉］(F)时，τ 的单位是秒(s)，把 τ 称为时间常数；积分常数 A 可由电路的初始条件来确定。

如果已知 $t = 0_-$ 时的 $u_C(0_-)$，则可根据换路定律求得 $u_C(0_+) = u_C(0_-)$，将 $t = 0_+$ 时的 u_C 的初始值 $u_C(0_+)$ 代入式(4-4)可得

$$u_C(0_+) = u_C(\infty) + A$$
$$A = u_C(0_+) - u_C(\infty)$$

则

$$u_C(t) = u_C(\infty) + [u_C(0_+) - u_C(\infty)]\mathrm{e}^{-\frac{t}{\tau}} \tag{4-5}$$

由式(4-5)可以看出，只要知道 $u_C(0_+)$、$u_C(\infty)$ 和 τ 这三个要素，就可以求得响应 $u_C(t)$。这种利用"三要素"来求解一阶线性微分方程全解的方法，称为"三要素法"，用它分析 RC、RL 一阶电路的暂态过程时，方法简便且物理意义清楚。

电路中各电压和各电流都可以应用三要素法求解。一阶线性电路的时域响应一般式可表示为

$$f(t) = f(\infty) + [f(0_+) - f(\infty)]\mathrm{e}^{-\frac{t}{\tau}} \tag{4-6}$$

式中，$f(t)$ 为电路电压或电流的时域响应；$f(\infty)$ 为换路后电路已进入稳态时，即 $t = \infty$ 时电路电压或电流的稳定值；$f(0_+)$ 为换路后电路电压或电流的初始值；τ 为换路后电路的时间常数，显然，对一个 RC 电路来说，各电压、电流的时间常数是同一个。

下面利用"三要素法"分析图 4-6 所示电路零状态响应。

零状态是指电路在 $t = 0_-$ 时，储能元件无储能，即图 4-6 中 $u_C(0_-) = 0$。在 $t = 0$ 时，闭合开关 S，输入电压 U_s，$t \geq 0$ 时电路的零状态响应，用"三要素法"求解。

求初始值：根据换路定律，$u_C(0_+) = u_C(0_-) = 0$，可得

$$i(0_+) = \frac{U_s - u_C(0_+)}{R} = \frac{U_s}{R}$$

求稳态值：换路后，$t = \infty$ 时，$u_C(\infty) = U_s$，$i(\infty) = 0$；

求时间常数：换路后电路的时间常数 $\tau = RC$。

由式(4-6)求得 RC 串联电路的零状态响应如下：

电容电压的零状态响应为

$$u_{\mathrm{C}}(t) = u_{\mathrm{C}}(\infty) + [u_{\mathrm{C}}(0_+) - u_{\mathrm{C}}(\infty)]\mathrm{e}^{-\frac{t}{\tau}} = U_{\mathrm{S}} + (0 - U_{\mathrm{S}})\mathrm{e}^{-\frac{t}{\tau}}$$

即

$$u_{\mathrm{C}}(t) = U_{\mathrm{S}} - U_{\mathrm{S}}\mathrm{e}^{-\frac{t}{\tau}} = U_{\mathrm{S}}(1 - \mathrm{e}^{-\frac{t}{\tau}}) \tag{4-7}$$

电流的零状态响应为

$$i(t) = i(\infty) + [i(0_+) - i(\infty)]\mathrm{e}^{-\frac{t}{\tau}} = 0 + \left(\frac{U_{\mathrm{S}}}{R} - 0\right)\mathrm{e}^{-\frac{t}{\tau}}$$

即

$$i(t) = \frac{U_{\mathrm{S}}}{R}\mathrm{e}^{-\frac{t}{\tau}} \tag{4-8}$$

电阻电压的零状态响应为

$$u_{\mathrm{R}}(t) = Ri = U_{\mathrm{S}}\mathrm{e}^{-\frac{t}{\tau}} \tag{4-9}$$

当然，由于 $i = C\dfrac{\mathrm{d}u_{\mathrm{C}}}{\mathrm{d}t}$，因此电流也可由 $u_{\mathrm{C}}(t)$ 求出,结果与式(4-8)完全相同。

画出式(4-7)、式(4-8)、式(4-9)所对应的曲线,如图 4-7 所示。

例 4-3　如图 4-6 所示电路中,已知 $U_{\mathrm{S}} = 220\ \mathrm{V}$, $R = 200\ \Omega$, $C = 1\ \mu\mathrm{F}$,电容事先未充电,在 $t = 0$ 时合上开关 S。求:(1)电路的时间常数;(2)最大充电电流;(3) $u_{\mathrm{C}}(t)$、$u_{\mathrm{R}}(t)$ 和 $i(t)$ 的表达式;(4)画出 $u_{\mathrm{C}}(t)$、$u_{\mathrm{R}}(t)$ 和 $i(t)$ 随时间的变化曲线。

解　(1)时间常数为

$$\tau = RC = 200 \times 1 \times 10^{-6}\ \mathrm{s} = 2 \times 10^{-4}\ \mathrm{s} = 200\ \mu\mathrm{s}$$

(2)最大充电电流为

$$i_{\max} = \frac{U_{\mathrm{S}}}{R} = \frac{220}{200}\ \mathrm{A} = 1.1\ \mathrm{A}$$

(3) $u_{\mathrm{C}}(t)$、$u_{\mathrm{R}}(t)$、$i(t)$ 的表达式分别为

$$u_{\mathrm{C}}(t) = U_{\mathrm{S}} - U_{\mathrm{S}}\mathrm{e}^{-\frac{t}{\tau}} = 220 \times (1 - \mathrm{e}^{-\frac{t}{200 \times 10^{-6}}})\ \mathrm{V} = 220 \times (1 - \mathrm{e}^{-5 \times 10^{3}t})\ \mathrm{V}$$

$$u_{\mathrm{R}}(t) = U_{\mathrm{S}}\mathrm{e}^{-\frac{t}{\tau}} = 220 \times \mathrm{e}^{-\frac{t}{200 \times 10^{-6}}}\ \mathrm{V} = 220 \times \mathrm{e}^{-5 \times 10^{3}t}\ \mathrm{V}$$

$$i(t) = \frac{U_{\mathrm{S}}}{R}\mathrm{e}^{-\frac{t}{\tau}} = \frac{220}{200}\mathrm{e}^{-\frac{t}{200 \times 10^{-6}}}\ \mathrm{A} = 1.1\mathrm{e}^{-5 \times 10^{3}t}\ \mathrm{A}$$

(4)画出 u_{C}、u_{R}、i 的曲线,如图 4-8 所示。

图 4-7　RC 串联电路的零状态响应曲线

图 4-8　例 4-3 的响应曲线

从上面的讨论可以看出,RC 串联电路的零状态时域响应(电压或电流)都是随时间按指数规律增长或者衰减的变化过程。理论上,只有当 $t \to \infty$ 时,指数函数才能到达稳定状态,但指数函数开始变化得比较快,以后越来越慢。从表 4-2 中可以看出:$t = \tau$ 时,电容电压从零值充到稳态值的 63.2%;$t = 3\tau$ 时,电容电压可充电到稳态值的 95%;$t = 5\tau$ 时,电容电压充电到稳态值的 99% 以上。工程上,一般认为暂态过程($3\tau \sim 5\tau$)时间就已经结束,进入了稳定状态。

表 4-2 指数函数随时间变化情况

t	0	τ	3τ	5τ
$1 - e^{-\frac{t}{\tau}}$	0	0.632	0.950	0.993
$e^{-\frac{t}{\tau}}$	1	0.368	0.050	0.006 74

时间常数越小,暂态过程越短;反之则过程越长。RC 串联电路的时间常数是由电阻值和电容量乘积确定的。R 或 C 越大,则 τ 越大,暂态过程历时就越长。这是因为 C 越大,电容存储的电场能量越多,充电时间就越长;而 R 越大,则电荷移动的阻力越大(或者单位时间内消耗的能量越小),所以充电的时间也要长。改变电路参数 R 及 C 的大小,就可以改变暂态过程经历时间的长短。

2. RL 串联电路的零状态响应

在图 4-9 所示电路中,开关 S 未接通时电流表读数为 0,即 $i_L(0_-) = 0$。当 $t = 0$ 时,S 接通,电流表的读数由零增加到一稳定值。这是电感线圈存储磁场能量的物理过程。

S 闭合后,在电路给定的参考方向下,不计电流表的内阻,根据 KVL 得

$$u_R + u_L = U_S$$

根据元件的伏安关系得

$$i_L R + L \frac{\mathrm{d}i_L}{\mathrm{d}t} = U_S$$

即

$$i_L + \frac{L}{R} \times \frac{\mathrm{d}i_L}{\mathrm{d}t} = \frac{U_S}{R} \qquad (4\text{-}10)$$

式(4-10)与式(4-3)两方程形式相同,都是一阶常系数非齐次线性微分方程,只是所求函数和常数项代表的物理量不同,所以微分方程的全解形式也应完全一样。因此,可以直接写出本微分方程的全解为

$$i_L(t) = i_L(\infty) + [i_L(0_+) - i_L(\infty)] e^{-\frac{t}{\tau}} \qquad (4\text{-}11)$$

式中,$\tau = L/R$,当电阻 R 的单位为欧[姆](Ω),电感 L 的单位为亨[利](H)时,则 τ 的单位为秒(s)。

RL 串联电路中其他各电流、电压也都可以应用三要素法求解,且具有相同的时间常数 τ。

下面利用"三要素法"分析图 4-9 所示电路的零状态响应。

换路前终了瞬间电感没有储能,即 $i_L(0_-) = 0$,处于零状态。在 $t = 0$ 时,闭合开关 S,输入 U_S,$t \geq 0$ 时电路的零状态响应,用"三要素法"求解。

求初始值:根据换路定律,$i_L(0_+) = i_L(0_-) = 0$。

求稳态值:换路后,$t = \infty$ 时,$i_L(\infty) = U_S/R$。

求时间常数:换路后电路的时间常数为 $\tau = L/R$。

RL 串联电路的零状态响应分别为

$$i_L(t) = i_L(\infty) + [i_L(0_+) - i_L(\infty)]e^{-\frac{t}{\tau}} = \frac{U_S}{R} + \left(0 - \frac{U_S}{R}\right)e^{-\frac{R}{L}t} = \frac{U_S}{R}(1 - e^{-\frac{R}{L}t}) \quad (4\text{-}12)$$

$$u_R(t) = Ri = R \times \frac{U_S}{R}(1 - e^{-\frac{R}{L}t}) = U_S(1 - e^{-\frac{R}{L}t}) \quad (4\text{-}13)$$

$$u_L(t) = L\frac{di}{dt} = L\frac{d\left[\frac{U_S}{R}(1 - e^{-\frac{R}{L}t})\right]}{dt} = U_S e^{-\frac{R}{L}t} \quad (4\text{-}14)$$

画出式(4-12)、式(4-13)、式(4-14)的曲线,如图 4-10 所示。同样,$\tau = L/R$ 反映了过渡过程进行的快慢。

图 4-9　一阶 RL 串联电路零状态响应电路　　　图 4-10　一阶 RL 串联电路零状态响应曲线

例 4-4　在图 4-11(a)所示电路中,已知 $I_S = 2$ A,$R_1 = R_2 = 40\ \Omega$,$R_3 = 20\ \Omega$,$L = 2$ H,$i_L(0_-) = 0$,$t = 0$ 时开关 S 闭合。求:$t \geq 0$ 时,$i_L(t)$ 和 $u_L(t)$ 的表达式。

解　$t \geq 0$ 时,开关 S 已闭合。应用戴维南定理,将图 4-11(a)简化为图 4-11(b)所示的等效电路,其中 R_0 为图 4-11(a)所示电路中以电感 L 为负载的有源二端网络的等效电阻,U_{OC} 为其开路电压。

$$R_0 = (R_1 + R_2)//R_3 = \frac{(R_1 + R_2)R_3}{R_1 + R_2 + R_3} = \frac{(40 + 40) \times 20}{40 + 40 + 20}\ \Omega = 16\ \Omega$$

$$U_{OC} = \left(\frac{R_1}{R_1 + R_2 + R_3}I_S\right)R_3 = \frac{40}{100} \times 2 \times 20\ V = 16\ V$$

由换路定律得:$i_L(0_+) = i_L(0_-) = 0$ A。

由等效电路可求得 $i_L(\infty)$、τ 分别为

$$i_L(\infty) = \frac{U_{OC}}{R_0} = \frac{16}{16}\ A = 1\ A$$

$$\tau = \frac{L}{R_0} = \frac{2}{16}\ s = \frac{1}{8}\ s$$

则

$$i_L(t) = i_L(\infty) + [i_L(0_+) - i_L(\infty)]e^{-\frac{t}{\tau}} = 1 + (0 - 1)e^{-8t}\ A = (1 - e^{-8t})\ A$$

$$u_L(t) = L\frac{di}{dt} = 2 \times \frac{d(1 - e^{-8t})}{dt}\ V = 16e^{-8t}\ V$$

（a）电路图　　　　　　　　　　　　　　（b）等效电路图

图 4-11　例 4-4 图

4.2.2　一阶线性电路的零输入响应

电路在无输入激励的情况下,仅由电路元件原有储能激励所产生的电路的响应,称为零输入响应。

1. RC 串联电路的零输入响应

图 4-12 所示电路是一 RC 串联电路,换路前电路已处于稳定状态,电容器上已充有电压 U_S。在 $t=0$ 时,开关 S 从位置 2 合到位置 1,使电路脱离电源,此时电容器 C 的初始储能作为电路的内部激励,在电路中产生电压、电流的暂态过程,直到全部储能在电阻 R 上消耗掉为止。

用三要素法分析一阶 RC 串联电路的零输入响应。由于换路后无输入激励,所以 $u_C(\infty)=0$,又因 $u_C(0_-)=U_S$,所以 $u_C(0_+)=u_C(0_-)=U_S$,$\tau=RC$,则

$$u_C(t) = U_S e^{-\frac{1}{RC}t} \tag{4-15}$$

$$i(t) = C\frac{\mathrm{d}i}{\mathrm{d}t} = -\frac{U_S}{R}e^{-\frac{1}{RC}t} \tag{4-16}$$

$$u_R(t) = Ri = -U_S e^{-\frac{1}{RC}t} \tag{4-17}$$

式(4-16)、式(4-17)中的负号表示电流 i 和电阻电压 u_R 的实际方向与图示方向相反。

图 4-13 所示为 i、u_R、u_C 的曲线图,它们都是随时间衰减的指数曲线。

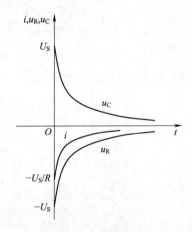

图 4-12　一阶 RC 串联电路的零输入响应电路　　　图 4-13　一阶 RC 串联电路的零输入响应曲线

例 4-5　在图 4-14 所示电路中,已知 $U_S = 100$ V,
$R_1 = 60$ Ω,$R_2 = 20$ Ω,$R_3 = 20$ Ω,$C = 0.2$ F 开关 S 闭合
前,电路已处于稳定状态,$t = 0$ 时,开关 S 闭合,求:
$t \geqslant 0$ 时的 $u_C(t)$ 和 $i_C(t)$ 表达式。

图 4-14　例 4-5

解　(1)求初始值。因开关闭合前,电路已稳定,
所以电容相当于开路,电容电压初始值为

$$u_C(0_+) = u_C(0_-) = \frac{R_3}{R_1 + R_2 + R_3} U_S$$

$$= \frac{20}{60 + 20 + 20} \times 100 \text{ V} = 20 \text{ V}$$

(2)求稳态值。由于换路后电路无外激励,所以 $u_C(\infty) = 0$。

(3)求时间常数 τ。

在 $t \geqslant 0$ 的电路中,R_2 和 R_3 并联,其等效电阻为

$$R = \frac{R_2 R_3}{R_2 + R_3} = \frac{20 \times 20}{20 + 20} \text{ Ω} = 10 \text{ Ω}$$

则时间常数为

$$\tau = RC = 10 \times 0.2 \text{ s} = 2 \text{ s}$$

(4)$u_C(t)$ 的表达式为

$$u_C(t) = u_C(\infty) + [u_C(0_+) - u_C(\infty)]e^{-\frac{t}{\tau}} = [0 + (20 - 0)e^{-\frac{1}{2}t}] \text{ V} = 20e^{-\frac{1}{2}t} \text{ V}$$

$i_C(t)$ 的表达式为

$$i_C(t) = C\frac{du_C}{dt} = -2e^{-\frac{1}{2}t} \text{ A}$$

2. RL 串联电路的零输入响应

RL 串联电路的零输入响应是电路电感的初始储能激励
而引起的响应。图 4-15 中开关 S 在断开位置,电感 L 中的稳
态电流 I_0 为其初始电流,即

$$i(0_-) = I_0 = \frac{U_S}{R_1 + R_2}$$

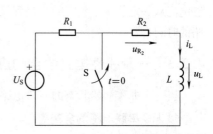

图 4-15　一阶 RL 串联
电路的零输入响应

在 $t = 0$ 时,闭合开关 S,电路在电感初始储能的激励下,
产生电流、电压的暂态过程,直到存储的全部磁场能量被电
阻耗尽,电流、电压才等于零。

用三要素法分析一阶 RL 串联电路的零输入响应。

根据换路定律得:$i_L(0_+) = i_L(0_-) = I_0$;由于换路后无输入激励,所以 $i_L(\infty) = 0$;换路后的时
间常数 $\tau = L/R_2$。

则由式(4-12)得

$$i_L(t) = 0 + \left(\frac{U_S}{R_1 + R_2} - 0\right)e^{-\frac{t}{L/R_2}} = \frac{U_S}{R_1 + R_2}e^{-\frac{R_2}{L}t} \tag{4-18}$$

$$u_{R_2}(t) = R_2 i_L(t) = \frac{R_2 U_S}{R_1 + R_2} e^{-\frac{R_2}{L}t} \tag{4-19}$$

$$u_L(t) = L\frac{\mathrm{d}i}{\mathrm{d}t} = -\frac{R_2 U_S}{R_1 + R_2} e^{-\frac{R_2}{L}t} \tag{4-20}$$

i_L、u_{R_2}、u_L 随时间变化的曲线如图 4-16 所示,电压、电流变化规律也是按指数规律变化的。

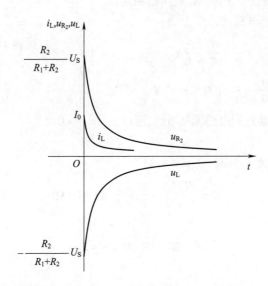

图 4-16 一阶 RL 串联电路零输入响应曲线

由以上分析可知:一阶电路的零输入响应都是按指数规律随时间变化而衰减到零的,这反映了在没有电源作用的情况下,动态元件的初始储能逐渐被电阻值耗掉的物理过程。电容电压或电感电流从一定值减小到零的全过程就是电路的过渡过程;零输入响应取决于电路的初始状态和电路的时间常数。

4.2.3 一阶线性电路的全响应

当一个非零初始状态的一阶电路受到激励时,电路中所产生的响应称为一阶电路的全响应。

1. RC 串联电路的全响应

图 4-17 所示电路在 $t = 0_-$ 时,储能元件已有储能,即图中换路前终了瞬间 $u_C(0_-) = U_0$。如果在 $t = 0$ 时,闭合开关 S,接入电源电压 U_S,电路的响应就是全响应。一阶电路的全响应用"三要素法"求解。

由于 $u_C(0_+) = u_C(0_-) = U_0$,$u_C(\infty) = U_S$,$\tau = RC$,则

$$u_C(t) = U_S + (U_0 - U_S)e^{-\frac{1}{RC}t} \tag{4-21}$$

图 4-17 一阶 RL 串联电路的全响应电路

由式(4-21)可见,U_S 为电路的稳态分量,$(U_0 - U_S)e^{-\frac{1}{RC}t}$ 为电路的暂态分量,即全响应 = 稳态分量 + 暂态分量。u_C 随时间的变化规律如图 4-18 所示。

电路中的电流为

图 4-18　一阶 RC 串联电路全响应曲线

$$i(t) = C\frac{\mathrm{d}u_C}{\mathrm{d}t} = \frac{U_S - U_0}{R}\mathrm{e}^{-\frac{t}{RC}} \tag{4-22}$$

可见,电路中电流 i 只有暂态分量,而稳态分量为零。

也可以将式(4-21)改写为

$$u_C(t) = U_S(1 - \mathrm{e}^{-\frac{t}{RC}}) + U_0\mathrm{e}^{-\frac{t}{RC}} \tag{4-23}$$

式中,$U_S(1 - \mathrm{e}^{-\frac{t}{RC}})$ 为电容初始值电压为零时的零状态响应;$U_0\mathrm{e}^{-\frac{t}{RC}}$ 为电容初始值电压为 U_0 时的零输入响应。所以,全响应 = 零状态响应 + 零输入响应。

同样,将电路中电流 $i(t) = \dfrac{U_S - U_0}{R}\mathrm{e}^{-\frac{t}{RC}}$ 改写为

$$i(t) = \frac{U_S}{R}\mathrm{e}^{-\frac{t}{RC}} + \frac{-U_0}{R}\mathrm{e}^{-\frac{t}{RC}} \tag{4-24}$$

式中,$\dfrac{U_S}{R}\mathrm{e}^{-\frac{t}{RC}}$ 为电路电流的零状态响应;$-\dfrac{U_0}{R}\mathrm{e}^{-\frac{t}{RC}}$ 为电路中电流的零输入响应,式中负号表示电流方向与图中参考方向相反。

例 4-6　在图 4-19 所示电路中,已知 $R_1 = 3$ kΩ,$R_2 = 6$ kΩ,$C = 5$ μF,$U_1 = 3$ V,$U_2 = 9$ V。开关 S 长期合在位置 1,在 $t = 0$ 时,把开关 S 换接到位置 2,试求:$t \geqslant 0$ 时电容器上的电压 $u_C(t)$。

图 4-19　例 4-6 图

解　(1)求初始值。在 $t = 0_-$ 时,开关 S 长期合在位置 1,电路处于一种稳态,所以

$$u_C(0_-) = \frac{R_2}{R_1 + R_2}U_1 = \frac{6}{3 + 6} \times 3 \text{ V} = 2 \text{ V}$$

根据换路定律得:$u_C(0_+) = u_C(0_-) = 2$ V

(2)求稳态值。开关 S 换接到位置 2 后,电容器继续充电,当 $t = \infty$ 时,充电结束,所以 $u_C(\infty)$ 为

$$u_C(\infty) = \frac{R_2}{R_1 + R_2} U_2 = \frac{6}{3+6} \times 9 \text{ V} = 6 \text{ V}$$

(3)求时间常数:

$$R = \frac{R_1 R_2}{R_1 + R_2} = \frac{3 \times 6}{3+6} \text{ k}\Omega = 2 \text{ k}\Omega$$

$$\tau = RC = 2 \times 10^3 \times 5 \times 10^{-6} \text{ s} = 0.01 \text{ s}$$

(4)电容器电压 u_C 的全响应:

$$u_C(t) = [6 + (2-6) e^{-t/0.01}] \text{ V} = (6 - 4 e^{-100t}) \text{ V}$$

2. RL 串联电路的全响应

在图 4-20 中,电感 L 原已有初始储能,即 $t=0_-$ 时,$i(0_-) = I_0$。在 $t=0$ 时,闭合开关 S,可根据三要素法确定 $t \geqslant 0$ 时电路的全响应 $i(t)$ 及 $u_L(t)$。

由于 $i(0_+) = i(0_-) = I_0$,$i(\infty) = U_S/R$,$\tau = L/R$,所以式(4-12)可得全响应为

$$i_L(t) = \frac{U_S}{R} + \left(I_0 - \frac{U_S}{R} \right) e^{-\frac{R}{L}t}$$

$$u_L(t) = L \frac{di}{dt} = -(I_0 R - U_S) e^{-\frac{R}{L}t}$$

RL 串联电路的全响应的电流响应 $i(t)$ 随时间变化曲线如图 4-21 所示。其中稳态响应分量为 $\frac{U_S}{R}$,暂态分量为 $(I_0 - U_S/R) e^{-\frac{t}{\tau}}$。

图 4-20　一阶 RL 串联电路的全响应　　图 4-21　一阶 RL 串联电路电流全响应的曲线

如果认为在图 4-20 所示电路中,电感的初始电流 I_0 是由于前一次换路积蓄的,那么 $I_0 < U/R$,因此,$t=0$ 时,$(I_0 - U/R)$ 为负值。

例 4-7　在图 4-22 所示电路中,已知 $U_S = 100$ V,$R_0 = 150$ Ω,$R = 50$ Ω,$L = 2$ H,在开关 S 闭合前电路已处于稳态。$t=0$ 时将开关 S 闭合,求开关闭合后电流 $i_L(t)$ 的变化规律。

解　(1)求初始值。在 $t=0_-$ 时,$i(0_-) = I_0 = \dfrac{U_S}{R_0 + R} =$

图 4-22　例 4-7 图

$$\frac{100}{150+50} \text{ A} = 0.5 \text{ A}$$

根据换路定律: $i(0_+) = i(0_-) = 0.5$ A。

(2)求稳态值。开关 S 闭合后, R_0 被短路,当 $t = \infty$ 时, $i(\infty)$ 为

$$i(\infty) = \frac{U_S}{R} = \frac{100}{50} \text{ A} = 2 \text{ A}$$

(3)求时间常数。

$$\tau = \frac{L}{R} = \frac{2}{50} \text{ s} = 0.04 \text{ s}$$

则开关闭合后电流 $i_L(t)$ 的全响应为

$$i_L(t) = \left[2 + (0.5 - 2) e^{-\frac{t}{0.04}} \right] \text{ A} = (2 - 1.5) e^{-25t} \text{ A}$$

一阶电路的应用是相当广泛的,如在电子技术中,常用 RC 电路构成微分电路与积分电路用来实现波形的产生和变换;在避雷器中的 RC 电路有过电压保护作用。

【实验与技能训练】——电容器充电、放电过程的测试

连接如图 4-23 所示电路,图中的 $U_S = 12$ V, $R = 100$ kΩ, $C = 1\,000$ μF(25 V),在电路中串联一个 12 V/2 W 的小灯泡。

图 4-23   实验电路图

1. 电容器的充电过程测试

(1)在 $t = 0$ 时,将开关 S 合于 1 的位置,用电压表检测电阻和电容器两端的电压,观察灵敏电流表中电流、电阻两端电压和电容器两端电压的变化情况,用示波器观察电阻两端电压和电容器两端电压波形,将观察结果填入表 4-3 中。电流表中的电流由大到小变化,最后近似为零;电阻两端电压由大到小,最后近似为零;电容器两端的电压由小到大,最后近似为 12 V,表明电容器充电结束。

表 4-3   电容器的充电过程测试

测试项目		$t = 0_+$	$t = \infty$
电流表	指针有无偏转		
	指针偏转的方向		
	最后指针的位置		
电压表	电阻两端的电压		
	电容器两端的电压		
灯泡	亮度		
示波器	电阻两端电压波形		
	电容器两端电压波形		

(2)在电容保持不变的情况下,改变电阻的值(增大或减小电阻 R),观察灯泡亮度的时间,填入表 4-4 中。

(3)在电阻保持不变的情况下,改变电容的值(增大或减小电容 C),观察灯泡亮度的时间,填入表 4-4 中。

表 4-4 时间常数测试

项　　目	数　　值	灯泡亮度时间	时间常数
电容($C = 1\ 000\ \mu F$)不变,改变电阻	$R = 100\ k\Omega$		
	$R = 200\ k\Omega$		
	$R = 300\ k\Omega$		
电阻($R = 100\ k\Omega$)不变,改变电容	$C = 470\ \mu F$		
	$C = 1\ 000\ \mu F$		
	$C = 2\ 000\ \mu F$		

注:灯泡亮度时间用最长、最短或介于两者之间表示。

2. 电容器的放电过程测试

当开关 S 合于 1 的位置稳定后再扳到 2 的位置,电容器 C 的初始电压放电。

(1)观察灵敏检流计中电流、电阻两端电压和电容器两端电压的变化情况,用示波器观察电阻两端电压和电容器两端电压波形,将观察结果填入表 4-5 中。

(2)增大或减小电阻 R、电容 C,重复上面的步骤。

表 4-5 电容器的放电过程测试

测试项目		$t = 0_+$	$t = \infty$
电流表	指针有无偏转		
	指针偏转的方向		
	最后指针的位置		
电压表	电阻两端的电压		
	电容器两端的电压		
灯泡	亮度		
示波器	电阻两端电压波形		
	电容器两端电压波形		

【思考题】

(1)RC 电路的时间常数的含义是什么? RL 电路的时间常数的含义是什么? 时间常数的大小对电路的响应有什么影响?

(2)动态电路的过渡过程理论上讲要经过无限长的时间,但实际上一般认为 $t = $＿＿＿＿＿时间后过渡过程就结束了。时间常数越大,过渡过程越＿＿＿＿＿。

(3)什么是零状态响应?

(4)三要素的含义是什么? 已知三要素如何写出电路响应的表达式?

(5)什么是零输入响应? 零输入响应与零状态响应有什么不同?

(6)电容器在充电、放电过程中,增大、减小电阻或增大、减小电容,灯泡从亮到暗的时间有何变化？试说明充电时间长短与什么有关？

小　　结

由于电路中存在储能元件，当电路发生换路时会出现过渡过程。本章主要介绍了线性电路过渡过程的基本概念和一阶动态电路的分析方法。

1. 过渡过程

含有动态元件的电路称为动态电路，电路中只有一个动态元件的电路称为一阶动态电路。动态的暂态过程是电路从一个稳态变化到另一个稳态的过程。如果在这个过程中，动态元件的初始状态为零，则称为零状态响应。如果动态元件的初始状态不为零，而暂态过程中没有电源加入，则称为零输入响应。如果在这个过程中动态元件的初始状态不为零，又有电源加入，则称为全响应。

2. 换路定律

分析暂态过程的依据之一是换路定律，即电路在换路瞬间，电容元件的电压不能跃变，电感元件的电流不能跃变。换路定律的数学表达式为：$u_C(0_+) = u_C(0_-)$，$i_L(0_+) = i_L(0_-)$。

换路瞬间电容电流 i_C 和电感电压 u_L 是可以跃变的。

3. 时间常数 τ

过渡过程理论上要经历无限长时间才结束。实际的过渡过程长短可根据电路的时间常数 τ 来估算，一般认为当 $t = (3 \sim 5)\tau$ 时，电路的过渡过程结束。一阶 RC 电路 $\tau = RC$；一阶 RL 电路 $\tau = L/R$，τ 的单位为 s。τ 的大小反映了电路参量由初始值变化到稳态值的 63.2% 所需的时间。

4. 三要素法

分析一阶线性电路的方法有经典法和三要素法两种。经典法是根据 KVL 列出换路后的微分方程，然后通过求解微分方程来求解电路未知量的方法。

三要素法是先求出暂态电路的三个要素，即初始值 $f(0_+)$、稳态值 $f(\infty)$ 和时间常数 τ，然后代入公式：$f(t) = f(\infty) + [f(0_+) - f(\infty)]e^{-\frac{t}{\tau}}$，来求解暂态量的方法。三要素法简单易算，是重点要掌握的方法。

习　　题

一、填空题

1. 电路产生过渡过程的内因是_____，外因是_____。

2. 动态元件包括_____元件和_____元件。电路从一种稳定状态变化到另一种稳定状态，其间要经过_____过程，该过程_____（能，不能）在瞬间完成。只含有一种储能元件的电路称为_____动态电路。

3. 换路定律的数学表达式为_____、_____。

4. RC 串联电路过渡过程的时间常数 $\tau = $ _____；RL 串联电路过渡过程的时间常数 $\tau = $ _____。电路的时间常数 τ 越大，电路的过渡过程的时间越_____。

5. 电容器在充电的过程中，两极板间_____逐渐上升，但充电_____却是逐渐减小到零的。

6. 根据换路定律分析过渡过程,在 $t=0$ 时换路的一瞬间,电容电压 $u_C(0_+)=u_C(0_-)=0$,则此时该电容相当于_____;$t=0$ 时换路的一瞬间,电感电流 $i_L(0_+)=i_L(0_-)=0$,则此时该电感相当于_____。

7. 动态电路的过渡时间,从理论上需要无限长,但一般认为 $t=$_____以后过渡过程就结束了。

8. "零输入响应"中的"零"是指_____,"输入"是指_____,"响应"是指_____,"零输入响应"是指_____。

9. RC 串联电路中动态元件的零输入响应表达式为 $u_C(t)$_____;RL 串联电路中动态元件的零输入响应表达式为 $i_L(t)$_____。

10. RC 串联电路的零状态响应中稳态分量是_____,暂态分量是_____;RL 串联电路的零状态响应中稳态分量是_____,暂态分量是_____。

11. 当电路中的 $u_C(0_+)=U_0$,$i_L(0_+)=I_0$ 时,称这种状态为_____状态。

12. 一阶线性电路的三要素公式是_____。

13. 线性动态电路的全响应是_____响应和_____响应之和,也可以说_____分量与_____分量的叠加。

二、选择题

1. (   )不属于动态电路。
   A. 纯电阻电路　　　　　　　　　　B. 含有储能元件的电路
   C. RL 电路　　　　　　　　　　　　D. RC 电路

2. 初始值是电路换路后最初瞬间的数值,用(   )表示。
   A. 0　　　　　　B. 0_+　　　　　　C. 0_-　　　　　　D. 0_0

3. 换路定律的内容是(   )。
   A. $i_C(0_+)=i_C(0_-)$,$u_L(0_+)=u_L(0_-)$　　B. $i_C(0_-)=i_C(0_+)$,$u_L(0_-)=u_L(0_+)$
   C. $u_C(0_+)=u_C(0_-)$,$i_L(0_+)=i_L(0_-)$　　D. $u_C(0_-)=u_C(0_+)$,$i_L(0_-)=i_L(0_+)$

4. RC 电路的时间常数(   )。
   A. 与 R、C 成正比　　　　　　　B. 与 R、C 成反比
   C. 与 R 成反比,与 C 成正比　　　D. 与 R 成正比,与 C 成反比

5. 暂态过程中,电路中的电流和电压是按照(   )规律变化的。
   A. 对数　　　　　　B. 指数　　　　　　C. 正弦　　　　　　D. 余弦

6. 动态电路工作的全过程是(   )。
   A. 前稳态—过渡过程—换路—后稳态　　B. 前稳态—换路—过渡过程—后稳态
   C. 换路—前稳态—过渡过程—后稳态　　D. 换路—过渡过程—前稳态—后稳态

7. RL 电路的时间常数(   )。
   A. 与 R、L 成正比　　　　　　　B. 与 R、L 成反比
   C. 与 R 成反比,与 L 成正比　　　D. 与 R 成正比,与 L 成反比

三、判断题

1. R、L、C 三种元件统称为动态元件。　　　　　　　　　　　　　　　　(　　)

2. 当动态电路发生换路时,电容元件中的电流可以突变,电感元件两端的电压可以突变。
　　　　　　　　　　　　　　　　　　　　　　　　　　　　　　　　(　　)

3. 换路时电容元件和电感元件上的电压、电流都受到换路定律的约束。　　　　（　　）

4. 线性一阶动态电路,当元件参数不变时,接通 20 V 直流电源所用的过渡时间比接通 10 V 直流电源所用的过渡时间要长。　　　　（　　）

5. RC 串联电路如果在 C 两端再并联一个电阻,则时间常数会变大。　　　　（　　）

6. 在零输入响应电路中,过渡过程就是储能元件所存储的全部能量转换为热能在电阻 R 上消耗的过程。　　　　（　　）

7. 时间常数 τ 越小,曲线变化越慢,过渡过程越长。　　　　（　　）

8. 零输入响应的特点是:随着过渡过程的结束,电路中各个物理量的数值都将趋向于 0。
　　　　（　　）

9. 用三要素法不仅可以求解储能元件上的电流、电压,还可以求解电路中任意处的电流和电压。　　　　（　　）

10. 求解时间常数时,一定要使动态电路处于换路之前的状态。　　　　（　　）

四、计算题

1. 在图 4-24 所示电路中,已知 $U_S = 10$ V,$R_1 = 6$ Ω,$R_2 = 4$ Ω,$L = 2$ mH,开关 S 原处于断开状态。求:开关 S 闭合后 $t = 0_+$ 时各电流及电感电压 u_L 的数值。

2. 在图 4-25 所示电路中,已知 $U_S = 12$ V,$R_1 = 4$ Ω,$R_2 = 8$ Ω,$R_3 = 4$ Ω,$u_C(0_-) = 0$,$i_L(0_-) = 0$,当 $t = 0$ 时开关 S 闭合。求:开关 S 闭合后各支路电流的初始值和电感上电压的初始值。

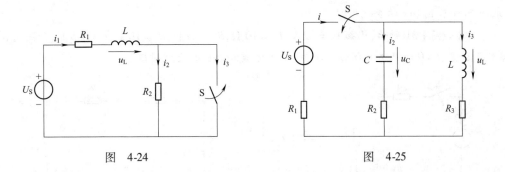

图 4-24　　　　　　　　　　图 4-25

3. 在图 4-26 所示的电路中,已知 $U_S = 16$ V,$R_1 = 8$ kΩ,$R_2 = 16$ kΩ,$C = 2$ μF,开关 S 原来处于断开状态,电容上电压 $u_C(0_-) = 0$ V。求:开关 S 闭合后 $t = 0_+$ 时各电流及电容电压的数值。

4. 如图 4-27 所示电路,已知 $U_S = 200$ V,$R = 40$ Ω,零初始状态,$t = 0$ 时闭合开关 S,开关 S 闭合后 1.5 ms 时电流为 0.25 mA。求:(1)充电的时间常数;(2)电容器的电容量;(3)充电电流的初始值;(4)充电过程中的电容电压。

图 4-26　　　　　　　　　　图 4-27

5. 电路如图 4-28 所示,已知 $U_s = 12$ V, $R_1 = R_2 = R_3 = R_4 = 2$ Ω, $C = 300$ μF, $I_s = 2$ A,且 $t = 0_-$ 时, $u_c = 0$。试求:开关 S 闭合后 u_c 的变化规律。

6. 电路如图 4-29 所示,已知 $U_s = 200$ V, $R = 20$ Ω, $L = 20$ H。(1)求当 S 闭合后,电流的变化规律和达到稳态值所需的时间;(2)如果将电源电压提高 250 V,求电流达到 $U_s = 200$ V 时对应的稳态值的时间。

图 4-28   图 4-29

7. 在 RC 串联电路中,已知 $R = 1$ kΩ, $C = 10$ μF, $u_c(0_-) = 0$,接在电压为 100 V 的直流电源上充电。求:充电 15ms 时电容上的电压和电流。

8. 电路如图 4-30 所示,已知 $U_s = 120$ V, $R_1 = 3$ kΩ, $R_2 = 6$ kΩ, $R_3 = 3$ kΩ, $C = 10$ μF, $u_c(0_-) = 0$。求:S 闭合后 u_c 和 i 的变化规律。

9. 电路如图 4-31 所示,已知 $U_s = 12$ V, $R_1 = 10$ Ω, $R_2 = 20$ Ω, $R_3 = 10$ Ω, $L = 0.5$ H,开关闭合前电路处于稳态, $t = 0$ 时开关 S 闭合。求:电感上电流和电压的变化规律。

图 4-30   图 4-31

10. 电路如图 4-32 所示,已知 $U_s = 10$ V, $R_1 = 20$ Ω, $R_2 = 40$ Ω, $R_3 = 20$ Ω, $C = 0.2$ F,换路前电路处于稳态。求:换路后的 i_c 和 u_c。

11. 电路如图 4-33 所示,已知 $R_1 = 100$ Ω, $R_2 = 400$ Ω, $C = 125$ μF, $U_s = 200$ V,在换路前电容上有电压 $u_c(0_-) = 50$ V。求:开关 S 闭合后电容电压和电流的变化规律。

图 4-32   图 4-33

12. 电路如图 4-34 所示,已知 $U_{S1} = U_{S2} = 3$ V,$R_1 = 1$ Ω,$R_2 = 1$ Ω,$R_3 = 2$ Ω,$L = 3$ H,$t \geq 0$ 时开关 S 由 a 点拨到 b 点。试求:i_L 和 i_1 的表达式,并绘出曲线图(假定换路前电路已处于稳态)。

13. 电路如图 4-35 所示,已知 $U_{S1} = 12$ V,$U_{S2} = 9$ V,$R_1 = 6$ Ω,$R_2 = 3$ Ω,$L = 1$ H。试用三要素法求 $t \geq 0$ 时的 i_1、i_2 和 i_L。

图 4-34

图 4-35

第 5 章

非正弦周期电流电路

学习内容

➤ 非正弦周期电量的产生及分解。

➤ 非正弦周期电量的有效值、平均值和功率的计算。

➤ 非正弦周期电流电路的分析与测试。

学习目标

【知识目标】

➤ 了解非正弦周期电量产生的原因及分解方法。

➤ 掌握非正弦周期电量的有效值、平均值和功率的计算。

➤ 掌握分析线性非正弦周期电流电路的方法步骤。

【能力目标】

➤ 会分析正弦周期电流电路。

➤ 会使用示波器、低频信号发生器测试非正弦周期电流电路。

5.1 非正弦周期电流电路的基本知识

在第 3 章中已经研究了正弦电流电路的性质和分析方法，在实际工程中，还会经常遇到电流、电压不按正弦规律变化的非正弦周期电流电路，如整流电路中的全波整流波形、数字电路中的方波、扫描电路中的锯齿波等都是常见的非正弦周期波。

电路中的电压、电流不按正弦规律变化，但还是按照周期性变化的电路称为非正弦周期性电路。在工程技术和电子技术中，经常需要处理这类电流、电压的问题。本节介绍非正弦周期电量的产生、分解及非正弦周期电流电路中的有效值、平均值和功率的计算。

5.1.1 非正弦周期电量的产生及分解

交流信号除正弦波外，还存在有各种非正弦波；非正弦波有周期性波和非周期性波两种。本章只介绍非正弦周期性电流电路。

1. 非正弦周期信号波形的特点

实际工程中不完全是正弦电路,经常会遇到非正弦周期电流电路。在电子技术、自动控制、计算机和无线电技术等方面,电压和电流往往都是周期性的非正弦波形,如图 5-1 所示。

从图 5-1 所示的波形,可以看出这类非正弦周期信号波形的特点是:不是正弦波;按周期性规律变化,即满足 $f(t)=f(kT+t)$(式中,$k=0,1,2,\cdots$;T 为周期)。

（a）方波　　　　　　　　　（b）锯齿波　　　　　　　　　（c）全波整流波形

图 5-1　几种常见的非正弦波

2. 产生非正弦信号的原因

（1）当电路中所加的电源为非正弦周期量时,即使电路为线性电路,由于电源电压本身是一个非正弦周期量,那么这个电源在电路中所产生的电流也将是非正弦周期电流。

一般地说,交流发电机所产生的电压波形,虽然力求使电压按正弦规律变化,但由于制造方面的原因,其电压波形与正弦波相比总有一些畸变。有些信号源,本身产生的就是非正弦电压,如脉冲信号发生器产生的矩形脉冲电压信号、示波器中的锯齿波电压信号等。

（2）当一个电路有几个不同频率的正弦电源(包括直流)同时作用时,电路中的电流也不会是正弦的。例如,晶体管交流放大电路就属于这种情况,其中直流电源提供的是直流电压,而输入信号为正弦电压,则电路中的电流既不是直流也不是正弦交流,而是非正弦周期电流。

（3）如果电路中含有非线性元件,即使电源是正弦的,其响应也可能是非正弦周期函数。在二极管半波整流电路中,利用二极管的单向导电性,电流只能在一个方向通过,另一个方向被阻断,所以输出为非正弦周期波。

3. 非正弦周期量的分解

在研究讨论非正弦周期电流电路时,为了便于利用直流电路和正弦稳态电路的分析方法去分析非正弦周期电路,很有必要对非正弦周期信号进行分解,即周期函数分解为傅里叶级数。

设 $f(t)$ 是周期为 T 的任意函数,即 $f(t)=f(kT+t)$,若给定的 $f(t)$ 满足狄利克雷条件(周期函数在有限的区间内,只有有限个第一类间断点和有限个极大值、极小值)时,该函数就可以分解为傅里叶级数,电工技术中常用的非周期性函数都满足狄利克雷条件。对于这样的非正弦周期函数可分解为如下的傅里叶级数:

$$f(t)=A_0+A_{1m}\sin(\omega t+\varphi_1)+A_{2m}\sin(2\omega t+\varphi_2)+\cdots+A_{km}\sin(k\omega t+\varphi_k)$$

$$=A_0+\sum_{k=1}^{\infty}A_{km}\sin(k\omega t+\varphi_k) \tag{5-1}$$

式(5-1)中,A_0 是不随时间变化的常数,称为 $f(t)$ 的直流分量或恒定分量。$k=1$ 项的表达式 $A_{1m}\sin(\omega t+\varphi_1)$ 称为 $f(t)$ 的基波分量,其频率与 $f(t)$ 的频率相同。$k\geqslant2$ 各项统称为高次谐波分量,如 $A_{2m}\sin(2\omega t+\varphi_2)$ 称为 $f(t)$ 的二次谐波分量等;k 为奇数的分量称为奇次谐波,k 为偶数的分量称为偶次谐波。

　　将周期函数 $f(t)$ 分解为直流分量、基波分量及高次谐波分量之和,称为谐波分析。可利用有关公式进行计算,但工程上更多利用的是查表法。表 5-1 列出了电工技术中常遇到的几种常见的典型周期函数的傅里叶级数展开式,可供进行谐波分析时引用。

　　傅里叶级数是一个无穷级数,从理论上讲仅当取无限多项时,它才准确地等于原有的周期函数。而在实际应用时,由于其收敛很快,较高次谐波的振幅很小,因此只需取级数的前几项进行计算就足够准确了。

表 5-1　典型周期函数的傅里叶级数展开式

波　形	傅里叶级数
	$$f(\omega t) = \frac{8 A_{\max}}{\pi^2}\left(\sin \omega t - \frac{1}{9}\sin 3\omega t + \frac{1}{25}\sin 5\omega t - \cdots + \frac{(-1)^{k-1}}{k^2}\sin k\omega t + \cdots\right),$$ $$(k = 1,3,5,\cdots)$$
	$$f(\omega t) = \frac{4 A_{\max}}{\alpha\pi}\left(\sin\alpha\sin\omega t + \frac{1}{9}\sin 3\alpha\sin 3\omega t + \frac{1}{25}\sin 5\alpha\sin 5\omega t + \cdots + \frac{1}{k^2}\sin k\alpha\sin k\omega t + \cdots\right), (k=1,3,5,\cdots)$$
	$$f(\omega t) = \frac{A_{\max}}{2} - \frac{A_{\max}}{\pi}\left(\sin \omega t + \frac{1}{2}\sin 2\omega t + \frac{1}{3}\sin 3\omega t + \cdots + \frac{1}{k}\sin k\omega t + \cdots\right),$$ $$(k=1,2,3,\cdots)$$
	$$f(\omega t) = \frac{4 A_{\max}}{\pi}\left(\sin \omega t + \frac{1}{3}\sin 3\omega t + \frac{1}{5}\sin 5\omega t + \cdots + \frac{1}{k}\sin k\omega t + \cdots\right),$$ $$(k=1,3,5,\cdots)$$
	$$f(\omega t) = A_{\max}\alpha + \frac{2 A_{\max}}{\pi}\left(\sin\alpha\pi\cos\omega t + \frac{1}{2}\sin 2\alpha\pi\cos 2\omega t + \cdots + \frac{1}{k}\sin k\alpha\pi\cos k\omega t + \cdots\right), (k=1,2,3,\cdots)$$
	$$f(\omega t) = \frac{4 A_{\max}}{\pi}\left(\frac{1}{2} + \frac{1}{1\times 3}\cos 2\omega t - \frac{1}{3\times 5}\cos 4\omega t + \frac{1}{5\times 7}\cos 6\omega t + \cdots\right)$$

续表

波　形	傅里叶级数
	$f(\omega t) = \dfrac{2\,A_{\max}}{\pi}\left(\dfrac{1}{2} + \dfrac{\pi}{4}\cos\omega t + \dfrac{1}{1\times 3}\cos 2\omega t - \dfrac{1}{3\times 5}\cos 4\omega t + \dfrac{1}{5\times 7}\cos 6\omega t + \cdots\right)$

5.1.2 非正弦周期电流电路中的有效值、平均值和功率

1. 非正弦周期电量的有效值

在实际工作中,往往需要对一个非正弦周期量有一个总体的度量。正弦量的有效值可以计算和测量;同理,非正弦量的有效值也可以计算和测量。

任何周期量的有效值都可以按照方均根值进行计算。如果已知周期量的解析式,可以直接求它的方均根值,即

$$A = \sqrt{\dfrac{1}{T}\int_0^T [f(t)]^2\,\mathrm{d}t} \qquad (5\text{-}2)$$

对于非正弦电流 i,它的有效值 I 定义为

$$I = \sqrt{\dfrac{1}{T}\int_0^T i^2\,\mathrm{d}t} \qquad (5\text{-}3)$$

如果一个非正弦周期电流已经展开为傅里叶级数,则可以通过各次谐波的有效值来计算非正弦周期电流的有效值。

设非正弦周期电流 i 的傅里叶级数为 $i = I_0 + \sum\limits_{k=1}^{\infty} I_{km}\sin(k\omega t + \varphi_k)$,其中,I_0 是直流分量,I_{km} 为 k 次谐波的最大值。将 $i = I_0 + \sum\limits_{k=1}^{\infty} I_{km}\sin(k\omega t + \varphi_k)$ 代入式(5-3)中,可求得

$$I = \sqrt{I_0^2 + I_1^2 + I_2^2 + \cdots} = \sqrt{I_0^2 + \sum\limits_{k=1}^{\infty} I_k^2} \qquad (5\text{-}4)$$

式中,$I_k = \dfrac{I_{km}}{\sqrt{2}}$ 为 k 次谐波分量的有效值。

式(5-4)说明非正弦周期电流的有效值等于恒定分量(直流分量)及各谐波分量有效值的平方和的平方根。此结论可推广应用于其他非正弦周期量,如电压有效值的计算为

$$U = \sqrt{U_0^2 + U_1^2 + U_2^2 + \cdots} = \sqrt{U_0^2 + \sum\limits_{k=1}^{\infty} U_k^2} \qquad (5\text{-}5)$$

注意:零次谐波的有效值为恒定分量的值,其他各次谐波有效值与最大值的关系为

$$I_k = I_{km}/\sqrt{2}, \quad U_k = U_{km}/\sqrt{2}$$

例 5-1 设周期电流 $i(t)$ 的傅里叶级数为 $i(t) = \left[\dfrac{\pi}{4} + \sin\left(\omega t + \dfrac{\pi}{2}\right) + \dfrac{1}{3}\sin\left(3\omega t - \dfrac{\pi}{2}\right) + \dfrac{1}{5}\sin\right.$ $\left.\left(5\omega t + \dfrac{\pi}{2}\right) + \dfrac{1}{7}\sin\left(7\omega t - \dfrac{\pi}{2}\right) + \cdots\right]$ A,试计算电流 $i(t)$ 的有效值(高次谐波取到七次谐波为止)。

解　电流 $i(t)$ 的有效值为

$$I = \sqrt{I_0^2 + \sum_{k=1}^{\infty} I_k^2} = \sqrt{I_0^2 + \frac{1}{2}\sum_{k=1}^{\infty} I_{km}^2} = \sqrt{\left(\frac{\pi}{4}\right)^2 + \frac{1}{2}\left[1^2 + \left(\frac{1}{3}\right)^2 + \left(\frac{1}{5}\right)^2 + \left(\frac{1}{7}\right)^2\right]} \text{ A}$$

$$= 1.097 \text{ A}$$

例 5-2　已知电压的波形如图 5-2 所示,其中 $U_m = 100$ V,求该电压的有效值。

解　由波形图得非正弦电压的解析式为

$$u(t) = \frac{U_m}{T}t = \frac{100}{T}t, (0 < t < T)$$

图 5-2　例 5-2 图

方法一:直接代入式(5-2)中求得

$$U = \sqrt{\frac{1}{T}\int_0^T u^2 \mathrm{d}t} = \sqrt{\frac{1}{T}\int_0^T \left(\frac{100}{T}t\right)^2 \mathrm{d}t} = 57.7 \text{ V}$$

方法二:将非正弦电压展开成傅里叶级数,查表 5-1 得

$$u(t) = \frac{U_m}{2} - \frac{U_m}{\pi}\left(\sin \omega t + \frac{1}{2}\sin 2\omega t + \frac{1}{3}\sin 3\omega t + \cdots\right)$$

$$= \frac{100}{2} - \frac{100}{\pi}\left(\sin \omega t + \frac{1}{2}\sin 2\omega t + \frac{1}{3}\sin 3\omega t + \cdots\right)$$

$$U = \sqrt{U_0^2 + U_1^2 + U_2^2 + \cdots}$$

$$= \sqrt{50^2 + \left(\frac{100}{\pi}\right)^2 \times \frac{1}{2} \times \left[1^2 + \left(\frac{1}{2}\right)^2 + \left(\frac{1}{3}\right)^2 + \left(\frac{1}{4}\right)^2 + \cdots\right]} \text{ V} = 57.1 \text{ V}$$

2. 非正弦周期电量的平均值

除有效值外,非正弦周期电量有时还引用平均值。对于非正弦周期电量的傅里叶级数展开式中直流分量为零的交流分量,平均值为零。但为了便于测量和分析,一般定义周期量的平均值为它的绝对值的平均值。

设周期电流为 $i(t)$,则其平均值为

$$I_{av} = \frac{1}{T}\int_0^T |i(t)| \mathrm{d}t \tag{5-6}$$

即非正弦周期量的平均值等于其绝对值在一个周期内的平均值。

注意:一个周期内其值有正、有负的周期量的平均值 I_{av} 与其直流分量 I 是不同的,只有一个周期内其值为正值的周期电量,平均值才等于其直流分量。

例如,当 $i(t) = I_m\sin \omega t$ 时,其平均值为

$$I_{av} = \frac{1}{2\pi}\int_0^{2\pi} |I_m\sin \omega t| \mathrm{d}\omega t = \frac{1}{\pi}\int_0^{\pi} I_m\sin \omega t \mathrm{d}\omega t = \frac{2I_m}{\pi} = 0.637I_m = 0.898I$$

或 $I = 1.11I_{av}$。

同理,周期电压的平均值为

$$U_{av} = \frac{1}{T}\int_0^T |u(t)| \mathrm{d}t$$

对于同一个非正弦周期电流,若用不同类型的仪表进行测量,就会得出不同的结果。如用直流仪表测量,所测结果是直流分量;用电磁式或电动式仪表测量,所测结果为有效值;用整流磁电

式仪表测量,所测结果为平均值。因此,在测量非正弦周期电量时,要注意选择合适的仪表,并且注意各种不同类型仪表读数的含义。

3. 非正弦周期电量的功率

1) 平均功率

非正弦周期电路的平均功率可定义为

$$P = \frac{1}{T} \int_0^T p(t)\,\mathrm{d}t \tag{5-7}$$

设某二端网络端口电压 $u(t)$、电流 $i(t)$ 分别为

$$u(t) = U_0 + \sum_{k=1}^{\infty} U_{km}\sin(k\omega t + \varphi_{uk})$$

$$i(t) = I_0 + \sum_{k=1}^{\infty} I_{km}\sin(k\omega t + \varphi_{ik})$$

以上两式中, φ_{uk}、φ_{ik} 为 k 次谐波电压、电流的初相。设 $\varphi_k = \varphi_{uk} - \varphi_{ik}$ 为 k 次谐波电压与 k 次谐波电流的相位差,则

$$P = \frac{1}{T} \int_0^T p(t)\,\mathrm{d}t = \frac{1}{T} \int_0^T u(t)i(t)\,\mathrm{d}t$$

$$= \frac{1}{T} \int_0^T \Big[U_0 + \sum_{k=1}^{\infty} U_{km}\sin(k\omega t + \varphi_{uk}) \Big] \times \Big[I_0 + \sum_{k=1}^{\infty} I_{km}\sin(k\omega t + \varphi_{ik}) \Big]\mathrm{d}t$$

由于

$$P_0 = \frac{1}{T} \int_0^T U_0 I_0\,\mathrm{d}t = U_0 I_0$$

$$P_k = \frac{1}{T} \int_0^T U_{km}\sin(k\omega t + \varphi_{uk}) \times I_{km}\sin(k\omega t + \varphi_{ik})\,\mathrm{d}t = \frac{1}{2}U_{km}I_{km}\cos(\varphi_{uk} - \varphi_{ik})\,\mathrm{d}t = U_k I_k \cos\varphi_k$$

式中, U_k、I_k 为 k 次谐波电压、电流的有效值。

根据三角函数的正交性,不同次谐波电压、电流的乘积,它们的平均值为零。所以,平均功率为

$$P = P_0 + \sum_{k=1}^{\infty} U_k I_k \cos\varphi_k \tag{5-8}$$

式(5-8)表明:非正弦周期电流电路中,不同次谐波电压、电流虽然可以产生瞬时功率,但不能产生平均功率;只有同次谐波电压、电流才能产生平均功率。电路总的平均功率等于直流分量产生的平均功率与各次谐波分量产生的平均功率之和。

2) 无功功率

非正弦周期电流电路的无功功率定义为各谐波无功功率之和,即

$$Q = \sum_{k=1}^{\infty} U_k I_k \sin\varphi_k \tag{5-9}$$

3) 视在功率

非正弦周期电流电路的视在功率则定义为

$$S = UI = \sqrt{U_0^2 + \sum_{k=1}^{\infty} U_k^2} \times \sqrt{I_0^2 + \sum_{k=1}^{\infty} I_k^2} \tag{5-10}$$

注意:视在功率不等于各次谐波视在功率之和。

例 5-3 已知某电路的电压、电流分别为：$u(t) = [10 + 20\sin(100\pi t - 30°) + 8\sin(300\pi t - 30°)]$ V，$i(t) = [3 + 6\sin(100\pi t + 30°) + 2\sin500\pi t]$ A。求该电路的平均功率、无功功率和视在功率。

解 平均功率为

$$P = U_0 I_0 + U_1 I_1 \cos\varphi_1 = \left[10 \times 3 + \frac{20}{\sqrt{2}} \times \frac{6}{\sqrt{2}}\cos(-60°)\right] \text{W} = 60 \text{ W}$$

无功功率为

$$Q = U_1 I_1 \sin\varphi_1 = \frac{20}{\sqrt{2}} \times \frac{6}{\sqrt{2}}\sin(-60°) \text{ var} = -52 \text{ var}$$

视在功率为

$$S = UI = \sqrt{U_0^2 + \sum_{k=1}^{\infty} U_k^2} \times \sqrt{I_0^2 + \sum_{k=1}^{\infty} I_k^2}$$

$$= \sqrt{10^2 + \left(\frac{20}{\sqrt{2}}\right)^2 + \left(\frac{8}{\sqrt{2}}\right)^2} \times \sqrt{3^2 + \left(\frac{6}{\sqrt{2}}\right)^2 + \left(\frac{2}{\sqrt{2}}\right)^2} \text{ V·A} = 98.1 \text{ V·A}$$

【实验与技能训练】——非正弦周期电流电路的测试

（1）用函数信号发生器及双踪示波器观察正弦波、三角波、矩形波的波形，在示波器上读出幅度和频率。

①将示波器的探头接在函数信号发生器的输出端。

②调整函数信号发生器的输出幅度和频率，并改变产生的波形（正弦波、三角波、矩形波），在示波器上读出波形的幅度和频率，将数据填入表 5-2 中。

表 5-2 数据记录

波形	参数	幅度	频率	幅度	频率	幅度	频率	幅度	频率
正弦波	信号参数	0.01 V	50 Hz	0.1 V	1 kHz	1 V	10 kHz	5 V	1 MHz
	测量参数								
	误差								
三角波	信号参数								
	测量参数								
	误差								
矩形波	信号参数								
	测量参数								
	误差								

（2）利用仿真软件 Multisim 测试非正弦周期电流电路的有效值和平均功率。在 Multisim 环境下创建图 5-3 所示电路。

①按下"启动/停止"开关，启动仿真分析，等电路稳定后，用电压表和功率表分别测量电路端电压 U 及功率 P，将数据填入表 5-3 中。用示波器观察并记录两个电压源叠加的波形和电阻 R 两端电压的波形（即电流的波形）。

②把基波电压源 u_1 的电压设为 0，即三次谐波电压源 u_3 单独作用，用电压表和功率表分别测量电压和功率的三次谐波分量 U_3、P_3，将测量数据填入表 5-3 中。

图 5-3　非正弦周期电流电路仿真图

③将三次谐波电压源 u_3 的电压设为 0,即基波电压源 u_1 单独作用,用电压表和功率表分别测量电压和功率的基波分量 U_1、P_1,将测量数据填入表 5-3 中。

④根据测量数据,验证非正弦周期电流电路的有效值和平均功率的计算公式。

表 5-3　非正弦周期电路的测量

电 压 源	电压/V	功率/W
基波电压源 u_1 和三次谐波电压源 u_3 共同作用时	$U =$	$P =$
三次谐波电压源 u_3 单独作用时	$U_3 =$	$P_3 =$
基波电压源 u_1 单独作用时	$U_1 =$	$P_1 =$

【思考题】

(1)非正弦周期波形的特点是什么? 产生非正弦信号的原因有哪些?

(2)下列表达式中,(　　　)属于非正弦电流。

A. $i = [7\sin \omega t + 3\sin (\omega t + 30°)]$ A　　　　B. $i = (10\sin \omega t + 10\cos \omega t)$ A

C. $i = \left(5\sin \omega t + \dfrac{5}{3}\sin 3\omega t\right)$ A　　　　D. $i = [10\sin \omega t - 5\cos (\omega t + 150°)]$ A

(3)若电路的电流 $i = I_0 + \sum\limits_{k=1}^{\infty} I_{km}\sin(k\omega t + \varphi_k)$,电压 $u = U_0 + \sum\limits_{k=1}^{\infty} U_{km}\sin(k\omega t + \varphi_k)$,则平均功率 $P =$ _____,无功功率 $Q =$ _____,视在功率 $S =$ _____。

(4)对于同一个非正弦周期电流,若用不同类型的仪表进行测量,就会得到_____。如用直流仪表测量,所测结果为_____;用电磁式或电动式仪表测量,所测结果为_____;用整流磁电式仪表测量,所测结果为_____。

(5)非正弦周期电流电路中,不同次谐波电压、电流可以产生_____功率,但不能产生_____功率;只有_____电压、电流才能产生平均功率。

5.2　非正弦周期电流电路的分析计算

一个非正弦周期电压或电流可以分解成傅里叶级数的形式。当一个非正弦周期电压作用于线性电路时，其作用相当于一个直流电压源及一系列不同频率的正弦电压源串联起来，共同作用于电路。因此，可对直流分量和每个谐波分量单独进行分析计算，再运用叠加原理求出总的响应。下面进行非正弦周期电路的分析计算与测试。

1. 非正弦周期电流电路的分析计算的方法步骤

周期性非正弦信号有着各种不同的变化规律，计算这种信号激励下线性电路的响应时，首先将非正弦周期激励信号分解为直流分量与各次谐波分量之和，然后按直流电路和正弦交流电路的计算方法，分别计算在直流分量和各次谐波分量（即各种频率的正弦信号）单独作用下产生的电路响应，再根据线性电路的叠加原理将各响应叠加，就可以得到电路中实际的电流和电压，这种方法称为谐波分析法。其分析电路的一般步骤如下：

（1）将给定的非正弦周期激励信号分解为傅里叶级数，并根据计算精度要求，取有限项高次谐波。

（2）分别计算直流分量和各次谐波单独作用下电路的响应，计算方法与直流电路及正弦交流电路的计算方法相同。

（3）应用叠加原理将步骤（2）的结果进行叠加，从而求得所需响应。

2. 非正弦周期电流电路分析计算时的注意事项

在分析计算非正弦周期电流电路时应注意以下几点：

（1）在直流分量单独作用时，电路相当于直流电路，电容元件相当于开路，电感元件相当于短路。在标明参考方向以后，可以用直流电路的方法求解各电压与电流。

（2）对各次谐波，电路成为正弦交流电路，此时应注意：电感和电容对不同次的谐波激励表现出不同的感抗和容抗，即感抗与谐波频率成正比，容抗与谐波频率成反比。

在基波作用时：$X_{L(1)} = \omega L$，$X_{C(1)} = 1/(\omega C)$，在电路标明参考方向后，可用相量法求解电路的响应。

在 k 次谐波作用时，$X_{L(k)} = k\omega L = kX_{L(1)}$，$X_{C(k)} = 1/(k\omega C) = X_{C(1)}/k$，在电路标明参考方向后，仍可用相量法求解。

（3）叠加时，必须先将各次谐波分量响应写成瞬时值表达式后才可以叠加，而不能把表示不同频率谐波的正弦量的相量进行加减，因为它们不属于同一频率，这样叠加是没有意义的。最后所求响应的解析式是用时间函数表示的。

例 5-4　RC 并联电路如图 5-4（a）所示，已知 $R = 1$ kΩ，$C = 50$ μF，$i = I_0 + i_1 = (1.5 + \sin 6\ 280t)$ mA，电流波形如图 5-4（b）所示。试求：端电压 u 及电容电流 i_C。

解　（1）计算 i 的直流分量 I_0 单独作用时所产生的端电压 U_0。

在 i 的直流分量单独作用时，电容相当于开路，电流 i 中的直流分量 I_0 只能通过电阻，所以

$$U_0 = RI_0 = 1 \times 10^3 \times 1.5 \times 10^{-3} \text{ V} = 1.5 \text{ V} = 1\ 500 \text{ mV}$$

（2）计算 i 的基波分量 i_1 单独作用时产生的端电压 u_1。

$$X_{C(1)} = \frac{1}{\omega C} = \frac{1}{6\ 280 \times 50 \times 10^{-6}} \text{ Ω} \approx 3 \text{ Ω}$$

（a）电路图

（b）电流波形

图 5-4　例 5-4 图

$$Z_{(1)} = \frac{R(-jX_{C(1)})}{R - jX_{C(1)}} = \frac{1\,000 \times (-j3)}{1\,000 - j3}\ \Omega = 3 \angle -89.9° \ \Omega$$

电压的基波分量为

$$\dot{U}_{(1)m} = Z_{(1)} \dot{I}_{(1)m}$$
$$= (3 \angle -89.9°) \times (1 \times 10^{-3} \angle 0°)\ \text{mV} = 3 \angle -89.9°\ \text{mV}$$

（3）将已算出的直流电压和交流电压瞬时值叠加得端电压 u 的表达式

$$u = U_0 + u_1 = \left[1\,500 + 3\sin(6\,280t - 89.9°) \right]\ \text{mV}$$

电容支路的电流为

$$i_C = C\frac{\mathrm{d}u}{\mathrm{d}t} = 50 \times 10^{-6} \times \frac{\mathrm{d}\left[1\,500 + 3\sin(6\,280t - 89.9°) \right]}{\mathrm{d}t}\ \text{mA} = 0.942\sin(6\,280t + 0.1°)\ \text{mA}$$

由此表达式可知，电容支路电流没有直流分量。

通过本例可以看出，由于容抗（3 Ω）远远小于电阻（1 kΩ），这就使得总电流中的交流分量有捷径可走，并联电容器对交流分量起到了旁路作用，这个作用在电子技术中得到了广泛应用。

例 5-5　在图 5-5（a）所示电路中，$R = 100\ \Omega$，$C = 10\ \mu\text{F}$，$\omega = 500\ \text{rad/s}$，外加方波电压 u 的波形如图 5-5（b）所示，其中 $U_m = 10\ \text{V}$。试求输出电压 u_R，并计算电阻电压的有效值 U_R 及电阻吸收的平均功率 P。

（a）电路图　　　　　　　　　　　　（b）u 的波形图

图 5-5　例 5-5 图

解　（1）由表 5-1 查得图 5-5（b）所示方波的傅里叶级数展开式为

$$u(t) = \frac{4U_m}{\pi}\left(\sin \omega t + \frac{1}{3}\sin 3\omega t + \frac{1}{5}\sin 5\omega t + \frac{1}{7}\sin 7\omega t + \cdots \right)\ \text{V}$$

式中，ω 为基波角频率。

取前四项进行计算，并将 $U_m = 10\ \text{V}$，$\omega = 500\ \text{rad/s}$ 代入，则上式可写成：

$$u(t) = (12.73\sin 500t + 4.24\sin 1\ 500t + 2.55\sin 2\ 500t + 1.82\sin 3\ 500t)\ \text{V}$$

（2）对各次谐波采用相量法求解，电路对 k 次谐波的输出电压 u_R 的相量表达式为

$$\dot{U}_{R(k)m} = \frac{R\ \dot{U}_{(k)m}}{R - j\dfrac{1}{k\omega C}} = \frac{100\ \dot{U}_{(k)m}}{100 - j\dfrac{1}{k \times 500 \times 10 \times 10^{-6}}} = \frac{\dot{U}_{(k)m}}{1 - j\dfrac{2}{k}}$$

基波（$k=1$）单独作用时，

$$\dot{U}_{(1)m} = 12.73\angle 0°\ \text{V}$$

$$\dot{U}_{R(1)m} = \frac{12.73\angle 0°}{1 - 2j}\ \text{V} = 5.69\angle 63.43°\ \text{V}$$

$$P_{(1)} = \frac{1}{2} \times \frac{U_{R(1)m}^2}{R} = \frac{1}{2} \times \frac{5.69^2}{100}\ \text{W} \approx 0.162\ \text{W}$$

三次谐波（$k=3$）单独作用时，

$$\dot{U}_{(3)m} = 4.24\angle 0°\ \text{V}$$

$$\dot{U}_{R(3)m} = \frac{4.24\angle 0°}{1 - j\dfrac{2}{3}} = 3.53\angle 33.7°\ \text{V}$$

$$P_{(3)} = \frac{1}{2} \times \frac{U_{R(3)m}^2}{R} = \frac{1}{2} \times \frac{3.53^2}{100}\ \text{W} = 0.062\ \text{W}$$

同理，可求得五次、七次谐波作用时，

$$\dot{U}_{R(5)m} = 2.37\angle 21.8°\ \text{V}, P_{(5)} = 0.028\ \text{W}$$

$$\dot{U}_{R(7)m} = 1.75\angle 15.95°\ \text{V}, P_{(7)} = 0.015\ \text{W}$$

各次谐波作用时 u_R 的表达式分别为

$$u_{R(1)} = 5.69\sin(500t + 63.43°)\ \text{V}$$

$$u_{R(3)} = 3.53\sin(1\ 500t + 33.7°)\ \text{V}$$

$$u_{R(5)} = 2.37\sin(2\ 500t + 21.8°)\ \text{V}$$

$$u_{R(7)} = 1.75\sin(3\ 500t + 15.95°)\ \text{V}$$

（3）按时域形式叠加为

$$\begin{aligned}
u_R &= u_{R(1)} + u_{R(3)} + u_{R(5)} + u_{R(7)} \\
&= [5.69\sin(500t + 63.43°) + 3.53\sin(1\ 500t + 33.7°) + \\
&\quad 2.37\sin(2\ 500t + 21.8°) + 1.75\sin(3\ 500t + 15.95°)]\ \text{V}
\end{aligned}$$

$$P = P_1 + P_3 + P_5 + P_7 = (0.162 + 0.062 + 0.028 + 0.015)\ \text{W} = 0.267\ \text{W}$$

$$U_R = \sqrt{U_{R(1)}^2 + U_{R(3)}^2 + U_{R(5)}^2 + U_{R(7)}^2} = \sqrt{\frac{1}{2}(5.69^2 + 3.53^2 + 2.37^2 + 1.75^2)}\ \text{V} = 5.17\ \text{V}$$

从本例的分析过程中可以看出，随着谐波频率增加，容抗减少，该次谐波输出电压分量和输入电压分量的有效值之比增大，高次谐波很容易通过这个电路。利用感抗和容抗对各次谐波的反应不同，将电感和电容组成各种不同的电路，让某些所需频率分量顺利通过而抑制某些不需要的分量，这种电路称为滤波器，本例为高通滤波器。

【思考题】

（1）线性非正弦周期电流电路的分析计算方法称为_____，它的依据是_____。

（2）若三次谐波的 $X_{L(3)} = 9\ \Omega$，$X_{C(3)} = 6\ \Omega$，则基波的 $X_{L(1)} = $ _____，$X_{C(1)} = $ _____。

（3）有一负载线圈，对基波的复阻抗 $Z_{(1)} = (30 + j20)\ \Omega$，则其对三次谐波的复阻抗 $Z_{(3)} = $ _____，对五次谐波的复阻抗 $Z_{(5)} = $ _____。

（4）某非正弦周期电流电压作用于 RLC 串联电路，已知非正弦周期电流电压的频率为 50 Hz，$R = 12\ \Omega$，$L = 1\ \text{mH}$，$C = 314\ \mu\text{F}$，则电压的基波单独作用于电路时，$R_{(1)} = $ _____，$X_{L(1)} = $ _____，$X_{C(1)} = $ _____；五次谐波单独作用于电路时，$R_{(5)} = $ _____，$X_{L(5)} = $ _____，$X_{C(5)} = $ _____。

小　结

（1）非正弦周期电流电路的稳态分析可采用谐波分析法，即首先应用数学中的傅里叶级数，将电路中的非正弦周期性激励信号分解为一系列不同频率的正弦分量之和，再根据线性电路的叠加原理，将非正弦电路转化为一系列不同频率的正弦电路的叠加。

（2）常见的非正弦交流电压或电流波形，通常可以把它们展开成一个无穷三角级数，即

$$f(t) = A_0 + \sum_{k=1}^{\infty} A_{km}\cos(k\omega_1 t + \varphi_k)$$

（3）非正弦周期电流的有效值为

$$I = \sqrt{I_0^2 + I_1^2 + I_2^2 + \cdots} = \sqrt{I_0^2 + \sum_{k=1}^{\infty} I_k^2}$$

非正弦周期电压的有效值为

$$U = \sqrt{U_0^2 + U_1^2 + U_2^2 + \cdots} = \sqrt{U_0^2 + \sum_{k=1}^{\infty} U_k^2}$$

非正弦周期电量的平均值为

$$A_{av} = \frac{1}{T}\int_0^T |f(t)|\,\mathrm{d}t$$

电路的平均功率为

$$P = P_0 + \sum_{k=1}^{\infty} U_k I_k \cos\varphi_k$$

（4）非正弦周期电流电路的分析计算步骤如下：

①先将给定的电源电动势或电压展开成傅里叶级数。

②计算不同频率下的电抗值。

③分别求出电源电压的各次谐波分量单独作用时在各支路中产生的电流。

习　题

一、填空题

1. 电路中产生非正弦周期波的原因有 _____、_____、_____。

2. 非正弦周期信号的谐波可能有直流分量（零次谐波）、奇次谐波及 _____谐波。

3. 几个不同频率的正弦波共同作用于线性电路，叠加后是一个 _____波。

4. 非正弦周期电流、电压的有效值与它的各次谐波的有效值之间的关系是 _____。

5. 非正弦周期电压、电流的有效值计算一般比较麻烦,常用仪表测量求得。平均值应选用_____系的仪表,有效值应选用_____系和_____系的仪表。

6. 非正弦周期电量的有功功率等于_____有功功率之和;无功功率等于_____无功功率之和;视在功率等于_____。

7. 已知某非正弦周期信号的周期 $T = 25$ ms,其信号的基波频率为_____;三次谐波的频率为_____。

8. 在 $u = (50 + 63.7\sin \omega t + 21.2\sin 3\omega t + 12.7\sin 5\omega t)$ V 中含有_____种谐波成分,它们分别是_____、_____、_____和_____。

9. 非正弦周期电流的有效值等于它的各次谐波有效值的平方和_____方。

10. 若五次谐波的 $X_{L(5)} = 5$ Ω,$X_{C(5)} = 2$ Ω,则基波的 $X_{L(1)} =$ _____,$X_{C(1)} =$ _____。

二、选择题

1. 非正弦周期信号是指( )。

    A. 不按正弦规律变化,周期也不固定的信号

    B. 不按正弦规律变化的周期性交流信号

    C. 不按正弦规律变化的周期性直流信号

    D. 既不按正弦规律变化,也没有周期性的信号

2. 产生非正弦周期波的主要原因有( )。

    A. 电路含有非线性元件   B. 电路含有线性元件

    C. 电路中有不同频率的正弦电源作用   D. 交流电源本身就是非正弦的

3. 非正弦信号可分为( )。

    A. 正弦的和非正弦的   B. 周期性的和非周期性的

    C. 非正弦周期性的和正弦非周期性的   D. 非正弦非周期性的和非正弦周期性的

4. 若 $i = I_0 + \sum_{k=1}^{\infty} I_{km}\sin(k\omega t + \varphi_k)$,则 i 的有效值 I 为( )。

    A. $I = \sqrt{I_0^2 + \sum_{k=1}^{\infty} I_k^2}$ B. $I = I_0 + I_1 + I_2 + \cdots$

    C. $I = I_0$ D. $I = \sqrt{I_1^2 + I_2^2 + I_3^2 + \cdots}$

5. 若 $u = U_0 + \sum_{k=1}^{\infty} U_{km}\sin(k\omega t + \varphi_k)$,则其零次谐波的有效值 U_0 为( )。

    A. $\dfrac{U_{km}}{2}$ B. 恒定分量的值 U_0 C. $\dfrac{U_{km}}{\sqrt{2}}$ D. 0

6. 设周期电流为 $i(t)$,则其平均值 I_{av} 为( )。

    A. $\sqrt{\dfrac{1}{T}\int_0^T i^2 \mathrm{d}t}$ B. $\sqrt{I_0^2 + \sum_{k=1}^{\infty} I_k^2}$ C. $\dfrac{1}{T}\int_0^T |i(t)| \mathrm{d}t$ D. $\dfrac{I_{km}}{2}$

7. 下列表达式正确的是( )。

    A. $P = P_0 + \sum_{k=1}^{\infty} U_k I_k \cos \varphi_k$

    B. $Q = Q_0 + \sum_{k=1}^{\infty} U_k I_k \sin \varphi_k$

C. $S = S_0 + \sum\limits_{k=1}^{\infty} U_k I_k$

8. 在用谐波分析法分析非正弦周期性交流电路时,下列(　　)说法是正确的。

    A. 先将非正弦周期性输入信号分解为一系列不同频率的正弦量之和

    B. 直流分量单独作用时,电路相当于直流电路

    C. 对各次谐波,电路成为正弦交流电路

    D. 对各次谐波分量响应写成相量形式进行叠加

9. 某非正弦周期电流电压作用于 RLC 串联电路,已知 $X_{L(1)} = 3\ \Omega$,$X_{C(1)} = 3\ \Omega$,则 $X_{L(3)}$、$X_{C(3)}$ 分别为(　　)。

    A. $3\ \Omega$、$3\ \Omega$　　　　　　B. $9\ \Omega$、$9\ \Omega$　　　　　　C. $9\ \Omega$、$1\ \Omega$　　　　　　D. $1\ \Omega$、$1\ \Omega$

10. 下列对非正弦周期性交流电路的说法正确的是(　　)。

    A. 不同次谐波电压、电流不产生瞬时功率

    B. 不同次谐波电压、电流虽然产生瞬时功率,但不能产生平均功率

    C. 只有同次谐波电压、电流才能产生平均功率

    D. 电路总的平均功率等于直流分量产生的平均功率与各次谐波分量产生的平均功率之差

三、判断题

1. 基波的频率等于非正弦周期信号的频率。　　　　　　　　　　　　　　　　　　　(　　)

2. 若基波的角频率为 100 rad/s,则五次谐波的角频率为 500 rad/s。　　　　　　　(　　)

3. 将两个相同频率的正弦波形进行叠加,其结果为非正弦波。　　　　　　　　　　(　　)

4. 全波整流波形中可能含有各种谐波成分。　　　　　　　　　　　　　　　　　　(　　)

5. 任何非正弦信号都可以用傅里叶级数表示。　　　　　　　　　　　　　　　　　(　　)

四、计算题

1. 有一个正弦电压 $U = 100$ V 加在一个电感 L 的两端时电流 $I = 10$ A,当电压中含有三次谐波分量且有效值仍为 100 V 时,电流有效值为 8 A。试求:此电压的基波和三次谐波分量的有效值。

2. 如图 5-6 所示电路,已知 $\omega = 10^4$ rad/s,$L = 1$ mH,$R = 1$ kΩ。若 $u_o(t)$ 中不含基波,与 $u_i(t)$ 中的三次谐波完全相同。试求:C_1 和 C_2。

3. 如图 5-7 所示电路,已知 $R = \omega L = 1/(\omega C) = 20\ \Omega$,$u(t) = (10 + 100\cos\omega t + 40\cos 3\omega t)$ V。求:$i(t)$、$i_1(t)$ 和 $i_2(t)$。

图 5-6　　　　　　　　　　　　　　图 5-7

4. 在 RLC 串联电路中,已知 $R = 6\ \Omega$,$\omega L = 2\ \Omega$,$1/(\omega C) = 18\ \Omega$,电路端口施加电压 $u = [10 + 30\sin(\omega t + 30°) + 18\sin 3\omega t]$ V。试求:电流有效值及电路的平均功率。

5. 如图 5-8 所示电路,已知 $u(t) = (8 + 4\sin\omega t)$ V,当 $R = 40\ \Omega$,$\omega L = 1/(\omega C) = 40\ \Omega$ 时。试

求：$u_L(t)$ 和 $i_L(t)$ 的表达式。

6. 如图 5-9 所示电路，已知 $R = 60\ \Omega$，图 5-9(a) 中 $\omega L = 60\ \Omega$，图 5-9(b) 中 $1/(\omega C) = 60\ \Omega$，电路端口施加电压 $u = (100\sin \omega t + 20\sin 3\omega t)$ V。试求：图 5-9(a) 和图 5-9(b) 所示电路中的电流 i。

图 5-8   图 5-9

7. 如图 5-10 所示电路，已知 $R = 100\ \Omega$，$L = 20$ mH，$C = 40\ \mu F$，$f = 800$ Hz，$u_R = (50 + 10\sqrt{2}\sin \omega t)$ V。试求：(1) 电源电压的瞬时值表达式和有效值；(2) 电源提供的功率。

8. 在 RL 串联电路中，已知电压 $u = (6 + 10\sin 2t)$ V，电流 $i = [2 + I_m\sin(2t - 53.1°)]$ A。试求：(1) R、L 和 I_m；(2) 若电压 $u = (10 + 5\sin t + 5\sin 2t)$ V 时，电流 i 的表达式。

9. 在 RLC 串联电路中，已知 $u_S = (10 + 30\cos \omega t + 15\sqrt{2}\cos 2\omega t)$ V，$\omega = 100$ rad/s，$R = 75\ \Omega$，$L = 0.5$ H，$C = 200\ \mu F$。试求：电流 i 及其有效值。

10. 如图 5-11 所示电路，已知 $u = (100 + 50\sin \omega t)$ V，$\omega = 10^3$ rad/s，$R = 50\ \Omega$，$L = 25$ mH，$C = 20\ \mu F$。试求：电流 i 的瞬时值表达式和电路消耗的功率。

11. 如图 5-12 所示电路，已知 $u = (100 + 300\sin \omega t + 100\sin 3\omega t)$ V，$R = 10\ \Omega$，$\omega L_1 = 3.75\ \Omega$，$\omega L_2 = 30\ \Omega$，$1/(\omega C) = 30\ \Omega$。试求：电流 i 和电压 u_C。

图 5-10   图 5-11   图 5-12

第 6 章

磁路和变压器

学习内容

➤ 磁场中的物理量及磁路的基本知识。

➤ 互感现象、互感电压和互感线圈的同极性端的测试。

➤ 变压器的用途、结构、工作原理与测试。

➤ 三相变器及一些特殊变压器的工作原理及使用。

➤ 变压器的常见故障及检修方法。

学习目标

【知识目标】

➤ 理解磁场中物理量的物理意义。

➤ 了解铁磁材料的磁化特性和磁路的基本知识。

➤ 理解互感现象,了解互感电压的计算。

➤ 熟悉变压器的结构,理解变压器的铭牌数据的含义和基本工作原理;掌握变压器的变压、变流和阻抗变换的原理及计算。

➤ 掌握工程上常用的几种变压器的使用及注意事项。

【能力目标】

➤ 会进行小型变压器的测试、维护与故障检修。

➤ 能正确使用各种变压器。

6.1 磁 路

电和磁是密不可分的。电气设备和电工仪表中就存在着电与磁的相互关系、相互作用,其中不仅有电路的问题,还有磁路的问题。在工程实践中,广泛应用机电能量转换的设备(器件)和信号转换的设备(器件),如电机、变压器、互感器、存储器等,其工作原理和特性分析都是以磁路和带铁芯电路分析为基础的,只有同时掌握了电路和磁路的基本概念,才能对各种电气设备的工作原理进行全面的分析,并正确理解和使用这些电气设备。本节介绍磁路的基本知识,并进行相关的测试。

6.1.1 磁路的基本知识

把能够吸引金属铁等物质的性质,称为磁性;具有磁性的物体称为磁体,如扬声器背面的磁钢就是磁体。电子设备中的许多元器件都采用了磁性材料,各种变压器、电感器中的铁芯、磁芯的组成材料均为磁性材料。

磁铁是一个典型的磁体,如图 6-1 所示。磁铁两端磁性最强的区域称为磁极,一个磁铁有两个磁极:一个是南极,用字母 S 表示;另一个是北极,用字母 N 表示。一块磁铁分割成几块后,每一小块磁铁上都有一个 S 极和一个 N 极,S 极、N 极总是成对出现的。S 极与 N 极之间存在着相互作用力,同极性相斥,异极性相吸,这一作用力称为磁力。

图 6-1　磁铁的磁极示意图

1. 磁场中的物理量

1)磁通(Φ)

磁通就是指垂直于磁场的某一面积 S 上所穿过的磁感线的数目,如图 6-2 所示。

磁通用 Φ 表示,单位是韦[伯](Wb)。实际中还用麦克斯韦(Mx)作为磁通的单位,它们之间的关系为 1 Mx = 10^{-8} Wb。

2)磁感应强度(B)

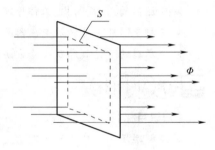

图 6-2　磁通

磁感应强度是表示磁场内某点的磁场强弱和方向的物理量,它是一个矢量。磁场内某一点的磁感应强度可用该点磁场作用于 1 m 长、通有 1 A 电流的导体上的力 F 来衡量,该导体与磁场方向垂直。磁感应强度 B 与电流 I 之间的方向关系可用右手螺旋定则来确定,其大小与导体的长度 L、通过导体的电流 I、导体受到的电磁力 F 之间的关系为

$$B = \frac{F}{IL} \tag{6-1}$$

磁感应强度 B 的单位为特[斯拉](T)。在电机中,气隙中的磁感应强度 B 通常为 0.4~0.5 T,铁芯中为 1~1.8 T。

磁感应强度 B 有时也可用与磁场垂直的单位面积的磁通来表示,即

$$B = \frac{\Phi}{S} \tag{6-2}$$

所以,把磁感应强度又称磁通密度(简称磁密),式(6-2)中 Φ 的单位为韦[伯](Wb),S 的单位为平方米(m^2),则 1 T = 1 Wb/m^2。

工程中常用到一个较小的单位高斯(Gs)来表示磁感应强度,它们之间的关系为 1 Gs = 10^{-4} T。

3）磁导率（μ）

实验证明，在通电线圈中放入铁、钴、镍等物质后，通电线圈周围的磁场将大大增强，磁感应强度 B 增大；若放入铜、铝、木材等物质，通电线圈周围的磁场几乎没有什么变化。这个现象表明，磁感应强度 B 与磁场中介质的导磁性质有关。

通常把反映磁场中介质导磁能力的物理理称为磁导率，磁导率用字母 μ 来表示，其单位为亨［利］每米（H/m）。介质的磁导率越大，表明该介质的导磁能力越强。真空的磁导率是恒定的，用 μ_0 表示，$\mu_0 = 4\pi \times 10^{-7}$ H/m，为一常数。

任何一种介质的相对磁导率是该介质的磁导率与真空磁导率的比值，用 μ_r 表示，即

$$\mu_r = \frac{\mu}{\mu_0} \tag{6-3}$$

把 $\mu_r > 1$ 但接近于1的物质称为顺磁物质，如空气的 $\mu_r = 1.000\ 003$；把 $\mu_r < 1$ 且接近于1的物质称为逆磁物质，如铜的 $\mu_r = 0.999\ 995$；这两种物质的 μ_r 都接近于1，它们的导磁能力都与真空的差不多，统称为非铁磁材料。把 $\mu_r \gg 1$ 的物质称为铁磁材料（或称为铁磁物质、磁性物质），如铸铁的 μ_r 大于200；坡莫合金的 μ_r 可达十万以上。这就是说，在相同磁动势的条件下，铁芯线圈的磁场比空心线圈的磁场要强几百、几千倍、几万倍，所以铁磁材料在电机、电器、磁电式电工仪表、电信和广播等设备中得到广泛应用，因此在线圈中通入不大的电流，就可产生足够强的磁场（即产生足够大的磁感应强度）。

注意：同一铁磁材料的 μ_r 并不是常数，它随励磁电流的大小和温度的高低而变化。

4）磁场强度（H）

由于铁磁物质的磁导率不是常数，它随磁感应强度的大小而变化，反过来说，磁感应强度 B 与介质的磁导率 μ 有关，这给对磁场的分析和计算带来不便，为此引入一个辅助量，称为磁场强度 H，它定义为

$$H = \frac{B}{\mu} \tag{6-4}$$

即磁场中某点的磁感应强度与磁导率的比值。

显然磁场强度 H 与介质的磁导率 μ 无关，所以它不受介质的影响，而只与电流产生的磁场有关。若 B 的单位用 T（即 Wb/m^2），μ 的单位用 H/m，则 H 的单位为安［培］每米（A/m）。

2. 铁磁材料的磁性能

1）铁磁材料的磁化曲线

实验表明：将铁磁性物质（如铁、镍、钴等）置于某磁场中，会大大加强原磁场。这是由于铁磁材料在外加磁场的作用下，能产生一个与外磁场同方向的附加磁场，正是由于这个附加磁场促使了总磁场的加强，这种现象称为磁化。

不同种类的铁磁材料，其磁化性能是不同的。工程上常用磁化曲线（或表格）表示各种铁磁材料的磁化特性。磁化曲线是铁磁材料的磁感应强度 B 与外磁场的磁场强度 H 之间的关系曲线，所以又称 B-H 曲线，如图6-3所示。

图6-3所示的 B-H 曲线是在铁芯原来没有被磁化，即 B 和 H 均从零开始增加时所测得的。这种情况下作出的 B-H 曲线称为起始磁化曲线，起始磁化曲线大体上可以分为四段，即 Oa、ab、bc 和 c 点以后。

Oa 段：此段斜率较小，当 H 增加时，B 增加缓慢。这反映了磁畴有"惯性"，较小的外磁场不能使它转向为有序排列。

ab 段:此段可以近似看成是斜率较大的一段直线。随着 *H* 加大,*B* 增大较快。这是由于原来不规则的磁畴在 *H* 的作用下,迅速沿着外磁场方向排列的结果。

bc 段:此段的斜率明显减小,即随着 *H* 的加大,*B* 增大缓慢。这是由于绝大部分磁畴已转向为外磁场方向,所以 *B* 增大的空间不大。*b* 点附近称为 *B-H* 曲线的膝部。在膝部可以用较小的电流(较小的 *H*),获得较大的磁感应强度(*B*)。所以电机、变压器的铁芯常设计在膝部工作,以便用小电流产生较强的磁场。

c 点以后:*c* 点后随着 *H* 加大,*B* 几乎不增大。这是由于几乎所有磁畴都已转向为外磁场方向,即使 *H* 加大,附加磁场也不可能再增大。这个现象称为铁磁性物质的磁饱和,*c* 点以后的区域称为饱和区。

2)磁滞回线

起始磁化曲线只反映了铁磁性物质在外磁场(*H*)由零逐渐增加的磁化过程。在很多实际应用中,外磁场(*H*)的大小和方向是不断改变的,即铁磁性物质受到交变磁化(反复磁化)。实验表明,交变磁化的曲线如图 6-4 所示,这是一个回线。此回线表示,当铁磁性物质沿起始磁化曲线磁化到 *a* 点后,若减小电流(*H* 减小),*B* 也随之减小,但 *B* 不是沿原来起始磁化曲线减小,而是沿另一路径 *ab* 减小,特别是当 *I* = 0(即 *H* = 0)时,*B* 并不为零。*B* = *Br*(*Ob* 段),*Br* 称为剩磁,这种现象称为磁滞。磁滞现象是铁磁性物质所特有的。要消除剩磁(常称为去磁或退磁),需要反方向加大 *H*,也就是 *bc* 段,当 *H* = − *Hc*(*Oc* 段)时,*B* = 0,剩磁才被消除,此时的 |− *H*c| 称为材料的矫顽力。|− *H*c| 的大小反映了材料保持剩磁的能力。

如果继续反向加大 *H*,使 *H* = − *Hm*,*B* = − *Bm*,再让 *H* 减小到零(*de* 段),再加大 *H*,使 *H* = *Hm*,*B* = *Bm*(*efa* 段),这样反复,便可得到对称于坐标原点的闭合曲线,称为铁磁性物质的磁滞回线(*abcdefa*),如图 6-4 所示。

图 6-3 起始磁化曲线

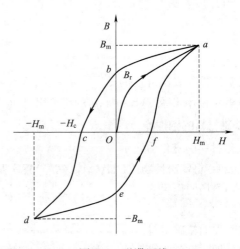

图 6-4 磁滞回线

从图 6-4 中可以看出,铁磁材料在反复磁化过程中,*B* 的变化始终落后于 *H* 的变化,这种现象称为磁滞现象。磁滞现象可以用磁畴来解释。所谓磁畴,就是由分子电流形成的磁性小区域,每个磁畴就像一个很小的永久磁体。在无外磁场作用时,这些磁畴排列杂乱无章,它们的磁性相互抵消,对外不显磁性。在外磁场的作用下,磁畴趋向外磁场的方向,产生一个很大的附加磁场和外磁场相加。所以,*Oa* 起始段磁感应强度 *B* 上升很快;随着 *H* 增加,大部分磁畴已趋向外磁场方向排列,B 增长很慢,出现了饱和现象。

根据以上分析可知,铁磁材料具有以下磁性能:

(1)高导磁性:铁磁材料的磁导率远大于非磁性材料的磁导率,且铁磁材料的磁导率 μ 值不是常数,随 H 的大小而改变。

(2)磁饱和性:铁磁材料的磁感应强度 B 有一个饱和值 B_m。

(3)剩磁性:铁磁材料经磁化后,若励磁电流降低为零,铁磁材料中仍能保留一定的剩磁。剩磁现象是铁磁材料磁滞性的表现。

(4)磁滞性:在铁磁材料的反复磁化过程中,B 的变化总是落后于 H 的变化,这就是铁磁材料的磁滞性。

铁磁材料在反复磁化过程中,磁畴来回翻转,必然克服阻力做功,铁芯发热。这种在反复磁化过程中的能量损失称为磁滞损耗。

3)铁磁材料的分类

铁磁性物质根据磁滞回线的形状及其在工程上的用途可以分为如下三类:

(1)硬磁材料。硬磁材料的特点是磁滞回线较宽,剩磁和矫顽力都较大。这类材料在磁化后能保持很强的剩磁,适宜制作永久磁铁。常用的有铁镍钴合金、镍钢、钴钢、镍铁氧体、锶铁氧体等。在磁电式仪表、电声器材、永磁发电机等设备中所用的磁铁就是用硬磁材料制作的。硬磁材料的磁滞回线如图 6-5(a)所示。

(2)软磁材料。软磁材料的特点是磁导率高,磁滞回线狭长,磁滞损耗小。软磁材料又分为低频和高频两种。用于高频的软磁材料要求具有较大的电阻率,以减小高频涡流损失。常用的高频软磁材料有铁氧体等,如收音机中的磁棒、无线电设备中的中频变压器的磁芯,都是用铁氧体制成的。

用于低频的有铸钢、硅钢、坡莫合金等。电机、变压器等设备中的铁芯多为硅钢片,录音机中的磁头铁芯多用坡莫合金。软磁材料的磁滞回线如图 6-5(b)所示。

(3)矩磁材料。矩磁材料其磁滞回线近似于一个矩形,磁滞回线如图 6-5(c)所示。它的特点是受较小的外磁场作用就能达到磁饱和,去掉外磁场后,仍保持磁饱和状态。实际生产中,广泛采用锰-镁或锂-镁矩磁铁氧体制成记忆磁芯,它是电子计算机和远程控制设备中的重要元件。

（a）硬磁材料　　　　　（b）软磁材料　　　　　（c）矩磁材料

图 6-5　铁磁材料的磁滞回线

3. 磁路和磁路的欧姆定律

1）磁路

诸如变压器、电机、磁电式仪表等电工设备,为了获得较强的磁场,常常将线圈缠绕在具有一定形状的铁芯上,如图 6-6 所示。铁芯是一种铁磁材料,它具有良好的导磁性能,能使绝大部分的磁通从铁芯中通过,同时铁芯被线圈磁场磁化后能产生较强的附加磁场,它叠加在线圈磁场上,使磁场大为加强,或者说,线圈通以较小的电流便可产生较强的磁场。有了铁芯,可使磁通集中地通过一定的闭合路径。所谓磁路,主要是由铁磁材料构成而为磁通集中通过的闭合回路。集中在一定路径上的磁通称为主磁通,如图 6-6 中的 ϕ,主磁通经过的磁路通常由铁芯(铁磁材料)及空气隙组成。不通过铁芯,仅与本线圈交链的磁通称为漏磁通,如图 6-6(a)所示的 ϕ_σ。在实际应用中,由于漏磁通很少,有时可忽略不计它的影响。

主磁通磁路有纯铁芯磁路,如图 6-6(a)、(c)所示;也有包含有气隙的磁路,如图 6-6(b)所示;磁路有不分支磁路,如图 6-6(a)、(b)所示;也有分支磁路,如图 6-6(c)所示。

磁路中的磁通可由线圈通过的电流产生,如图 6-6 所示。用来产生磁通的电流称为励磁电流,流过励磁电流的线圈称为励磁线圈。由直流电流励磁的磁路称为直流磁路,由交流电流励磁的磁路称为交流磁路。变压器和异步电动机等均为交流磁路。

（a）纯铁芯无分支磁路　　　　（b）有气隙无分支磁路　　　　（c）纯铁芯有分支磁路

图 6-6　磁路的几种形式

注:图中 ϕ 表示交流磁通的瞬时值。直流磁通和交流磁通的有效值用 Φ 表示。

2）磁路的欧姆定律

在励磁线圈中通入励磁电流就会产生磁通(即电生磁),励磁电流 I 越大,产生的磁通就越多;线圈匝数越多,产生的磁通也越多。把励磁电流 I 和线圈匝数 N 的乘积 IN 看成是磁路中产生磁通的源泉,称为磁动势 F,它犹如电路中电动势是产生电流的源泉那样。磁动势的单位为安[培](A)。

空心线圈的磁通与产生它的励磁电流成正比关系,$\Phi = f(F)$ 曲线为一条过原点的直线,如图 6-7(a)所示,说明其磁通随电流按比例增长。

铁芯线圈的磁通与产生它的励磁电流之间不成正比关系,$\Phi = f(F)$ 曲线如图 6-7(b)所示。开始时,Φ 随 F 基本上按比例增长;过后 Φ 随 F 增长的速度变慢,此时便说明磁路开始饱和了,Φ 几乎不再随 F 增长,即 Φ 很难再增长了,此时说明磁路饱和了(磁路饱和与否取决于磁感应强度 B,由于磁路截面积 S 一定,$\Phi \propto B$,故纵坐标也可用 B 表示)。

由此可知,空心线圈(非铁磁性物质)磁路不饱和,为线性磁路;而铁芯(铁磁性物质)磁路饱和,为非线性磁路。Φ 始终能随 F 按比例增长,其导磁性能不变,故其磁导率 μ 随磁路的饱和而减小。

（a）空心线圈的$\Phi=f(F)$曲线

（b）铁芯线圈的$\Phi=f(F)$曲线

图 6-7　磁通随磁动势变化曲线（磁化曲线）

磁通 Φ 由磁动势 F 产生，它的大小除与磁动势有关外，还与铁芯材料的磁导率、铁芯磁路的截面积、磁路长度有关。当磁动势一定时：铁芯材质的磁导率 μ 越高，磁通就越多；铁芯磁路截面积 S 越大，磁通也越多；铁芯磁路 l 越长，磁通却越少。它们之间的关系为

$$\Phi = F\frac{\mu S}{l} = \frac{F}{\dfrac{l}{\mu S}} = \frac{F}{R_{\mathrm{m}}} \tag{6-5}$$

式中，$R_{\mathrm{m}} = \dfrac{l}{\mu S}$，称为磁阻，是表示磁路对磁通起阻碍作用的物理量，它仅与磁路的材质及几何尺寸有关，单位为每亨［利］（H^{-1}）。式（6-5）的结构形式与电路欧姆定律相似，故称之为磁路的欧姆定律。但由于 μ 不是常数，它随励磁电流而变，所以不能直接应用磁路的欧姆定律来计算，它只能用于定性分析。

磁路与电路有很多相似之处，如磁路中的磁通由磁动势产生，而电路中的电流由电动势产生；磁路中有磁阻，它使磁路对磁通起阻碍作用，而电路中有电阻，它使电路对电流起阻碍作用；磁阻与磁导率 μ、磁路截面积 S 成反比，与磁路长度 l 成正比，而电阻也与电导率 ρ、电路导线截面积 S 成反比，与电路长度 l 成正比。

4. 涡流

当线圈中通过变化的电流 i 时，在铁芯中穿过的磁通也是变化的。由于构成磁路的铁芯是导体，于是在铁芯中将产生感应电流，如图 6-8（a）中的虚线所示。由于这种感应电流是一种自成闭合回路的环流，故称为涡流。

在交流电气设备中，交变电流的交变磁通在铁芯中产生涡流，会使铁芯发热而消耗电功率，称为涡流损耗，它与磁滞损耗合称为铁损。在磁饱和状态下，铁损的大小与铁芯中磁感应强度的二次方（B_{m}^{2}）成正比。

为了减小铁芯中的涡流，铁芯通常采用 0.35～0.5 mm 的硅钢片叠压而成，如图 6-8（b）所示。硅钢片间有绝缘层（涂绝缘漆）。由于硅钢片具有较大的电阻率和较小的剩磁，所以它的涡流损耗与磁滞损耗都比较小。

在电机和电器铁芯中的涡流是有害的。因为它不仅消耗电能，使电气设备效率降低，而且涡流损耗转变为热量，使设备温度升高，严重时将影响设备的正常运行。在这种情况下，要尽量减小涡流。

涡流虽然在很多电器中会引起不良后果，但在另一些场合下，人们却利用涡流为生产、生活服

务。例如工业上利用涡流产生的热量来熔化金属,日常生活中的电磁灶也是利用涡流的原理制成的,它给人们的生活带来了很大的便利。

（a）涡流　　　　　　　　　　　　　（b）减小涡流

图 6-8　涡流及减小涡流的方法

6.1.2　互感与互感电压

线圈的电流使线圈自身具有磁性,线圈的电流变化时,使线圈的磁链也变化,并在其自身引起了感应电压,这种电磁现象称为自感现象。互感现象也是电磁感应现象中的一种,在工程实际中应用也很广泛,如变压器和收音机的输入回路,都是应用互感这一原理制成的。

1. 互感现象

图 6-9 表示两个线圈,匝数分别为 N_1、N_2。在线圈 1 中通以交流电流 i_1,使线圈 1 具有的磁通 ϕ_{11} 称为自感磁通,$\Psi_{11} = N_1\phi_{11}$ 称为线圈 1 的自感磁链。由于线圈 2 处在 i_1 所产生的磁场之中,ϕ_{11} 的一部分穿过线圈 2,线圈 2 具有的磁通 ϕ_{21} 称为互感磁通,$\Psi_{21} = N_2\phi_{21}$ 称为互感磁链。这种由于一个线圈电流的磁场使另一个线圈具有的磁通、磁链分别称为互感磁通、互感磁链。

由于 i_1 的变化引起 Ψ_{21} 的变化,从而引起线圈 2 中产生的电压称为互感电压。同理,线圈 2 中电流 i_2 的变化,也会在线圈 1 中产生互感电压。这种由一个线圈的交变电流在另一个线圈中产生感应电压的现象称为互感现象。

为明确起见,磁通、磁链、感应电压等应用双下标表示。第一个下标代表该量所在线圈的编号,第二个下标代表产生该量的原因所在线圈的编号。例如,ϕ_{21} 表示由线圈 1 产生的穿过线圈 2 的磁通。

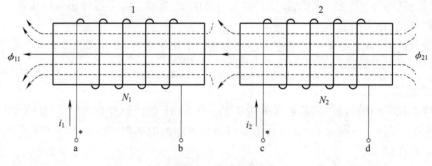

图 6-9　互感现象

2. 互感系数

在非铁磁性的介质中,电流产生的磁通与电流成正比,当匝数一定时,磁链也与电流大小成正比。当选择电流的参考方向与它产生的磁通的参考方向满足右手螺旋定则关系时可得：$\Psi_{21} \propto i_1$。

设比例系数为 M_{21}，则 $\Psi_{21} = M_{21} i_1$，$M_{21} = \dfrac{\Psi_{21}}{i_1}$。$M_{21}$ 称为线圈 1 对线圈 2 的互感系数，简称互感。同理，线圈 2 对线圈 1 的互感为 $M_{12} = \dfrac{\Psi_{12}}{i_2}$。

实践证明，$M_{12} = M_{21}$，两线圈间的互感系数用 M 表示，即 $M = M_{12} = M_{21}$。互感系数 M 的单位是亨［利］（H）。

线圈间的互感系数 M 不仅与两线圈的匝数、形状及尺寸有关，还与线圈间的相对位置和磁介质有关。当用铁磁材料作为介质时，M 将不是常数。本书只讨论 M 为常数的情况。

3. 耦合系数

两个耦合线圈的电流所产生的磁通，一般情况下，只有部分相交链。两个耦合线圈相交链的磁通越多，说明两个线圈耦合越紧密。为了能定量地表征两个线圈之间磁耦合的紧密程度，人们引入了耦合系数 k，它定义为

$$k = \frac{M}{\sqrt{L_1 L_2}} \tag{6-6}$$

可以证明：$0 \leqslant k \leqslant 1$。

当两个线圈的轴向互相垂直或两个线圈相隔很远时，$k \approx 0$，属于松耦合，在电信系统中，一般采取垂直架设的方法来减少输电线对电信线路的电磁干扰；当两个线圈绕在同一轴上时，$k \approx 1$，属于紧耦合，电力变压器各绕组之间就属于这种情况，$k \approx 0.95$；理想情况下，$k = 1$，称为全耦合。所以改变线圈的相互位置，可以相应地改变 M 的大小。

例 6-1　已知两个具有耦合关系的电感线圈的互感系数 $M = 0.04$ mH，自感系数分别为 $L_1 = 0.03$ mH，$L_2 = 0.06$ mH。求：耦合系数 k。

解　这两个线圈的耦合系数为

$$k = \frac{M}{\sqrt{L_1 L_2}} = \frac{0.04}{\sqrt{0.03 \times 0.06}} \approx 0.943$$

4. 互感电压

互感电压与互感磁链的关系也遵守电磁感应定律。与讨论自感现象相似，选择互感电压与互感磁链两者的参考方向符合右手螺旋定则关系时，因线圈 1 中电流 i_1 的变化在线圈 2 中产生的互感电压为

$$u_{21} = \frac{\mathrm{d}\Psi_{21}}{\mathrm{d}t} = M \frac{\mathrm{d}i_1}{\mathrm{d}t} \tag{6-7}$$

同理，因线圈 2 中电流 i_2 的变化在线圈 1 中产生的互感电压为

$$u_{12} = \frac{\mathrm{d}\Psi_{12}}{\mathrm{d}t} = M \frac{\mathrm{d}i_2}{\mathrm{d}t} \tag{6-8}$$

由式(6-7)和式(6-8)可以看出，互感电压的大小取决于电流的变化率。当 $\dfrac{\mathrm{d}i}{\mathrm{d}t} > 0$ 时，互感电压为正值，表示互感电压的实际方向与参考方向一致；当 $\dfrac{\mathrm{d}i}{\mathrm{d}t} < 0$ 时，互感电压为负值，表明互感电压的实际方向与参考方向相反。

当线圈中通过的电流为正弦电流时,如 $i_1 = I_{1m}\sin \omega t$,$i_2 = I_{2m}\sin \omega t$,则

$$u_{21} = M\frac{\mathrm{d}i_1}{\mathrm{d}t} = M\frac{\mathrm{d}(I_{1m}\sin \omega t)}{\mathrm{d}t} = \omega M I_{1m}\cos \omega t = \omega M I_{1m}\sin\left(\omega t + \frac{\pi}{2}\right)$$

同理

$$u_{12} = \omega M I_{2m}\sin\left(\omega t + \frac{\pi}{2}\right)$$

互感电压用相量表示为

$$\dot{U}_{21} = \mathrm{j}\omega M\dot{I}_1 = \mathrm{j}X_M\dot{I}_1$$

$$\dot{U}_{12} = \mathrm{j}\omega M\dot{I}_2 = \mathrm{j}X_M\dot{I}_2$$

式中,$X_M = \omega M$ 称为互感抗,单位为欧[姆](Ω)。

注意:在利用式(6-7)和式(6-8)计算互感电压时,必须使互感电压与互感磁通的参考方向符合右手螺旋定则关系。

例 6-2　在两个互感线圈中,其互感电压与互感磁链的参考方向符合右手螺旋定则,已知 $M = 0.2$ H,$i_1 = 10\sqrt{2}\sin 314t$ A,求互感电压 u_{21}。

解　$\dot{U}_{21} = \mathrm{j}\omega M\dot{I}_1 = \mathrm{j}\times 314\times 0.2\times 10\angle 0°$ V $= 628\angle 90°$ V

所以,互感电压 $u_{21} = 628\sqrt{2}\sin(314t + 90°)$ V。

6.1.3　互感线圈的同极性端

1. 互感线圈同极性端的概念

分析线圈的自感电压和电流方向关系时,只要选择自感电压与电流为关联参考方向,就满足 $u_L = L\frac{\mathrm{d}i}{\mathrm{d}t}$ 关系,不必考虑线圈的实际绕向问题。当线圈电流增加时($\mathrm{d}i/\mathrm{d}t > 0$),自感电压的实际方向与电流实际方向一致;当线圈电流减少时($\mathrm{d}i/\mathrm{d}t < 0$),自感电压的实际方向与电流实际方向相反。

分析线圈互感电压和电流方向关系时,仅仅规定电流的参考方向是不够的,还需要知道线圈各自的绕向以及两个线圈的相对位置。那么能否像确定自感电压那样,在选定了电流的参考方向后,就可直接运用公式计算互感电压,而无须每次都考虑线圈的绕向及相对位置?解决这个问题就要引入同极性端的概念。

若两线圈的电流分别从端钮 1 和端钮 2 流入时,每个线圈的磁通的方向一致,即磁通是加强的,则端钮 1、端钮 2 就称为同极性端(或称同名端);否则若两个线圈的磁通方向相反,即磁通减弱,则端钮 1、端钮 2 称为异极性端(或称异名端)。如图 6-9 所示的两线圈 1、线圈 2,i_1、i_2 分别从端钮 a、c 流入,线圈 1 和线圈 2 的磁通的方向一致,是加强的,则线圈 1 的端钮 a 和线圈 2 的端钮 c 为同极性端。显然端钮 b 和端钮 d 也是同极性端,而端钮 a、端钮 d 及端钮 b、端钮 c 则是异极性端。

同极性端用符号"＊"、"△"或"·"标记。为了便于区别,仅在两个线圈的一对同极性端用标记标出,另一对同极性端不需要标注,如图 6-9 所示。

注意:同极性端上电压的实际极性总是相同的。用同极性端来反映磁耦合线圈的相对绕向,从而在分析互感电压时不需要考虑线圈的实际绕向及相对位置。

2. 互感线圈的同极性端的测定

如果已知磁耦合线圈的绕向及相对位置,同极性端便很容易利用其概念进行判定。但是,实

际的耦合线圈的绕向一般是无法确定的,因而同极性端就很难判别,这就要用实验法进行同极性端的测定。

实验法测定同极性端有直流法和交流法两种。

(1)直流法。如图 6-10(a)所示,图中的 1、2 为一个线圈,用 A 表示;3、4 为另一个线圈,用 B 表示,把线圈 A 通过开关 S 与电源连接,线圈 B 与直流电压表(或直流电流表)连接。当开关 S 迅速闭合时,就有随时间逐渐增大的电流 i 从电源的正极流入线圈 A 的 1 端,若此时电压表(或电流表)的指针正向偏转,则线圈 A 的 1 端和线圈 B 的 3 端(即线圈 B 与电压表"+"端相接的一端)为同极性端。这是因为当电流刚流进线圈 A 的 1 端时,1 端的感应电动势为"+",而电压表正向偏转,说明 3 端此时也为"+",所以 1、3 端为同极性端。若电压表反向偏转,则 1、3 端为异极性端。

(2)交流法。如图 6-10(b)所示,把两个线圈的任意两个接线端连在一起,例如 2 和 4,并在其中一个线圈(例如 A),加上一个较低的交流电压。用交流电压表分别测量 U_{12}、U_{13}、U_{34}。

如果测得:$U_{13} = U_{12} - U_{34}$,则 1 端和 3 端为同极性端。这是因为只有 1 端和 3 端同时为"+"或同时为"−"时,才可能使 U_{13} 等于 U_{12} 与 U_{34} 之差,所以,1 端和 3 端为同极性端。若测得:$U_{13} = U_{12} + U_{34}$,则 1、3 为异极性端。

（a）直流法　　　　　　　　　　　　　（b）交流法

图 6-10　同极性端的测定

6.1.4　互感线圈的连接

1. 互感线圈串联

(1)顺向串联。互感线圈的顺向串联,就是把两线圈的异极性端相连,如图 6-11 所示。在这种连接方式中,电流将从两线圈的同极性端流进或流出。顺向串联时的等效电感为

$$L_F = L_1 + L_2 + 2M \tag{6-9}$$

(2)反向串联。互感线圈的反向串联,就是把两线圈的同极性端相连,如图 6-12 所示,电流从两线圈的异极性端流进或流出。反向串联时的等效电感为

$$L_R = L_1 + L_2 - 2M \tag{6-10}$$

图 6-11　顺向串联　　　　　　　　　　　图 6-12　反向串联

由式(6-9)和式(6-10)可以看出,两线圈顺向串联时的等效电感大于两线圈的自感之和,而两线圈反向串联时的等效电感小于两线圈的自感之和。从物理本质上说明顺向串联时,电流从同极性端流入,两磁通相互增强,总磁链增加,等效电感增大;而反向串联时情况相反,总磁链减小,等效电感减小。

了解这些结论是有实际意义的。例如,某变压器一次绕组有两个,每个一次绕组的额定电压为110 V,若变压器接到220 V的交流电源上使用,则应把两个一次绕组串联;当电源电压为110 V时,则应把两个绕组并联。怎样连接呢? 正确的接法应该是串联时异极性端相连,并联时同极性端相连,否则在额定电压下线圈会立即烧坏。这是因为在变压器的情况下,互感很大,在反向串联时其等效电感很小,因而其等效阻抗很小,导致了很大电流通过线圈,这样会烧坏线圈。此外,本例提示读者,根据有互感的线圈串联时电感随 M 而变化的关系,将两个相对位置可以改变的线圈串联起来,能够制成可变电感器。

根据 L_F 和 L_R 可以求出两线圈的互感 M 为

$$M = \frac{L_F - L_R}{4} \tag{6-11}$$

例 6-3 两个磁耦合线圈串联接到 220 V,50 Hz 的正弦交流电源上,一种连接情况的电流为 2.7 A,功率为 219 W;另一种连接情况的电流为 7 A。试分析哪种情况为顺向串联,哪种情况为反向串联,并求它们的互感系数。

解 由于顺向串联时的总感抗、总阻抗比反向串联时大,在相同的端电压作用下,顺向串联时的电流比反向串联时的小,所以电流为 2.7 A 的情况是顺向串联,电流为 7 A 的情况是反向串联。

两线圈顺向串联时:

$$P = I^2(R_1 + R_2)$$

$$R_1 + R_2 = \frac{P}{I^2} = \frac{219}{2.7^2} \ \Omega \approx 30 \ \Omega$$

$$|Z_F| = \sqrt{(R_1 + R_2)^2 + (\omega L_F)^2}$$

$$L_F = \frac{1}{\omega}\sqrt{|Z_F|^2 - (R_1 + R_2)^2} = \frac{1}{314} \times \sqrt{\left(\frac{220}{2.7}\right)^2 - 30^2} \ H \approx 0.24 \ H$$

即

$$L_F = L_1 + L_2 + 2M = 0.24 \ H$$

两线圈反向串联时:

$$L_R = \frac{1}{\omega}\sqrt{|Z_R|^2 - (R_1 + R_2)^2} = \frac{1}{314} \times \sqrt{\left(\frac{220}{7}\right)^2 - 30^2} \ H \approx 0.03 \ H$$

即

$$L_R = L_1 + L_2 - 2M \approx 0.03 \ H$$

所以互感为

$$M = \frac{L_F - L_R}{4} = \frac{0.24 - 0.03}{4} \ H \approx 0.053 \ H$$

可用此法通过实验测量互感。

2. 互感线圈的并联

互感线圈的并联也有两种连接方式,一种是两个线圈的同极性端相连,称为同侧并联;另一种是两个线圈的异极性端相连,称为异侧并联。

1)同侧并联

图 6-13 所示电路为两线圈同侧并联,可推导出其等效电感 L' 为

$$L' = \frac{L_1 L_2 - M^2}{L_1 + L_2 - 2M} \tag{6-12}$$

2)异侧并联

图 6-14 所示电路为两线圈异侧并联,其等效电感为

$$L'' = \frac{L_1 L_2 - M^2}{L_1 + L_2 + 2M} \tag{6-13}$$

  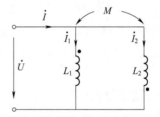

图 6-13　互感线圈的同侧并联　　　　图 6-14　互感线圈的异侧并联

【实验与技能训练】——互感线圈的连接与测试

(1)分别用直流法和交流法测定两个磁耦合线圈的同极性端。

(2)将两个磁耦合线圈分别进行顺向、反向串联接到 220 V,50 Hz 的正弦交流电源上,分别测量两种情况下的电流和功率,从而计算出它们的互感系数。

【思考题】

(1)想一想我国古代四大发明之一——"指南针"是根据什么原理制成的?

(2)磁场中的物理量有哪些? 各自的单位是什么?

(3)铁磁材料有哪些磁性能? 你能解释磁化现象吗? 铜和铝能被磁化吗? 为什么?

(4)磁路与电路有什么区别? 有什么相似之处?

(5)涡流是如何产生的? 什么情况下利用涡流? 什么情况下减小涡流? 在变压器和电机中是如何减少涡流的?

(6)两个形状、大小和匝数完全相同的环形线圈,其中一个用木芯,另一个用铁芯,当两线圈通以等值的电流时,木芯和铁芯中的 Φ、B 值是否相等? 为什么?

(7)互感现象与自感现象有何不同?

(8)线圈间的互感系数 M 与哪些因素有关? 线圈间的耦合有哪几种情况? 各自的耦合系数等于什么? 各应用于什么场合?

(9)在计算互感电压时,互感电压与互感磁通的参考方向符合什么定则?

(10)两互感线圈的同极性端是怎样定义的? 若已知磁耦合线圈的绕向及相对位置,如何判定两互感线圈的同极性端?

(11)若未知磁耦合线圈的绕向,如何确定两互感线圈的同极性端?

（12）用直流法和交流法测定两个磁耦合线圈的同极性端,这两种方法的原理是什么?

（13）在实践操作中,若不测量电路的功率,只测量电路的电流,怎样测量两个磁耦合线圈的互感?

（14）耦合线圈的串联和并联实际应用中常用哪几种形式? 其等效电感分别为多少? 如果实际中不慎将线圈的端子接反了,会出现什么现象?

6.2　变压器

变压器是根据电磁感应原理制成的一种静止的电气设备,用它可以把某一电压等级的交流电变为同频率的另一电压等级的交流电。变压器是电工、电子电路中的重要设备。本节介绍单相变压器、三相变压器和其他用途变压器的用途、结构、工作原理。

6.2.1　单相变压器

1. 单相变压器的结构

构成单相变压器的主要部件是铁芯和绕组。

变压器铁芯用磁滞损耗很小的硅钢片(厚度为 0.35~0.5 mm)叠装而成,片间相互绝缘,以减小涡流损失。

按绕组与铁芯的安装位置,变压器可分为心式和壳式两种。心式变压器的绕组套在各铁芯柱上,如图 6-15(a)所示;壳式变压器的绕组只套在中间的铁芯柱上,绕组两侧被外侧铁芯柱包围,如图 6-15(b)所示。电力变压器多采用心式,小型变压器多采用壳式。

变压器绕组可分为同心式和交叠式两类。同心式绕组的高、低压绕组同心地套在铁芯柱上,为便于绝缘,一般低压绕组靠近铁芯。同心式绕组结构简单,制造方便,国产电力变压器均采用这种结构。交叠式绕组制成饼形,高、低压绕组上下交叠放置,主要用于电焊、电炉等变压器中。

变压器运行时因有铜损和铁损而发热。为了防止变压器因温度过高而烧坏,必须采取冷却散热措施。按冷却方式不同,变压器可分为自冷式和油冷式两种。小型变压器多采用自冷式,即在空气中自然冷却;容量较大的变压器多采用油冷式,即把变压器的铁芯和绕组全部浸在油箱中,油箱中的变压器油(矿物油)除了使变压器冷却外,还是很好的绝缘材料。为了容易散热,常采用波形壁来增加散热面。大型电力变压器常在箱壁上焊有散热管,不但增加了散热面,而且使油经过管子循环流动,加强油的对流作用以促进变压器的冷却。

变压器从电源输入电能的绕组称为一次绕组(或称为初级绕组、原绕组);向负载输出电能的绕组称为二次绕组(或称为次级绕组、副绕组)。电路图中表示单相变压器的符号如图 6-16 所示。

（a）心式变压器　　　　　　（b）壳式变压器

图 6-15　变压器的基本结构

图 6-16　单相变
压器的符号

2. 单相变压器的工作原理

1）单相变压器的空载运行

单相变压器空载运行就是一次绕组加额定电压而二次绕组开路（不接负载）时的工作情况。例如,某用户的全部用电设备停止工作时,专给此用户供电的变压器就处于空载运行状态。

图 6-17 为单相变压器的空载运行原理图。为了便于分析,将匝数为 N_1 的一次绕组和匝数为 N_2 的二次绕组分别画在闭合铁芯的两个柱上。

一次绕组两端加上交流电压 u_1 时,便有交变电流 i_0 通过一次绕组,i_0 称为空载电流。大、中型变压器的空载电流为一次侧额定电流的 3% ~ 8%。变压器空载时一次绕组近似为纯电感电路,故 i_0 较 u_1 滞后 $\dfrac{\pi}{2}$,此时一次绕组的交变磁通势为 $i_0 N_1$,它产生交变磁通,因为铁芯的磁导率比空气（或油）大得多,绝大部分磁通通过铁芯磁路交链着一、二次绕组,称为主磁通或工作磁通,记为 ϕ;还有少量磁通穿出铁芯沿着一次绕组外侧通过空气或油而闭合,这些磁通只与一次绕组交链,称为漏磁通,记作 $\phi_{\sigma1}$,漏磁通一般都很小,为了使问题简化,可以略去不计。

图 6-17　单相变压器的空载运行原理图

根据电磁感应定律,交变的主磁通 ϕ 在一、二次绕组中分别感应出电动势 e_1 与 e_2 有

$$\begin{cases} e_1 = -N_1 \dfrac{\mathrm{d}\phi}{\mathrm{d}t} \\ e_2 = -N_2 \dfrac{\mathrm{d}\phi}{\mathrm{d}t} \end{cases} \tag{6-14}$$

若外加电压 u_1 按正弦变化,则 i_0 与 Φ 也都按正弦变化。设 ϕ 的初相为零,即 $\phi = \Phi_m \sin \omega t$,式中,$\Phi_m$ 为主磁通的幅值。将 ϕ 代入式（6-14）中得

$$\begin{cases} e_1 = -N_1 \dfrac{\mathrm{d}\phi}{\mathrm{d}t} = -N_1 \dfrac{\mathrm{d}\Phi_m \sin \omega t}{\mathrm{d}t} = -N_1 \Phi_m \omega \cos \omega t = E_{1m} \sin\left(\omega t - \dfrac{\pi}{2}\right) \\ e_2 = -N_2 \dfrac{\mathrm{d}\phi}{\mathrm{d}t} = -N_2 \dfrac{\mathrm{d}\Phi_m \sin \omega t}{\mathrm{d}t} = -N_2 \Phi_m \omega \cos \omega t = E_{2m} \sin\left(\omega t - \dfrac{\pi}{2}\right) \end{cases} \tag{6-15}$$

可见 e_1 和 e_2 的相位都比 ϕ 滞后 $\dfrac{\pi}{2}$;因为 i_0 与产生的磁通 ϕ 是同相的,而 i_0 与外加电压 u_1 相比,滞后 $\dfrac{\pi}{2}$,所以 e_1 与 e_2 都与外加电压 u_1 反相。

由式（6-15）求得 e_1 与 e_2 的有效值分别为

$$\begin{cases} E_1 = \dfrac{1}{\sqrt{2}} E_{1m} = \dfrac{1}{\sqrt{2}} N_1 \Phi_m \omega = 4.44 f N_1 \Phi_m \\ E_2 = \dfrac{1}{\sqrt{2}} E_{2m} = \dfrac{1}{\sqrt{2}} N_2 \Phi_m \omega = 4.44 f N_2 \Phi_m \end{cases} \tag{6-16}$$

式中，$N_1\Phi_m\omega=2\pi f N_1\Phi_m=E_{1m}$；$N_2\Phi_m\omega=2\pi f N_2\Phi_m=E_{2m}$。由此可得

$$\frac{E_1}{E_2}=\frac{4.44fN_1\Phi_m}{4.44fN_2\Phi_m}=\frac{N_1}{N_2} \tag{6-17}$$

即一、二次绕组中的感应电动势之比等于一、二次绕组匝数之比。

由于变压器的空载电流 I_0 很小，一次绕组中的电压降可略去不计，故一次绕组的感应电动势 E_1 近似地与外加电压 U_1 相平衡，即 $U_1\approx E_1$。而二次绕组是开路的，其端电压 U_{20} 就等于感应电动势 E_2，即 $U_{20}=E_2$。于是有

$$\frac{U_1}{U_{20}}\approx\frac{E_1}{E_2}=\frac{N_1}{N_2}=k \tag{6-18}$$

式(6-18)说明，变压器空载时，一、二次绕组端电压之比近似等于电动势之比(即匝数之比)，这个比值 k 称为变压比，简称变比。

式(6-18)可写成：$U_1\approx kU_{20}$。若 $k>1$，则 $U_{20}<U_1$，是降压变压器；若 $k<1$，则 $U_{20}>U_1$，是升压变压器。

一般地，变压器的高压绕组总有几个抽头，以便在运行中随着负载的变动或外加电压 U_1 稍有变动时，用来改变高压绕组匝数，从而调整低压绕组的输出电压。通常调整范围为额定电压的 $\pm5\%$。

例6-4 有一台单相降压变压器，一次绕组接到 6 600 V 的交流电源上，二次绕组的电压为 220 V，试求其变比。若一次绕组的匝数 $N_1=3\ 300$ 匝，试求二次绕组的匝数 N_2。若电源电压减小到 6 000 V，为使二次绕组的电压保持不变，试问一次绕组的匝数应调整到多少？

解 变比为

$$k=\frac{N_1}{N_2}\approx\frac{U_1}{U_{20}}=\frac{6\ 600}{220}=30$$

二次绕组的匝数为

$$N_2=\frac{N_1}{k}=\frac{3\ 300}{30}=110\ \text{匝}$$

若 $U_1'=6\ 000$ V，U_{20} 不变，则一次绕组的匝数应调整为

$$N_1'=N_2\frac{U_1'}{U_{20}}=110\times\frac{6\ 000}{220}=3\ 000\ \text{匝}$$

2）单相变压器的负载运行

单相变压器的负载运行是指一次绕组加额定电压，二次绕组与负载相接通时的运行状态，如图 6-18 所示。这时二次电路中有了电流 i_2，它的大小由二次绕组电动势 E_2 和二次电路的总阻抗来决定。

图 6-18 单相变压器的负载运行原理图

因为变压器一次绕组的电阻很小,它的电阻电压降可忽略不计。实际上,即使变压器满载,一次绕组的电压降也只有额定电压 U_{1N} 的 2% 左右,所以变压器负载时仍可近似地认为 U_1 等于 E_1。由式(6-16)可得

$$U_1 \approx 4.44fN_1\Phi_m$$

上式是反映变压器基本原理的重要公式,它说明,不论是空载还是负载运行,只要加在变压器一次绕组的电压 U_1 及其频率 f 都保持一定,铁芯中工作磁通的幅值 Φ_m 就基本上保持不变,那么,根据磁路欧姆定律,铁芯磁路中的磁通势也应基本不变。

空载时,铁芯磁路中的磁通是由一次磁通势 i_0N_1 产生和决定的。设负载时一、二次电流分别为 i_1 与 i_2,则此时铁芯中的磁通是由一、二次磁通势共同产生和决定的。它们都是正弦量,可用相量表示。前面说过,铁芯磁路中的磁通势基本不变,所以负载时的合成磁通势应近似等于空载时的磁通势,即

$$\dot{I}_1N_1 + \dot{I}_2N_2 = \dot{I}_0N_1 \tag{6-19}$$

式(6-19)称为变压器负载运行时的磁通势平衡方程,此式也可写成

$$\dot{I}_1N_1 = \dot{I}_0N_1 + (-\dot{I}_2N_2)$$

上式表明,负载时一次绕组的电流建立的磁通势 $\dot{I}_1N_1$ 可分为两部分:其一是 $\dot{I}_0N_1$,用来产生主磁通 Φ_m;其二是 $-\dot{I}_2N_2$,用来抵偿二次绕组电流所建立的磁通势 $\dot{I}_2N_2$,从而保持 Φ_m 基本不变。当变压器接近满载时,$\dot{I}_0N_1$ 的远小于 $\dot{I}_1N_1$,即可认为 $I_0N_1 \approx 0$,则 $\dot{I}_1N_1 \approx -\dot{I}_2N_2$。表明:$\dot{I}_1N_1$ 与 $\dot{I}_2N_2$ 近似相等而且反相。若只考虑量值关系,则

$$I_1N_1 \approx I_2N_2$$

或

$$\frac{I_1}{I_2} = \frac{N_2}{N_1} = \frac{1}{k} \tag{6-20}$$

式(6-20)表明,变压器接近满载时,一、二次绕组的电流近似地与绕组匝数成反比,即变压器有变流作用。应当指出,式(6-20)只适用于满载或重载的运行状态,而不适用于轻载的运行状态。

由以上分析可知,变压器负载加大(即 I_2 增加)时,一次电流 I_1 必然相应增加,电流能量经过铁芯中磁通的媒介作用,从一次电路传递到二次电路。

对于用户来说,变压器的二次绕组相当于电源,在一次绕组外加电压不变的条件下,变压器的负载电流 I_2 增大时,二次绕组的内部电压降也增大,二次绕组的端电压 U_2 将随负载电流的变化而变化,这种特性称为变压器的外特性,对于感性负载,可用图 6-19 所示的曲线表示。现代电力变压器从空载到满载,二次绕组的电压变化约为额定电压的 4%~6%(称为电压变化率)。

变压器除有变压作用和变流作用之外,还可用来实现阻抗的变换。设在变压器的二次侧接入阻抗 Z_L,那么在一次侧看,这个阻抗值相当于多少呢? 由图 6-20 可知,从一次绕组输入端看进去的输入阻抗值 $|Z_L'|$ 为

$$|Z_L'| = \frac{U_1}{I_1} = \frac{kU_2}{k^{-1}I_2} = k^2|Z_L| \tag{6-21}$$

式(6-21)说明,变压器二次侧的负载阻抗值 $|Z_L|$ 反映到一次侧的阻抗值 $|Z_L'|$,近似为 $|Z_L|$ 的 k^2 倍,起到了阻抗变换的作用。图 6-20 是表示这种变换作用的等效电路图。

例如,把一个 8 Ω 的负载电阻接到 $k=3$ 的变压器二次侧,折算到一次侧就是 $R' \approx 3^2 \times 8\ \Omega =$

72 Ω。可见，选用不同的变比，就可把负载阻抗变换成为等效二端网络所需的阻抗值，使负载获得最大功率，这种做法称为阻抗匹配，在广播设备中常用到，该变压器称为输出变压器。

图 6-19　变压器的外特性曲线

图 6-20　变压器阻抗变换的等效电路图

例 6-5　有一台降压变压器，一次绕组电压为 220 V，二次绕组电压为 110 V，一次绕组为 2 200 匝，若二次绕组接入 10 Ω 的阻抗，试求：变压器的变比，二次绕组匝数，一、二次绕组中电流各为多少？

解　变压器变比为

$$k = \frac{U_1}{U_2} = \frac{220}{110} = 2$$

二次绕组匝数为

$$N_2 = \frac{N_1 U_2}{U_1} = \frac{2\,200 \times 110}{220} = 1\,100 \text{ 匝}$$

二次绕组电流为

$$I_2 = \frac{U_2}{|Z_L|} = \frac{110}{10} \text{ A} = 11 \text{ A}$$

一次绕组电流为

$$I_1 = \frac{N_2}{N_1} I_2 = \frac{1\,100}{2\,200} \times 11 \text{ A} = 5.5 \text{ A}$$

3. 变压器的功率和效率

变压器一次绕组的额定电压 U_{1N} 是设计时按照变压器的绝缘强度和容许发热规定的一次绕组上应加的电压值；二次绕组的额定电压 U_{2N} 是一次侧加额定电压而变压器空载时二次绕组端电压值。变压器的额定电流 I_{1N}、I_{2N} 是按照变压器容许发热规定的一、二次绕组中能长期允许通过的最大电流值。实际运用中不得超过各项额定值，否则会由于发热过多或绝缘破坏而使变压器受到损害。

二次绕组的额定电压与额定电流的乘积 $U_{2N}I_{2N}$ 称为变压器的额定容量 S_N，也就是变压器的额定视在功率，以 kV·A 为单位。

变压器实际输出的有功功率 P_2 不仅决定于二次侧的实际电压 U_2 与实际电流 I_2，而且还与负载的功率因数 $\cos \varphi_2$ 有关，即 $P_2 = U_2 I_2 \cos \varphi_2$，其中 φ_2 为 u_2 与 i_2 的相位差。

变压器输入功率决定于它的输出功率。输入的有功功率为 $P_1 = U_1 I_1 \cos \varphi_1$。

变压器输入功率与输出功率之差（$P_1 - P_2$）是变压器本身消耗的功率，称为变压器的功率损耗，简称损耗，它包括以下两部分：

铜损耗 P_{Cu}：由于一、二次绕组具有电阻 r_1、r_2，当电流 i_1、i_2 通过时，有一部分电能变成热能，其值为 $P_{Cu} = r_1 I_1^2 + r_2 I_2^2$。铜损耗与电流有关，随负载而变化，因而也称可变损耗。

铁损耗 P_{Fe}：它是铁芯中的涡流损耗 P_e 与磁滞损耗 P_h 之和，即 $P_{Fe} = P_e + P_h$。频率一定时，铁损耗与铁芯中交变磁通的幅值 Φ_m 有关。而当电源电压 U_1 一定时, Φ_m 基本不变,因而铁损耗与变压器的负载大小无关。所以,铁损耗也称为固定损耗。

输出功率和输入功率之比就是变压器的效率,记为 η,即

$$\eta = \frac{P_2}{P_1} \times 100\% = \frac{P_2}{P_2 + P_{Cu} + P_{Fe}} \times 100\% \tag{6-22}$$

变压器没有转动部分,也就没有机械摩擦损耗,因此它的效率很高,大容量变压器最高效率可达 98% ~ 99%。

6.2.2 三相变压器

1. 三相变压器的结构和工作原理

对于三相电源进行电压变换,可用三台单相变压器组成的三相变压器组,或用一台三相变压器来完成。

三相变压器的铁芯有三个芯柱,每个芯柱上装有属于同一相的两个绕组,如图 6-21 所示。就每一相来说,其工作情况和单相变压器完全相同。

图 6-21 三相变压器

三相变压器或三个单相变压器的一次绕组和二次绕组都可分别接成星形或三角形,实际上常用的接法有 $Y,y(Y/Y)$、$Y,yn(Y/Y_0)$ 和 $Y,d(Y/\triangle)$ 连接,逗号前(或分子)表示高压线圈连接,逗号后(或分母)表示低压线圈连接,$yn(Y_0)$ 表示星形连接有中性线引出。

2. 三相变压器的铭牌和额定值

使用变压器时,必须掌握其铭牌上的技术数据。变压器铭牌上一般注明下列内容:

型号:表示变压器的结构、容量、冷却方式、电压等级等。例如,S9-1000/10,S 表示基本型号(如 S 表示三相),9 表示产品设计序号,1000 表示额定容量($kV \cdot A$),10 表示高压绕组电压等级(kV)。

额定电压:一次侧的额定电压是根据变压器的绝缘强度和允许发热条件而规定的正常工作电压值,二次侧的额定电压是当一次绕组加上额定电压,而变压器分接开关置于额定分接头处时,二次绕组的空载电压值,单位为 V 或 kV。三相变压器的额定电压指线电压。

额定电流:是根据变压器容许发热条件所规定的绕组长期允许通过的最大电流值,单位为 A。三相变压器的额定电流指线电流。

额定容量:制造厂家规定的在额定使用条件下变压器输出视在功率的保证值,单位为 $V \cdot A$ 或 $kV \cdot A$。

单相变压器的额定容量为:$S_N = U_{2N}I_{2N} \approx U_{1N}I_{1N}$。

三相变压器的额定容量为：$S_N = \sqrt{3}\,U_{2N}I_{2N} \approx \sqrt{3}\,U_{1N}I_{1N}$。

变压器的效率：变压器的输出功率与输入功率之比。变压器的功率损耗包括铁芯的铁损耗和绕组上的铜损耗两部分。由于变压器的功率损耗很小，所以变压器的效率一般都很高，对于大中型变压器的效率一般都在 95% 以上。

额定频率：我国工业标准频率规定为 50 Hz。

此外，还有温升、阻抗电压、连接组别等参数。1 000 kV·A 以上的变压器铭牌上还标有空载电流、空载损耗及短路损耗等，这里不再一一介绍，读者可参看有关资料。

6.2.3 其他用途变压器

1. 自耦变压器

普通双绕组变压器一、二次绕组之间仅有磁的耦合，并无电的直接联系。而单相自耦变压器只有一个绕组，如图 6-22 所示，即一、二次绕组公用一部分绕组，所以自耦变压器一、二次绕组之间除有磁的耦合外，又有电的直接联系。实质上自耦变压器就是利用一个绕组抽头的办法来改变电压的一种变压器。

以图 6-22 所示的自耦变压器为例，将匝数为 N_1 的一次绕组与电源相接，其电压为 u_1；匝数为 N_2 二次绕组（一次绕组的一部分）接通负载，其电压为 u_2。自耦变压器的绕组也套在闭合铁芯的芯柱上，工作原理与普通变压器一样，一、二次电压、电流与匝数的关系仍为

$$\frac{U_1}{U_2} \approx \frac{N_1}{N_2} = k; \qquad \frac{I_1}{I_2} = \frac{N_2}{N_1} = \frac{1}{k}$$

可见，适当选用匝数 N_2，二次侧就可得到所需的电压。

自耦变压器的中间出线端，如果做成能沿着整个线圈滑动的活动触点，如图 6-22(b) 所示，这种自耦变压器称为自耦调压器，其二次电压 U_2 可在 0 到稍大于 U_1 的范围内变动。图 6-22(c) 所示是单相自耦调压器的外形。

（a）符号　　　　　（b）原理示意图　　　　　（c）外形

图 6-22　单相自耦变压器

小型自耦变压器常用来启动交流电动机，在实验室和小型仪器上常作为调压设备，也可用在照明装置上来调节亮度。电力系统中也应用大型自耦变压器作为电力变压器。

因为自耦变压器的一、二次绕组有直接的电的联系，一旦公共部分断开，高压将引入低压侧，造成危险。所以，自耦变压器的变比不宜过大，通常选择变比 $k<3$，而且不能用自耦变压器作为 36 V 以下安全电压的供电电源。

三相自耦变压器通常是接成星形的，如图 6-23 所示。

图 6-23　三相自耦变压器

2. 电焊变压器

交流弧焊机应用很广。电焊变压器是交流弧焊机的主要组成部分。它是利用变压器外特性的性能而工作的,实际上是一台降压变压器。

要保证电焊的质量及电弧燃烧的稳定性,对电焊变压器有以下几点要求:

(1)空载时应有足够的引弧电压(60～75 V),以保证电极间产生电弧。但考虑操作者的安全,空载起弧电压不超过 85 V。

(2)有载(即焊接)时,变压器应具有迅速降压的外特性。在额定负载时的输出电压(焊钳与工件间产生电弧,并稳定燃烧时)约为 30 V。

(3)短路时(焊条与工件相碰瞬间),短路电流不能过大,以免损坏焊机。

(4)为了适应不同的焊件和不同规格的焊条,要求焊接电流的大小在一定范围内要均匀可调。

由变压器的工作原理可知,引起变压器二次侧电压下降的内因是二次侧内阻抗的存在,而普通变压器二次侧内阻抗很小,内阻抗压降很小,从空载到额定负载变化不大,不能满足电焊的要求。因此,电焊变压器应具有较大的电抗,才能使二次侧的电压迅速下降,并且电抗还要可调。改变电抗的方法不同,可得到不同类型的电焊变压器。

图 6-24 是在二次绕组电路中串联一个可变电抗器的电焊变压器的原理图。调节电抗器的调节螺栓来改变电抗器空气隙的长度,就可调节其电抗的大小,从而调节焊接电流的大小。空气隙增大,电抗器的感抗随之减小,电流就随之增大。

图 6-24　电焊变压器的原理图

在图 6-24 中,变压器的一、二次绕组分别绕在两个铁芯柱上,使绕组有较大的漏磁通。漏磁通只与各绕组自身交链,它在绕组中产生的自感电动势起着减弱电流的作用,因此可用一个电抗来反映这种作用,称为漏电抗,它与绕组本身的电阻合称为漏阻抗。漏磁通越大,该绕组本身的漏电抗就越大,漏阻抗也就越大。对负载来说,二次绕组相当于电源,那么二次绕组本身的漏阻抗就相当于电源的内部阻抗,漏阻抗大就是电源的内阻抗大,会使变压器的外特性曲线变陡,即二次侧的端电压 U_2 将随电流 I_2 的增大而迅速下降,这样就满足了有载时二次电压迅速下降以及短路瞬间短路电流不致过大的要求。

3. 仪用互感器

专供测量仪表、控制和保护设备用的变压器称为仪用互感器。仪用互感器有两种:电压互感器和电流互感器。利用互感器将待测的电压或电流按一定比率减小以便于测量;且将高压电路与测量仪表电路隔离,以保证安全。互感器实质上就是损耗低、变比精确的小型变压器。

电压互感器的原理图如图 6-25 所示。由图看到,高压电路与测量仪表电路只有磁的耦合而无电的直接连通。为防止互感器一、二次绕组之间绝缘损坏时造成危险,铁芯以及二次绕组的一端应当接地。

电压互感器的主要原理是根据式(6-18),即

$$\frac{U_1}{U_2} = \frac{N_1}{N_2}$$

为降低电压,要求 $N_1 > N_2$,一般规定二次侧的额定电压为 100 V。

电流互感器的原理图如图 6-26 所示。

电流互感器的主要原理是根据式(6-20),即

$$\frac{I_1}{I_2} = \frac{N_2}{N_1}$$

为减小电流,要求 $N_1 < N_2$,一般规定二次侧的额定电流为 5 A。

使用互感器时,必须注意:由于电压互感器的二次绕组电流很大,因此绝不允许短路;电流互感器的一次绕组匝数很少,而二次绕组匝数较多,这将在二次绕组中产生很高的感应电动势,因此电流互感器的二次绕组绝不允许开路。

图 6-25　电压互感器的原理图

图 6-26　电流互感器的原理图

便携式钳形电流表就是利用电流互感器原理制成的。图 6-27 是它的外形图和原理图,其二次绕组端接有电流表,铁芯由两块 U 形元件组成,用手柄能将铁芯张开与闭合。

（a）外形图　　　　　　（b）原理图

图 6-27　钳形电流表

测量电流时,不需要断开待测电路,只需要张开铁芯将待测的载流导线钳入[即图 6-24(a)中的 A、B 端],这根导线就称为互感器的一次绕组,于是可从电流表直接读出待测电流值。

【实验与技能训练】——小型变压器的测试

按照图 6-28 所示电路接好线路,调节调压器使单相变压器空载时的输出为 220 V,然后分别在变压器的二次侧接入一只、二只、三只 220 V/25 W 的灯泡,测量单相变压器的输入电压和输出电压、输入电流和输出电流,将测量数据填入表 6-1 中。根据表 6-1 中的数据计算 $|Z_L|$、$|Z'_L|$ 值,分析变压器的阻抗变换作用。

图 6-28 小型变压器变换电压、电流和阻抗的测试电路图

表 6-1 变压器电压变换、电流变换和阻抗变换作用

灯泡数	一次侧			二次侧		
	电压 U_1/V	电流 I_1/A	阻抗 $|Z'_L|$/Ω	电压 U_2/V	电流 I_2/A	阻抗 $|Z_L|$/Ω
0						
1						
2						
3						

【思考题】

(1)已知一台 220 V/110 V 的单相变压器,一次绕组 400 匝、二次绕组 200 匝,可否一次绕组只绕两匝、二次绕组只绕一匝? 为什么?

(2)变压器空载运行且一次绕组加额定电压时,为什么空载电流并不因为一次绕组电阻很小而很大?

(3)变压器的铭牌上标明 220 V/36 V、300 V·A,问下列哪一种规格的电灯能接在此变压器的二次侧中使用? 为什么?

电灯规格:36 V、500 W;36 V、60 W;12 V、60 W;220 V、25 W。

(4)三相变压器的额定电压是相电压还是线电压? 额定电流是相电流还是线电流? 利用变压比、变流比计算时又是什么电压? 什么电流?

(5)自耦变压器的结构特点是什么? 有哪些优、缺点?

(6)电压互感器和电流互感器使用时应注意什么问题? 为什么?

(7)对电焊变压器有什么要求? 电焊变压器在结构上有什么特点?

小 结

（1）磁路是磁通集中通过的路径，由于铁磁性物质具有高导磁性，所以很多电气设备均用铁磁材料构成磁路。磁路与电路有对偶性。磁通与电流、磁通势与电动势，磁阻与电阻一一对应，甚至磁路的欧姆定律与电路的欧姆定律也相对应。但由于铁磁性物质的磁阻不是常数，故磁路欧姆定律常用于定性分析。

（2）互感。一个线圈通过电流所产生的磁通穿过另一个线圈的现象，称为互感现象或磁耦合。

互感系数为：$M = \dfrac{\Psi_{21}}{i_1} = \dfrac{\Psi_{12}}{i_2}$。

耦合系数 k：表示两个线圈耦合的紧密程度，$k = \dfrac{M}{\sqrt{L_1 L_2}}$，$0 \leqslant k \leqslant 1$。

互感电压：选择互感电压和产生它的电流的参考方向对同极性端一致时，有 $u_{12} = M \dfrac{di_2}{dt}$，$u_{21} = M \dfrac{di_1}{dt}$。

对于正弦交流电路有 $\dot{U}_{21} = j\omega M \dot{I}_1 = jX_M \dot{I}_1$，$\dot{U}_{12} = j\omega M \dot{I}_2 = jX_M \dot{I}_2$。

（3）同极性端。电流分别从同极性端流入，磁耦合线圈中的自感磁通和互感磁通相助。用同极性端来表示线圈的绕向。

（4）两互感线圈顺向串联时，等效电感为 $L_F = L_1 + L_2 + 2M$。两互感线圈反向串联时，等效电感为 $L_R = L_1 + L_2 - 2M$。互感系数为 $M = \dfrac{L_F - L_R}{4}$。

两线圈同侧并联时，等效电感为 $L = \dfrac{L_1 L_2 - M^2}{L_1 + L_2 - 2M}$；异侧并联时，等效电感为 $L = \dfrac{L_1 L_2 - M^2}{L_1 + L_2 + 2M}$。

（5）变压器是根据电磁感应原理制成的静止电气设备，它主要由用硅钢片叠成的铁芯和套在铁芯柱上的绕组构成。只要一、二次绕组匝数不等，变压器就具有变电压、变电流和变换阻抗的功能，这些物理量与匝数的关系如下：

$$\frac{U_1}{U_2} = \frac{N_1}{N_2} = k, \quad \frac{I_1}{I_2} = \frac{N_2}{N_1} = \frac{1}{k}, \quad |Z_L'| = \left(\frac{N_1}{N_2}\right)^2 |Z_L| = k^2 |Z_L|$$

（6）常用的变压器有三相变压器、自耦变压器、仪用互感器、电焊变压器，其基本结构、工作原理与普通变压器基本相同，但又各有其特点。

习 题

一、填空题

1. 表示磁场内某点的磁场强弱和方向的物理量是_____，其单位是_____；表征物质导磁能力大小的物理量是_____，其单位是_____，它_____（是，不是）一个常数。

2. 把 μ_r_____ 1 但接近于 1 的物质称为顺磁物质，把 μ_r_____ 1 且接近于 1 的物质称为逆磁物质，铁磁物质的 μ_r_____ 1。

3. 把磁场中某点的磁感应强度与磁导率的比值,称为_____,其单位是_____。

4. 铁磁物质的磁性能有_____、_____、_____和_____。

5. 根据工程上用途的不同,铁磁性材料一般可分为_____材料、_____材料和_____材料三大类,其中电机、电器的铁芯通常采用_____材料制作。

6. _____经过的路径称为磁路。磁路的欧姆定律表达式为_____。

7. 由于一个线圈中的电流变化在另一个线圈中产生感应电压的现象称为_____,产生的感应电压称为_____。此时若线圈 1 中电流 i_1 变化在线圈 2 中产生的互感电压记作_____,其大小的表达式为_____;同理,线圈 2 中电流 i_2 的变化在线圈 1 产生的互感电压记作_____,其大小的表达式为_____。

8. 互感系数简称互感,用_____表示,其国际单位是_____。它是线圈之间的固有参数,它取决于两线圈的_____、_____、_____和_____。

9. 两线圈相互靠近,其耦合程度用耦合系数 k 表示,k 的表达式为_____,其取值范围是_____;当 $k = 1$ 时,称为_____耦合。

10. 已知两线圈,$L_1 = 12$ mH,$L_2 = 3$ mH,若 $k = 0.4$,则 $M = $_____;若两线圈为全耦合,则 $M = $_____。

11. 互感线圈的顺向串联是指_____,顺向串联后的等效电感为_____;反向串联是指_____,反向串联后的等效电感为_____。

12. 两互感线圈,$L_1 = 10$ H,$L_2 = 8$ H,$M = 1$ H,顺向串联时等效电感为_____;反向串联时等效电感为_____。

13. 两互感线圈,$L_1 = 0.1$ H,$L_2 = 0.2$ H,$M = 0.1$ H,将其同极性端并联后,其等效电感为_____;将其异极性端并联后,其等效电感为_____。

14. 变压器是根据_____原理而制成的,它是将一种_____变换成_____相同的另一种_____或几种_____的_____。

15. 变压器具有_____、_____、_____和_____的作用。

16. 变压器的器身是变压器的_____组成部分,它主要由_____和_____构成,前者既是变压器的_____,又是变压器的_____;后者是变压器的_____。

17. 变压器运行中,绕组中电流的热效应引起的损耗称为_____损耗,交变磁场在铁芯中所引起的_____损耗和_____损耗合称为_____损耗。其中_____损耗又称不变损耗,_____损耗又称可变损耗。

18. 自耦变压器的特点是一、二次绕组不仅_____,而且_____。仪用互感器是电力系统中_____设备,主要可分为_____和_____两类。

19. 电流互感器一次绕组的匝数_____(多、少),与被测线路_____(串联、并联);二次绕组的匝数_____(多、少),与_____连接,在使用中二次侧不得_____(开路、短路)。电压互感器一次侧的匝数_____(多、少),与被测线路_____(串联、并联);二次绕组匝数_____(多、少),与_____连接,在使用中二次侧不得_____(开路、短路)。

20. 电焊变压器为保证启弧容易,一般空载电压 $U_{20} = $_____,最高不超过_____V;额定焊接时电压 U_2 约为_____V。

21. 发电厂向外输送电能时,应通过_____变压器将发电机的出口电压进行变换后输送;分配电能时,需通过_____变压器将输送的电能变换后供应给用户。

二、选择题

1. 变压器的同极性端的含义是(　　　)。

    A. 变压器的两个输入端

    B. 变压器的两个输出端

    C. 当分别从一、二次侧的一端输入电流时,一、二次绕组的自感磁通与互感磁通的方向一致,这两端即为同极性端

    D. 当分别从一、二次侧的一端输入电流时,一、二次绕组的自感磁通与互感磁通的方向相反,这两端即为同极性端

2. 线圈自感电压的大小与(　　　)有关。

    A. 线圈中电流的大小　　　　　　　　　　B. 线圈两端电压的大小

    C. 线圈中电流变化的快慢　　　　　　　　D. 线圈电阻的大小

3. 有一线圈,忽略电阻,其电感 $L = 0.02$ H,当线圈中流过电流 $i = 20$ A 的瞬间,电流增加的速率为 2×10^3 A/s,此时电感两端的电压是(　　　)。

    A. 40 V　　　　　　　B. 0.4 V　　　　　　　C. 0 V　　　　　　　D. 800 V

4. 当线圈 1 中电流每秒变化 20 A,线圈 2 中产生的互感电压的大小是 0.2 V,则两线圈的互感是(　　　)。

    A. −0.01 H　　　　　B. −100 H　　　　　C. 0.01 H　　　　　D. 100 H

5. 互感电压 u_{12} 的大小取决于(　　　)。

    A. 某时刻的电流 i_1　　　　　　　　　　B. 某时刻的电流 i_2

    C. 某时刻的电流 i_1 的变化率　　　　　　D. 某时刻的电流 i_2 的变化率

6. 有互感的线圈串联,$L_顺$ 与 $L_反$ 的大小关系为(　　　)。

    A. $L_顺 = L_反$　　　　B. $L_顺 > L_反$　　　　C. $L_顺 < L_反$　　　　D. 无法确定

7. 两个具有互感的线圈串联在一起,测得总电感量为 175 mH,将其中一个线圈对换两端后,测得总电感为 825 mH,两线圈之间的互感为(　　　)。

    A. 650 mH　　　　　B. 325 mH　　　　　C. 162.5 mH　　　　D. 81.25 mH

8. 将两个 2 mH 的电感串联在一起(无互感),其等效电感为(　　　)。

    A. 2 mH　　　　　　B. 1 mH　　　　　　C. 4 mH　　　　　　D. 3 mH

9. 将两个 1 mH 的电感并联在一起(无互感顺并),其等效电感为(　　　)。

    A. 2 mH　　　　　　B. 1 mH　　　　　　C. 0.5 mH　　　　　D. 3 mH

10. 单相变压器的一次电压 $U_1 \approx 4.44 f N_1 \Phi_m$,这里的 Φ_m 是指(　　　)。

    A. 主磁通　　　　　B. 漏磁通　　　　　C. 主磁通与漏磁通的合成

11. 三相变压器的额定容量 $S_N = ($　　　$)$。

    A. $3U_{2N}I_{2N} = 3U_{1N}I_{1N}$　　B. $\sqrt{3}U_{2N}I_{2N} = \sqrt{3}U_{1N}I_{1N}$　　C. $\sqrt{3}U_{1N}I_{1N}\cos\varphi_{1N}$

12. 变压器铁芯采用相互绝缘的薄硅钢片叠成,主要目的是为了降低(　　　)。

    A. 铜耗　　　　　　B. 涡流损耗　　　　　C. 磁滞损耗

13. 电压互感器在使用中,不允许(　　　)。

    A. 一次侧开路　　　B. 二次侧开路　　　C. 二次侧短路

14. 电流互感器在使用中,不允许(　　　)。

A. 一次侧开路   B. 二次侧开路   C. 二次侧短路

15. 变压器若带感性负载,从轻载到满载,其输出电压将会(   )。

    A. 升高   B. 降低   C. 不变

16. 自耦变压器不能作为安全电源变压器的原因是(   )。

    A. 公共部分电流太小

    B. 一、二次侧有电的联系

    C. 一、二次侧有磁的联系

三、判断题

1. 磁场强度 H 的大小不仅与励磁电流有关,还与介质的磁导率有关。   (   )

2. 磁耦合线圈互感 M 是线圈的固有参数,决定于它们的形状、尺寸、介质的种类,与两个线圈之间的相对位置无关。   (   )

3. 当用磁性材料做耦合磁路时,耦合系数 M 不一定是常数。   (   )

4. 两个互感线圈中,若一个线圈的互感电压大,说明在另一个线圈上的电流一定大。(   )

5. 实际极性始终相同的两端钮,称为同极性端。   (   )

6. 变压器顾名思义,当额定容量不变时,改变二次绕组匝数只能改变二次电压。(   )

7. 当变压器一次侧加额定电压,二次侧功率因数 $\cos \varphi_2$ 为一定时,$U_2 = f(I_2)$ 称为变压器的外特性。   (   )

8. 三相变压器铭牌上所标注的 S_N 是指在额定电流时所对应的输出有功功率。   (   )

9. 变压器空载电流 I_0 纯粹是为了建立主磁通 Φ,称为励磁电流。   (   )

10. 单相变压器从空载运行到额定负载运行时,二次电流 I_2 是从 I_{20} 增加到 I_{2N},因此,变压器一次电流 I_1 也是从的 I_{10} 增加到 I_{1N}。   (   )

11. 变压器一次电压不变,当二次电流增大时,则铁芯中的主磁通 Φ_m 也随之增大。   (   )

12. 变压器额定电压为 $U_{1N}/U_{2N} = 440 \text{ V}/220 \text{ V}$,若作升压变压器使用,可在低压侧接 440 V 电压,高压侧电压达 880 V。   (   )

13. 电流互感器在运行中,若需换接电流表,应先将电流表接线断开,然后接上新表。(   )

14. 自耦变压器由于一、二次侧有电的联系,所以不能作为安全变压器使用。   (   )

15. 三相变压器的变比等于一、二次侧每相额定相电压之比。   (   )

16. 变压器的损耗越大,其效率就越低。   (   )

17. 变压器从空载到满载,铁芯中的工作主磁通和铁耗基本不变。   (   )

18. 在电流互感器运行中,二次侧不允许开路,否则会感应出高电压而造成事故。   (   )

19. 变压器只能变换交流电,不能变换直流电。   (   )

20. 电机、电器的铁芯通常都是用软磁性材料制作的。   (   )

四、计算题

1. 已知两耦合线圈的电感分别为 $L_1 = 0.1 \text{ H}$,$L_2 = 0.4 \text{ H}$。试求:(1)$k = 0.2$ 时,$M = ?$ (2)$M = 0.2 \text{ H}$,$k = ?$

2. 已知两耦合线圈的 $L_1 = 5 \text{ mH}$,$L_2 = 4 \text{ mH}$。试求:(1)$k = 0.5$ 时,$M = ?$ (2)$M = 3 \text{ mH}$,$k = ?$ (3)若两线圈是全耦合,$M = ?$

3. 已知两个具有耦合关系的电感线圈的互感系数 $M = 0.04 \text{ mH}$,自感系数分别为 $L_1 =$

0.03 mH,$L_2 = 0.06$ mH。试求:耦合系数 k。

4. 两线圈的自感分别为 0.8 H 和 0.7 H,互感为 0.5 H,电阻不计。试求:当电源电压一定时,两线圈反向串联时的电流与顺向串联时的电流之比。

5. 一个可变电感器由一个固定线圈,与直径较小可以固定线圈中间旋转的可动线圈串联而成,当中间线圈旋转时,可由顺向串联逐渐变为反向串联,获得连续变动的电感。现得等效电感的最大值为 626.5 mH,最小为 106.5 mH。求互感 M 的变动范围。

6. 两个有磁耦合的线圈,外加电压为 $U = 220$ V、$f = 50$ Hz 的正弦电压。顺向串联时测得电流为 2.5A,功率为 62.5 W;反向串联时测得功率为 250 W。求互感系数 M。

7. 接在 220 V 交流电源上的单相变压器,其二次绕组电压为 110 V,若二次绕组匝数 350 匝。试求:(1)变压比;(2)一次绕组匝数 N_1。

8. 已知单相变压器的容量是 1.5 kV·A,电压是 220 V/110 V。试求一、二次绕组的额定电流。如果二次绕组电流是 13 A,一次绕组中的电流约为多少?

9. 一台 220 V/36 V 的行灯变压器,已知一次绕组的匝数 $N_1 = 1\,100$ 匝,试求二次绕组匝数?若在二次绕组接一盏 36 V、100 W 的白炽灯,问一次绕组中电流为多少(忽略空载电流和漏阻抗压降)?

10. 一台晶体管收音机的输出端要求最佳负载阻抗值为 450 Ω,即可输出最大功率。现负载改为阻抗为 8 Ω 的扬声器,问:输出变压器应采用多大的变比?

11. 如图 6-29 所示,变压器二次绕组电路中的负载为 $R_L = 8$ Ω 的扬声器,已知信号源电压 $U_s = 15$ V,内阻 $R_0 = 100$ Ω,变压器一次绕组的匝数 $N_1 = 200$ 匝,二次绕组的匝数 $N_2 = 80$ 匝。(1)试求扬声器获得的功率和信号源发出的功率;(2)如要使扬声器获得最大功率,即达到阻抗匹配,试求变压器的变压比及扬声器获得的功率。

12. 已知某收音机输出变压器的 $N_1 = 600$ 匝,$N_2 = 300$ 匝,原来接阻抗为 20 Ω 的扬声器,现要改接成 5 Ω 的扬声器。求变压器的二次绕组匝数 N_2。

13. 图 6-30 所示的为二次侧有三个绕组的电源变压器。问该变压器能输出几种电压?

图 6-29   图 6-30

14. 有一台 Y/△ 连接的三相变压器,各相电压的变比 $k = 2$,如一次侧线电压为 380 V。问二次侧线电压是多少?又如二次侧线电流为 173 A 时,问一次侧线电流是多少?

15. 有一台三相变压器,额定容量 $S_N = 5\,000$ kV·A,额定电压 $U_{1N}/U_{2N} = 10$ kV/6.3 kV,采用 Y/△ 连接。试求:(1)一、二次侧的额定电流;(2)一、二次侧的额定相电压和相电流。

第 7 章

交流电动机及继电器-接触器控制电路

学习内容

➤ 三相异步电动机的结构、转动原理、运行特性。

➤ 单相异步电动机的结构和工作原理。

➤ 常用低压电器的结构、用途和动作过程。

➤ 三相异步电动机基本控制电路。

学习目标

【知识目标】

➤ 熟悉三相异步电动机的结构,明确其铭牌数据的意义。

➤ 理解三相异步电动机的转动原理,机械特性曲线,并能正确使用几个重要的转矩公式进行计算。

➤ 掌握三相异步电动机的起动、调速及制动的方法,理解其原理。

➤ 熟悉单相异步电动机的结构和工作原理。

➤ 了解常用低压电器的结构、用途,熟悉常用低压电器的动作过程。

➤ 能够分析三相笼型异步电动机直接起动、正反转、降压起动等控制电路。

【能力目标】

➤ 能正确地把三相异步电动机、单相异步电动机接入电源,并能进行测试。

➤ 会进行电气控制原理图的识读;能正确绘制电气控制原理图;能结合电气控制电路图,规范、合理地布局电气元件。

➤ 根据电气控制线路图,能规范地安装、调试电气控制电路,并能测试、检修电气控制电路。

7.1 三相异步电动机的工作原理及机械特性

三相异步电动机是把交流电能转换为机械能的一种动力机械。由于它的结构简单,制造、使用和维护简便,成本低廉,运行可靠,效率高,因此在工农业生产及日常生活中得到了广泛应用。

本节介绍三相异步电动机的结构、工作原理及转矩特性和机械特性。

7.1.1 三相异步电动机的结构

三相异步电动机由定子和转子两个基本部分组成,转子装在定子内腔里,借助轴承被支撑在两个端盖上。为了保证转子能在定子内自由转动,定子和转子之间必须有一定的间隙,称为气隙。图 7-1 所示为三相异步电动机的主要零部件分解图。

图 7-1　三相异步电动机的主要零部件分解图

1. 定子(静止部分)

三相异步电动机的定子是安装在铸铁或铸钢制成的机座内由 0.5 mm 厚的硅钢片叠成的筒形铁芯,片间绝缘以减少涡流损耗。铁芯内表面上分布与轴平行的槽,如图 7-2 和图 7-3 所示。槽内嵌有三相对称绕组。绕组是根据电动机的磁极对数和槽数按照一定规则排列与连接的。

图 7-2　定子的硅钢片　　　　　图 7-3　装有三相绕组的定子

定子绕组可以接成星形或三角形。为了便于改变接线,三相绕组的六根相线都接到定子外面的接线盒上。盒中接线柱的布置如图 7-4 所示。图 7-4(a)为定子绕组的星形(丫)接法;图 7-4(b)为定子绕组的三角形(△)接法。

目前我国生产的三相异步电动机,功率在 4 kW 以下的定子绕组一般均采用星形接法;4 kW以上的一般采用三角形接法,以便于应用丫-△降压起动。

2. 转子(旋转部分)

三相异步电动机的转子是由 0.5 mm 厚的硅钢片(见图 7-5)叠成的圆柱体,并固定在转子轴上,如图 7-6 所示。转子表面有均匀分布的槽,槽内放有导体。转子有两种形式:笼型转子和绕线型转子。

（a）星形连接　　　　　　　（b）三角形连接

图 7-4　三相异步电动机的接线盒

笼型转子的绕组由安放在槽内的裸导体构成,这些导体的两端分别焊接在两个端环上,因为它的形状像个松鼠笼子,如图 7-7 所示,所以称为笼型转子。

目前 100 kW 以下的异步电动机,转子槽内的导体、转子的两个端环以及风扇叶一起用铝铸成一个整体,如图 7-8 所示。具有笼型转子的异步电动机称为笼型异步电动机。

图 7-5　转子的硅钢片

图 7-6　笼型转子

图 7-7　笼型转子绕组

图 7-8　铸铝的笼型转子

绕线型转子的绕组与定子绕组相似,也是三相对称绕组,通常接成星形,三根相线分别与三个铜制滑环连接,环与环以及环与轴之间都彼此绝缘,如图 7-9 所示。具有这种转子的异步电动机称为绕线型异步电动机。

转轴由中碳钢制成,其两端由轴承支撑,用来输出转矩。

3. 气隙

气隙是指异步电动机的定子铁芯内圆表面与转子铁芯外圆表面之间的间隙。异步电动机的气隙是均匀的。气隙大小对电动机的运行性能和参数影响较大,由于励磁电流由电网供给,气隙越大,磁路磁阻越大,励磁电流越大,而励磁电流属于无功电流,电动机的功率因数越低,效率越低。因此,异步电动机的气隙大小往往为机械条件所能允许达到的最小气隙,气隙过小,装配困难,容易出现扫堂。中、小型异步电动机的气隙一般为 0.2 ~ 1.5 mm。

（a）外形图 　　　　　　　　　　　　　　　　（b）串接电阻接线图

图 7-9　绕线型转子

7.1.2　三相异步电动机的转动原理及额定值

1. 旋转磁场的产生

1）两极旋转磁场的产生

如图 7-10 所示,设有三只同样的线圈放置在定子槽内,彼此相隔 120°,组成了简单的定子三相对称绕组,以 U_1、V_1、W_1 表示绕组的首端,U_2、V_2、W_2 表示绕组的末端。当绕组接成星形时,其末端 U_2、V_2、W_2 连成一个中性点,首端 U_1、V_1、W_1 与电源相接。图 7-10（a）所示为对称三相绕组,图 7-10（b）所示为三相定子绕组作星形连接。三相定子绕组中通入三相对称电流,假设定子绕组中电流的正方向由线圈的首端流向末端,流过三相线圈的电流为三相对称电流 i_U、i_V、i_W,如图 7-11所示。

（a）三相对称定子绕组 　　　（b）三相对称定子绕组的星形连接

图 7-10　三相定子绕组的布置与连接 　　　　　　图 7-11　三相对称电流波形

由于电流随时间而变化,所以电流流过线圈产生的磁场分布情况也随时间而变化,几个瞬间的磁场如图 7-12 所示。

当 $\omega t = 0°$ 瞬间,由图 7-11 三相对称电流的波形看出,此时 $i_U = 0$,U 相没有电流流过,i_V 为负,表示电流由末端流向首端(即 V_2 端为⊗,V_1 端为⊙);i_W 为正,表示电流由首端流向末端(即 W_1 端为⊗,W_2 端为⊙)。这时三相电流所产生的合成磁场方向,如图 7-12(a)所示。

当 $\omega t = 120°$ 瞬间,i_U 为正,$i_V = 0$,i_W 为负,用同样方式可判得三相合成磁场顺时针旋转了 $120°$,如图 7-12(b)所示。

当 $\omega t = 240°$ 瞬间,i_U 为负,i_V 为正,$i_W = 0$,合成磁场又顺时针旋转了 $120°$,如图 7-12(c)所示。

当 $\omega t = 360°$ 瞬间,又旋转到 $\omega t = 0°$ 瞬间的情况,如图 7-12(d)所示。

(a) $\omega t = 0°$ (b) $\omega t = 120°$ (c) $\omega t = 240°$ (d) $\omega t = 360°$

图 7-12 三相两极旋转磁场

由此可见,三相绕组通入三相交流电流时,产生了旋转磁场。若满足两个对称(即绕组对称、电流对称),则旋转磁场的大小是恒定的(称为圆形旋转磁场),否则旋转磁场的大小不恒定(即椭圆形旋转磁场)。

由图 7-12 可以看出,旋转磁场是沿顺时针方向旋转的,同 $U \to V \to W$ 的顺序一致(这时 i_U 通入 U_1-U_2 线圈,i_V 通入 V_1-V_2 线圈,i_W 通入 W_1-W_2 线圈)。如果将定子绕组接到电源三根相线中的任意两根对调一下,例如将 V、W 两根对调,也就是说通入 V_1-V_2 线圈的电流是 i_W,而通入 W_1-W_2 线圈的电流是 i_V,则此时三个线圈中电流的相序是 $U \to W \to V$,因而旋转磁场的旋转方向就变为 $U \to W \to V$,即沿逆时针方向旋转,与未对调相线时的旋转方向相反。由此可知,旋转磁场的旋转方向总是与定子绕组中三相电流的相序一致。所以,只要将三相电源线中的任意两相与绕组端的连接顺序对调,就可改变旋转磁场的旋转方向。

以上分析的是每相绕组只有一个线圈的情况,产生的旋转磁场具有一对磁极,它在空间每秒的转数与通入定子绕组的交流电的频率 f_1 在数值上相等,即每秒 f_1 转,因而每分钟的转数为 $60f_1$(r/min)。

2)四极旋转磁场的产生

如果每相绕组由两个线圈组成,三相绕组共有六个线圈,各线圈的位置互差 $60°$,并把两个互差 $90°$ 的线圈串联起来作为一相绕组,如图 7-13(a)所示。那么通入三相交流电时,便产生两对磁极(四极)的磁场,如图 7-13(b)所示。

在图 7-13(b)是在 ωt 分别等于 $0°$、$120°$、$240°$ 和 $360°$ 几个瞬间的各绕组中的电流流向及产生的合成磁场的方向。为了观察在交流电的一个周期内磁场旋转了多少度,可任意假定某一磁极,不难发现,在交流电的一个周期内磁场仅旋转了半周,即其旋转速度比一对磁极时减慢了一半,此时旋转磁场的转速为 $n_1 = (60f_1)/2$(单位为 r/min)。

如果线圈数目增为九个,即每相绕组有三个线圈,旋转磁场的磁极将增至为三对,则旋转速度应为 $(60f_1/3$(单位为 r/min)。一般地,若旋转磁场的磁极对数为 p,则它的转速为

$$n_1 = \frac{60f_1}{p} \tag{7-1}$$

式中，n_1为旋转磁场的转速，亦称为电动机的同步转速；f_1为定子绕组电流的频率（国产的$f_1=$ 50 Hz）；p是磁极对数。

（a）四极绕组的排列

$\omega t=0°$　　　　$\omega t=120°$　　　　$\omega t=240°$　　　　$\omega t=360°$

（b）四极旋转磁场

图 7-13　四极绕组及其旋转磁场

2. 三相异步电动机的转动原理

三相异步电动机的转动原理，如图 7-14 所示。

电生磁：三相定子绕组，通入三相交流电产生旋转磁场，其转向为逆时针方向，转速为 $n_1 = \dfrac{60f_1}{p}$，假定该瞬间定子旋转磁场的方向向下。

（动）磁生电：定子旋转磁场旋转切割转子绕组，在转子绕组中产生感应电动势和感应电流，其方向由"右手螺旋定则"判断，如图 7-14 所示。这时转子绕组感应电流在定子旋转磁场的作用下产生电磁力，其方向由"左手定则"判断，如图 7-14 所示。该力对转轴形成转矩（称为电磁转矩），它的方向与定子旋转磁场（即电流相序）一致，于是，电动机在电磁转矩的驱动下，以 n 的速度顺着旋转磁场的方向旋转。

图 7-14　三相异步电动机的转动原理

三相异步电动机的转速 n 恒小于定子旋转磁场的转速 n_1，只有这样，转子绕组与定子旋转磁场之间才有相对运动（转速差），转子绕组才能感应电动势和电流，从而产生电磁转矩。因而 $n < n_1$（有转速差）是异步电动机旋转的必要条件，异步的名称也由此而来。

三相异步电动机的转速差（$n_1 - n$）与旋转磁场转速 n_1 之比，称为转差率。用 s 表示，即

$$s = \frac{n_1 - n}{n_1} \tag{7-2}$$

转差率是分析异步电动机运行的一个重要参数，它与负载情况有关。当转子尚未转动（如起

动瞬间)时,$n=0$,$s=1$;当转子转速接近于同步转速(空载运行)时,$n \approx n_1$,$s \approx 0$。因此,对异步电动机来说,s 在 0~1 范围内变化。异步电动机负载越大,转速越慢,转差率越大;负载越小,转速越快,转差率就越小。由上式推得:

$$n = (1-s)n_1 = \frac{60f_1}{p}(1-s) \tag{7-3}$$

当电动机的转速等于额定转速,即 $n_2 = n_N$ 时,$s_N = \dfrac{n_1 - n_N}{n_1}$。异步电动机带额定负载时,$s_N = 0.02 \sim 0.07$,可见异步电动机的转速很接近旋转磁场转速;空载时,$s_0 = 0.05\% \sim 0.5\%$。

3. 三相异步电动机的铭牌和技术数据

铭牌的作用是向使用者简要说明这台设备的一些额定数据和使用方法,因此看懂铭牌,按照铭牌的规定去使用设备,是正确使用这台设备的先决条件。某台三相异步电动机的铭牌如图 7-15 所示。

三 相 异 步 电 动 机		
型号 Y160M-6*	功率 7.5 kW	频率 50 Hz
电压 380 V	电流 17A	接法 △
转速 970 r/min	绝缘等级 B	工作方式 连续
年 月 日	编号	××电机厂

图 7-15 某台三相异步电动机的铭牌

(1)型号:型号是为了便于各部门业务联系和简化技术文件对产品名称、规格、形式的叙述等而引用的一种代号,由汉语拼音字母、国际通用符号和阿拉伯数字三部分组成。如 Y160M-6*,其中,Y 为产品代号,三相异步电动机;160M-6 为规格代号:160 代表中心高 160 mm,M 代表中机座(短机座用 S 表示,长机座用 L 表示),6 代表 6 极;* 表明本型号为中、小型三相异步电动机,对大型异步电动机的规格代号表示略有不同。

三相异步电动机产品代号见表 7-1。

表 7-1 三相异步电动机产品代号

产品名称	产品代号	代号汉字意义
三相异步电动机	Y	异
绕线转子三相异步电动机	YR	异绕
三相异步电动机(高起动转矩)	YQ	异启
多速三相异步电动机	YD	异多
防爆型三相异步电动机	YB	异爆

(2)额定功率 P_N:指三相异步电动机在额定状态下运行时,转子轴上输出的机械功率,单位为 kW。

(3)额定电压 U_N:指三相异步电动机在额定运行的情况下,三相定子绕组应接的线电压值,单位为 V。

(4)额定电流 I_N:指三相异步电动机在额定运行的情况下,三相定子绕组的线电流值,单位为 A。

三相异步电动机额定功率、电压、电流之间的关系为

$$P_N = \sqrt{3}\,U_N I_N \cos\varphi_N \eta_N \tag{7-4}$$

（5）额定转速 n_N：指额定运行时三相异步电动机的转速，单位为 r/min。

（6）额定频率 f_N：我国电网频率为 50 Hz，故国产异步电动机频率均为 50 Hz。

（7）接法：三相异步电动机定子三相绕组有星形连接和三角形连接两种，前已叙述。

（8）温升及绝缘等级：温升是指三相异步电动机运行时绕组温度允许高出周围环境温度的数值。但允许高出数值的多少由该电动机绕组所用绝缘材料的耐热程度决定，绝缘材料的耐热程度称为绝缘等级，不同绝缘材料，其最高允许温升是不同的。按耐热程度不同，将电动机的绝缘等级分为 A、E、B、F、H、C 等几个等级，它们允许的最高温度如表 7-2 所示，其中最高允许温升是按环境温度 40 ℃ 计算出来的。

（9）工作方式：为了适应不同负载需要，按负载持续时间的不同，国家标准规定了电动机的三种工作方式：连续工作制、短时工作制和断续周期工作制。

除上述铭牌数据外，还可由产品目录或电工手册中查得其他一些技术数据。

表 7-2　绝缘材料温升限值

绝缘等级	A	E	B	F	H	C
最高允许温度/℃	105	120	130	155	180	>180
最高允许温升/℃	40	80	90	115	140	>140

7.1.3　三相异步电动机的电磁转矩和机械特性

1. 三相异步电动机的电磁转矩

由三相异步电动机的工作原理可知，异步电动机的电磁转矩是由与转子电动势同相的转子电流（即转子电流的有功分量）和定子旋转磁场相互作用产生的，可见电磁转矩与转子电流有功分量（I_2）及定子旋转磁场的每极磁通（Φ）成正比，即

$$T = c_T \Phi I_2 \cos\varphi_2 \tag{7-5}$$

式中，c_T 为计算转矩的结构常数；$\cos\varphi_2$ 为转子回路的功率因数。

需要说明的是，当磁通一定时，电磁转矩与转子电流有功分量 I_{2a} 成正比，而并非与转子电流 I_2 成正比。当转子电流大，若大的是转子电流无功分量，则此时的电磁转矩并不大，以上为起动瞬间的情况。

经推导还可以求出电磁转矩与电动机参数之间的关系为

$$T = c_T' U_1^2 \frac{sR_2}{R_2^2 + (sX_{20})^2} \tag{7-6}$$

式中，c_T' 为电动机的结构常数；R_2 为转子绕组电阻；X_{20} 为转子不转时转子绕组的漏感抗。

由式（7-6）可知，$T \propto U_1^2$。可见电磁转矩对电源电压特别敏感，当电源电压波动时，电磁转矩按 U_1^2 关系发生变化。

2. 三相异步电动机的转矩特性

当式（7-6）中的 U_1、R_2、X_{20} 为定值时，$T = f(s)$ 之间的关系称为电动机的转矩特性，其曲线如图 7-16 所示。当电动机空载时，$n \approx n_1$，$s \approx 0$，故 $T = 0$；当 s 尚小时 $(sX_{20})^2$ 很小，可略去不计，此时，

T 与 s 近似地成正比,故当 s 增大,T 也随之增大;当 s 大到一定值后,$(sX_{20})^2 > > R_2$,R_2 可略去不计,此时,T 与 s 近似地成反比,故 T 随 s 增大反而下降,$T\text{-}s$ 曲线上升至下降的过程中,必出现一个最大值,此即为最大转矩 T_{max}。

3. 三相异步电动机的机械特性

由 $n = (1-s)n_1$ 关系式,可将 $T\text{-}s$ 关系改为 $n = f(T)$ 关系,此即为异步电动机的机械特性,机械特性曲线,如图 7-17 所示。因 n 与 T 均属机械量,故称此特性为机械特性,它直接反映了当异步电动机转矩变化时转速的情况。

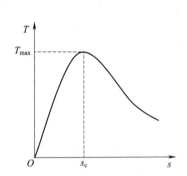

图 7-16　三相异步电动机的 $T\text{-}s$ 曲线

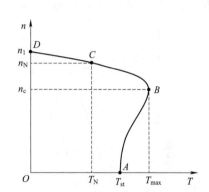

图 7-17　三相异步电动机的机械特性曲线

从理论上说,异步电动机的转差率 s 在 $0 \sim 1$ 范围内,即转速 n 在 $n_1 \sim 0$ 范围内,但实际上并非在此范围内电动机均能稳定运行。经分析可知,在机械特性曲线的 BD 段(见图 7-17),即 $n_1 > n > n_c$(n_c 为最大转矩所对应的转速)区段,当作用在电动机轴上的负载转矩发生变化时,电动机能适应负载的变化而自动调节达到稳定运行,故为稳定区。该区域的曲线较为平坦,当负载到满载,其转速 n 变化(下降)很少,故具有较硬的机械特性,这种特性适用于金属切削机床等工作机械。

机械特性曲线的 AB 段,即 $n_c > n > 0$ 区段为不稳定区,电动机工作在该区段,其电磁转矩不能自动适应负载转矩的变化。

为了正确使用异步电动机,除需注意机械特性曲线上的两个区域外,还要关注三个特征转矩。

1)额定转矩 T_N

它是电动机额定运行时产生的电磁转矩,可由铭牌上的 P_N 和 n_N 求得:

$$T_N = 9\,550\,\frac{P_N}{n_N} \tag{7-7}$$

式中,T_N 的单位为 N·m;P_N 的单位为 kW;n_N 的单位为 r/min。

由式(7-7)可知,当输出功率 P_N 一定时,额定转矩与转速成反比,也近似与磁极对数成正比[因为 $n \approx n_1 = (60f_1)/p$,故频率一定时,转速近似与磁极对数成反比]。可见,相同功率的异步电动机,磁极对数越多,其转速越低,则额定转矩越大。

图 7-17 所示的 $n = f(T)$ 曲线中的 C 点是额定转矩 T_N 和额定转速 n_N 所对应的点,称为额定工作点。异步电动机若运行于此点附近,其效率及功率因数均较高。

2)最大转矩 T_{max}

由图 7-16 所示的转矩特性曲线可知,电动机有一个最大转矩 T_{max},令 $\dfrac{dT}{ds} = 0$,则可求得产生最

大转矩的转差率(称为临界转差率,记为 s_c)为

$$s_c = \frac{R_2}{X_{20}} \tag{7-8}$$

代入式(7-6)得最大电磁转矩为

$$T_{max} = c_T' \frac{U_1^2}{2X_{20}} \tag{7-9}$$

由式(7-8)和式(7-9)可知: $s_c \propto R_2$, 而与 U_1 无关; $T_{max} \propto U_1^2$, 而与 R_2 无关。由此可以得到改变电源电压 U_1 和转子电路电阻 R_2 的机械特性,如图7-18所示。

（a）改变电压的机械特性　　　　　　　（b）改变转子电路电阻的机械特性

图7-18　对应于不同 U_1 和 R_2 的机械特性曲线

当电动机负载转矩大于最大转矩,即 $T_L > T_{max}$ 时,电动机就要停转,此时电动机电流即刻能升至 $(5 \sim 7)I_N$,致使绕组过热而烧毁。

最大转矩对电动机的稳定运行有重要意义。当电动机负载突然增加,短时过载,接近于最大转矩时,电动机仍能稳定运行,由于时间短,也不至于过热。为了保证电动机稳定运行,不因短时过载而停转,要求电动机有一定的过载能力。把最大转矩与额定转矩之比称为过载能力(又称最大转矩倍数),用 λ_m 表示为

$$\lambda_m = \frac{T_{max}}{T_N} \tag{7-10}$$

一般三相异步电动机的 λ_m 在 $1.8 \sim 2.2$ 范围内。

3)起动转矩 T_{st}

电动机刚起动瞬间,即 $n=0$, $s=1$ 时的转矩称为起动转矩。将 $s=1$ 代入式(7-6),可得

$$T_{st} = c_T' U_1^2 \frac{R_2}{R_2^2 + X_{20}^2} \tag{7-11}$$

只有当起动转矩大于负载转矩时,电动机才能起动。起动转矩越大,起动就越迅速,由此引出电动机的另一个重要性能指标——起动能力,用 k_{st} 表示为

$$k_{st} = \frac{T_{st}}{T_N} \tag{7-12}$$

k_{st} 反映了电动机起动负载的能力。一般三相异步电动机的 $k_{st} = 1.0 \sim 2.2$。

例7-1　某台三相异步电动机的额定转速 $n_N = 1\,450$ r/min,试求它在额定负载运行时的转差率 s_N。

解　由 $n_{\mathrm{N}} \approx n_1 = \dfrac{60 f_1}{p}$,得

$$p \approx \frac{60 f_1}{n_{\mathrm{N}}} = \frac{60 \times 50}{1\ 450} = 2.07$$

取 $p = 2$,则

$$n_1 = \frac{60 f_1}{p} = \frac{60 \times 50}{2}\ \mathrm{r/min} = 1\ 500\ \mathrm{r/min}$$

$$s_{\mathrm{N}} = \frac{n_1 - n_{\mathrm{N}}}{n_1} = \frac{1\ 500 - 1\ 450}{1\ 500} = 0.033$$

例 7-2　已知某三相异步电动机额定功率 $P_{\mathrm{N}} = 4\ \mathrm{kW}$,额定转速 $n_{\mathrm{N}} = 1\ 440\ \mathrm{r/min}$,过载能力为 2.2,起动能力为 1.8。试求:额定转矩 T_{N}、起动转矩 T_{st}、最大转矩 T_{max}。

解　额定转矩为

$$T_{\mathrm{N}} = 9\ 550\ \frac{P_{\mathrm{N}}}{n_{\mathrm{N}}} = 9\ 550 \times \frac{4}{1\ 440}\ \mathrm{N \cdot m} \approx 26.5\ \mathrm{N \cdot m}$$

起动转矩为

$$T_{\mathrm{st}} = 1.8 T_{\mathrm{N}} = 1.8 \times 26.5\ \mathrm{N \cdot m} = 47.7\ \mathrm{N \cdot m}$$

最大转矩为

$$T_{\mathrm{max}} = 2.2 T_{\mathrm{N}} = 2.2 \times 26.5\ \mathrm{N \cdot m} = 58.3\ \mathrm{N \cdot m}$$

【实验与技能训练】——三相异步电动机的使用

(1)观察给定的三相异步电动机的结构,抄录电动机的铭牌数据,将有关数据填入表 7-3 中。用手拨动电动机的转子,观察其转动情况是否良好。

表 7-3　三相异步电动机的铭牌数据

型　号		功　率		频　率	
电　压		电　流		接　法	
转　速		绝缘等级		工作方式	

(2)按图 7-19 所示电路接线。测量电源电压,根据电源电压和电动机的铭牌数据确定电动机绕组应采用的连接形式,然后再将电动机接入三相电源。选择合适的电压表和电流表的量程,将电动机外壳接地。

图 7-19　三相异步电动机的实验电路图

合上电源开关 QS。待电动机转速稳定后,测量电动机空载运行时的转速和各线电流 I_{U}、I_{V}、I_{W},将数据填入表 7-4 中。

表 7-4　三相异步电动机的起动和空载运行的测试数据

电源线电压/V	电动机的接法	空载转速/(r/min)	空载电流/A			$s_0 = \dfrac{n_1 - n_0}{n_1}$	空载电流 额定电流
			I_U	I_V	I_W		

【思考题】

(1) 三相异步电动机主要由哪些部分构成？各部分的作用是什么？

(2) 能否从三相异步电动机结构上识别出是笼型还是绕线型异步电动机？

(3) 有的三相异步电动机有 380 V/220 V 两种额定电压,定子绕组可以接成星形或者三角形,试问何时采用星形接法？何时采用三角形接法？

(4) 在电源电压不变的情况下,如果将三角形接法的电动机误接成星形,或者将星形接法的电动机误接成三角形,将分别会发生什么现象？

(5) 三相笼型异步电动机与三相绕线型异步电动机,二者的工作原理相同吗？

(6) 什么是三相异步电动机的转差？转差率？异步电动机处在何种状态时转差率最大？最大转差率等于多少？何种状态下转差率最小？最小转差率又为多少？

(7) 三相异步电动机电磁转矩与哪些因素有关？电动机的转矩与电源电压之间的关系如何？若在运行过程中电源电压降为额定值的 60%,假如负载不变,电动机的转矩、电流及转速有何变化？

(8) 为什么增加三相异步电动机的负载时,定子电流会随之增加？

(9) 三相异步电动机在一定负载下运行,当电源电压因故降低时,电动机的转矩、电流及转速将如何变化？

7.2　三相异步电动机的起动、反转、调速与制动

生产机械的工作过程中运动的变化离不开对电动机的控制。电动机的工作过程分为三个阶段:起动、运行和停止。起动阶段要求有全压起动和降压起动控制,运行阶段要求有正、反转和调速控制,停止阶段要求有自然停止和制动控制。本节介绍三相异步电动机的起动、调速、反转与制动等方法。

7.2.1　三相异步电动机的起动与反转

三相异步电动机接上电源,转速由零开始运转,直至稳定运转状态的过程称为起动。对三相异步电动机起动的要求是:起动电流小、起动转矩大、起动时间短。

当三相异步电动机刚接上电源,转子尚未旋转瞬间($n=0$),定子旋转磁场对静止转子的相对速度最大,于是转子绕组的感应电动势和电流也最大,则定子的感应电流也最大,它往往可达 5～7 倍的额定电流。理论分析指出,起动瞬间转子电流虽大,但转子的功率因数 $\cos \varphi_2$ 很低,故此时转子电流的有功分量却不大(而无功分量大),因此起动转矩不大,它只有额定转矩的 1.0～2.2 倍,所以笼型异步电动机的起动性能较差。

1. 三相异步电动机的起动

1）三相笼型异步电动机的起动

三相笼型异步电动机的起动方法有直接起动(全压起动)和降压起动。

(1)直接起动。把三相异步电动机三相定子绕组直接加上额定电压的起动为三相异步电动机的直接起动,如图 7-20 所示。此方法起动最简单、投资少、起动时间短、起动可靠,但起动电流大。是否可采用直接起动,就取决于三相异步电动机的容量及起动频繁的程度。

直接起动一般只用于小容量的电动机(如 7.5 kW 以下的电动机),对较大容量的电动机,电源容量又较大,若电动机起动电流倍数 K_I、容量和电源容量满足以下经验公式[式(7-13)],则三相异步电动机可采用直接起动方法,否则应采用降压起动。

$$K_I = \frac{I_{st}}{I_N} \le \frac{1}{4}\left[3 + \frac{电源容量(kV \cdot A)}{起动电动机的容量(kW)}\right] \tag{7-13}$$

(2)降压起动。降压起动的主要目的是为了限制起动电流,但问题是在限制起动电流的同时起动转矩也受到限制,因此它只适用于在轻载或空载情况下起动。最常用的降压起动方法有丫-△换接降压起动和自耦变压器起动。

①丫-△换接降压起动。丫-△换接降压起动只适用于定子绕组采用三角形连接,且每相绕组都有两个引出端子的三相笼型异步电动机,其接线图如图 7-21 所示。

图 7-20　直接起动线路

图 7-21　丫-△换接降压起动接线图

起动前先将 QS_2 合向"起动"位置,定子绕组丫连接,然后合上电源开关 QS_1 进行起动,此时定子每相绕组所加电压为额定电压的 $1/\sqrt{3}$,从而实现了降压起动。待转速上升至一定值后,迅速将 QS_2 扳至"运行"位置,恢复定子绕组为△连接,使电动机每相绕组在全压下运行。

经推导可得:星形连接时的起动电流、起动转矩与三角形连接时的起动电流、起动转矩的关系为

$$\begin{cases} I_{st丫} = \dfrac{1}{3}I_{st△} \\[2mm] T_{st丫} = \dfrac{1}{3}T_{st△} \end{cases} \tag{7-14}$$

丫-△换接降压起动设备简单,成本低,操作方便,动作可靠,使用寿命长。目前,4~100 kW 异步电动机均设计成 380V 的△连接,此起动方法得到了广泛应用。

②自耦变压器降压起动。对容量较大或正常运行时,接成丫连接的三相笼型异步电动机常采

用自耦变压器降压起动,其接线图如图 7-22 所示。

起动前先将 QS2 合向"起动"位置,然后合上电源开关 QS1,这时自耦变压器的一次绕组加全电压,抽头的二次绕组电压加在电动机定子绕组上,电动机便在低电压下起动。待转速上升至一定值,迅速将 QS2 切换到"运行"位置,切除自耦变压器,电动机就在全电压下运行。

自耦变压器降压起动时的起动电流、起动转矩与直接起动时的起动电流、起动转矩的关系为

$$\begin{cases} I'_{st} = \dfrac{1}{k^2} I_{st} \\ T'_{st} = \dfrac{1}{k^2} T_{st} \end{cases} \qquad (7\text{-}15)$$

式中,k 为自耦变压器的变比。

图 7-22 自耦变压器
降压起动接线图

自耦变压器通常有三个抽头,可得到三种不同的电压,以便根据起动转矩的要求而灵活选用。

2) 三相绕线型异步电动机的起动

三相笼型异步电动机的转子由于结构原因,无法在转子中串联电阻起动,只能在定子中采用降低电源电压起动,但通过以上分析不论采用哪种降压起动方法,在降低起动电流的同时也使得起动转矩减少得更多,所以三相笼型异步电动机只能用于空载或轻载起动。在生产实际中,对于一些重载下起动的生产机械(如起重机、传送带运输机、球磨机等),或需要频繁起动的电力拖动系统中,三相笼型异步电动机就无能为力了。

三相绕线型异步电动机,若转子回路中通过电刷和滑环串入适当的电阻起动,既能减小起动电流,又能增大起动转矩,克服了三相笼型异步电动机起动电流大、起动转矩小的缺点。这种起动方法适用于大、中容量异步电动的重载起动。三相绕线型异步电动机起动分为转子串电阻起动和转子串频敏变阻器起动。

(1)转子串电阻起动。为了在整个起动过程中得到较大的起动转矩,并使起动过程比较平滑,应在转子回路中串入多级对称电阻。起动时,随着转速的升高逐级切除起动电阻,如图 7-23 所示。

(2)转子串频敏变阻器起动。绕线型异步电动机采用转子串电阻起动时,若要起动较平稳,则必须采用较多的起动级数,这必然导致起动设备复杂化。为了解决这个问题,可以采用串频敏变阻器起动。频敏变阻器是一个铁损耗很大的三相电抗器,从结构上看,它像是一个没有二次绕组的心式三相变压器,绕组接成星形,绕组三个首端通过电刷和滑

图 7-23 绕线型转子与
起动变阻器的连接

环与转子绕组串联,如图 7-24 所示。频敏变阻器的铁芯是用每片 30 ~ 50 mm 厚的钢板或铁板叠成,比变压器铁芯的每片硅钢片厚 100 倍左右,以增大频敏变阻器中的涡流和铁损耗,从而使频敏变阻器的等效电阻 R_p 增大,起动电流减小。

电动机起动时,转子串入频敏变阻器,起动瞬间,$n = 0$,$s = 1$,转子电流频率 $f_2 = sf_1 = f_1$(最大),

频敏变阻器铁芯的涡流损耗与频率的二次方成正比,铁损耗最大,相当于转子回路中串入一个较大的电阻 R_P。起动过程中,随着 n 上升,s 减小,$f_2 = sf_1$ 逐渐减小,铁损耗逐渐减小,R_P 也随之减小,相当于逐级切除转子回路串入的电阻。起动结束后,切除频敏变阻器,转子回路直接短路。

（a）频敏变阻器的结构图　　　（b）转子串频敏变阻器的接线图　　　（c）等效图

图 7-24　三相绕线型异步电动机转子串频敏变阻器起动

频敏变阻器的等效电阻 R_P 是随频率 f_2 的变化而自动变化,它相当于一种无触点的变阻器,是一种静止的无触点电磁起动元件,它对频率敏感,可随频率的变化而自动改变电阻值,便于实现自动控制,能获得接近恒转矩的机械特性,减少电流和机械冲击。它能自动、无级地减小电阻,实现无级平滑起动,使起动过程平稳、快速。它具有结构简单,材料加工要求低,造价低廉,坚固耐用,便于维护等优点。但频敏变阻器是一种感性元件,因而功率因数低($\cos \varphi_2 = 0.5 \sim 0.75$),与转子串电阻起动相比,其起动转矩小,由于频敏变阻器的存在,最大转矩比转子串电阻时小,故它适用于要求频繁起动的生产机械。

例 7-3　已知三相笼型异步电动机的 $P_N = 75$ kW,三角形连接运行,$U_N = 380$ V,$I_N = 126$ A,$n_N = 1\,480$ r/min,$I_{st}/I_N = 5$,$T_{st}/T_N = 1.9$,负载转矩 $T_L = 100$ N·m,现要求电动机起动时:$T_{st} \geqslant 1.1 T_L$,$I_{st} < 240$ A。问:(1)电动机能否直接起动? (2)电动机能否采用Y-△换接降压起动?

解　(1)一般来说,7.5 kW 以上的电动机不能采用直接起动方法,但可以进行如下计算:

电动机的额定转矩为

$$T_N = 9\,550 \frac{P_N}{n_N} = 9\,550 \times \frac{75}{1\,480} \text{ N·m} = 483.95 \text{ N·m}$$

直接起动时的起动转矩为

$$T_{st} = 1.9 \times T_N = 1.9 \times 483.95 \text{ N·m} = 919.5 \text{ N·m}$$

则

$$T_{st} > 1.1 T_L = 1.1 \times 100 \text{ N·m} = 110 \text{ N·m}$$

直接起动电流为

$$I_{st} = 5I_N = 5 \times 126 \text{ A} = 630 \text{ A} > 240 \text{ A}$$

若采用直接起动方法时,由于起动电流大于本题要求的 240 A。因此,本题的起动转矩虽然满足要求,但起动电流却大于供电系统要求的最大电流,所以不能采用直接起动。

(2)若采用Y-△换接降压起动方法

起动转矩为

$$T_{stY} = \frac{1}{3}T_{st} = \frac{1}{3} \times 919.5 \ \text{N} \cdot \text{m} = 306.5 \ \text{N} \cdot \text{m} > 1.1 T_L = 110 \ \text{N} \cdot \text{m}$$

起动电流为

$$I_{stY} = \frac{1}{3}I_{st} = \frac{1}{3} \times 630 \ \text{A} = 210 \ \text{A} < 240 \ \text{A}$$

起动转矩和起动电流都满足要求,故可以采用丫-△换接降压起动方法。

2. 三相异步电动机的反转

由三相异步电动机的工作原理可知,只要把从电源接到定子的三根相线,任意对调两根,磁场的旋转方向就会改变,三相异步电动机的旋转方向就随之改变。

改变三相异步电动机的旋转方向,一般应在停车之后换接。如果三相异步电动机正在高速旋转时突然将电源反接,不但冲击强烈,而且电流较大,如无防范措施,很容易发生事故。

7.2.2 三相异步电动机的调速

为了提高生产效率或满足生产工艺的要求,许多生产机械在工作过程中都需要调速。调速是指在负载不变的情况下,通过改变电动机的参数来改变电动机的转速。由转速公式 $n = \frac{60f_1}{p}(1-s)$ 可知,三相异步电动机的调速方法有:变极(p)调速、变频(f_1)调速和变转差率(s)调速。

1. 变极调速

由转速公式可知,当电源频率 f_1 一定时,转速 n 近似与磁极对数成反比,磁极对数增加一倍,转速近似地减小一半。可见改变磁极对数就可调节电动机转速。

由转速公式还可知,变极实质上是改变定子旋转磁场的同步转速,同步转速是有级的,故变极调速也是有级的(即不能平滑调速)。

定子绕组的变极是通过改变定子绕组线圈端部的连接方式来实现的,它只适用于笼型异步电动机,因为笼型转子的磁极对数能自动地保持与定子磁极对数相等。

所谓改变定子绕组线圈端部的连接方式,实质就是把每相绕组中的半相绕组改变电流方向(半相绕组反接)来实现变极的,如图 7-25 所示。把 U 相绕组分成两半:线圈 U_{11}、U_{21} 和 U_{12}、U_{22}。图 7-25(a)所示为两线圈串联,得 $p=2$;图 7-25(b)所示为两线圈并联,得 $p=1$。

注意: 在变极调速的同时必须改变电源的相序,否则电动机就反转。

2. 变频调速

改变电源的频率可以改变旋转磁场的转速,同时也改变了转子转速。变频调速时,由于频率 f_1 能连续调节,故可获得较大范围的平滑调速,它属于无级调速,其调速性能好,但它需要有一套专用的变频设备。随着晶闸管元件及变流技术的发展,交流变频变压调速已是 20 世纪 80 年代迅速发展起来的一种专门电力传动调速技术,是一种很有发展前途的三相异步电动机的调速装置。

3. 变转差率调速

在绕线型异步电动机转子回路里串可调电阻,在恒转矩负载下,转子回路电阻增大,其转速 n 下降。这种调速方法的优点是有一定的调速范围、设备简单,但能耗较大、效率较低,广泛用于起重设备。

除此之外,利用电磁滑差离合器来实现无级调速的一种新型交流调速电动机——电磁调速三相异步电动机现已较多应用。

图 7-25　改变磁极对数的方法

7.2.3　三相异步电动机的制动

许多生产机械工作时,为提高生产力和安全起见,往往需要快速停转或由高速运行迅速转为低速运行,这就需要对电动机进行制动。所谓制动,就是要使电动机产生一个与旋转方向相反的电磁转矩(即制动转矩),可见电动机制动状态的特点是电磁转矩方向与转动方向相反。三相异步电动机常用的制动方法有能耗制动、反接制动和回馈制动。

1. 能耗制动

三相异步电动机能耗制动接线图如图 7-26(a)所示。制动方法是在切断电源开关 QS_1 的同时闭合开关 QS_2,在定子两相绕组间通入直流电流,于是定子绕组产生一个恒定磁场,转子因惯性而旋转切割该恒定磁场,在转子绕组中产生感应电动势和电流。由图 7-26(b)可判得,转子的载流导体与恒定磁场相互作用产生电磁转矩,其方向与转子转向相反,起制动作用,因此转速迅速下降,当转速下降至零时,转子感应电动势和电流也降为零,制动过程结束。制动期间,运转部分所储存的动能转变为电能消耗在转子回路的电阻上,故称为能耗制动。

图 7-26　三相异步电动机的能耗制动

对于笼型异步电动机,可调节直流电流的大小来控制制动转矩的大小;对于绕线型异步电动机,还可采用转子串电阻的方法来增大初始制动转矩。

能耗制动能量消耗小,制动平稳,广泛应用于要求平稳、准确停车的场合,也可用于起重机一类机械上,用来限制重物的下降速度,使重物匀速下降。

2. 反接制动

三相异步电动机反接制动接线图如图 7-27(a)所示。制动时将电源开关 QS 由"运转"位置切换到"制动"位置,把它的任意两相电源接线对调。由于电压相序相反,所以定子旋转磁场方向也相反,而转子由于惯性仍继续按原方向旋转,这时转矩方向与电动机的旋转方向相反,如图 7-27(b)所示,成为制动转矩。

图 7-27　三相异步电动机的反接制动

若制动的目的仅为停车,则在转速接近于零时,可利用某种控制电器将电源自动切断,否则电动机将会反转。

反接制动时,由于转子的转速相对于反转旋转磁场的转速较大$(n + n_1)$,因此电流较大。为了限制起动电流,较大容量的电动机通常在定子电路(笼型)或转子电路(绕线型)串限流电阻。这种制动方法比较简单,制动效果好,在某些中型机床主轴的制动中经常采用,但能耗较大。

3. 回馈制动

回馈制动发生在电动机转速 n 大于定子旋转磁场转速 n_1 的时候,如当起重机下放重物时,重物拖动转子,使转速 $n > n_1$,这时转子绕组切割定子旋转磁场方向与原电动状态相反,则转子绕组感应电动势和电流方向也随之相反,电磁转矩方向也反了,即由转向同向变为反向,成为制动转矩,如图 7-28 所示,使重物受到制动而匀速下降。实际上,这台电动机已转入发电机运行状态,它将重物的势能转变为电能而回馈到电网,故称为回馈制动。

图 7-28　三相异步电动机的回馈制动

【实验与技能训练】——三相异步电动机的控制

1. 三相异步电动机的起动

按图 7-29 连接好线路,然后将调压器退到零位。三刀双掷开关合向右边(丫接法)。合上电源开关,逐渐调节调压器使其升压至电动机额定电压 220 V,打开电源开关,待电动机停转。合上电源开关,观察起动瞬间电流,然后把 QS 合向左边,使电动机(△接法)正常运行,整个起动过程结束。观察起动瞬间电流表的显示值。

图 7-29 三相异步电动机星形-三角形降压起动接线图

2. 三相异步电动机的反转

调换三相电源两根相线,观察三相异步电动机的旋转方向。

3. 三相异步电动机的调速

按图 7-30 连接线路,进行三相笼型异步电动机变极调速测试。

图 7-30 双速异步电动机(2/4 极)

把开关 QS 合向右边,使电动机为 △ 接法(四极电动机)。接通交流电源(合上控制屏起动按钮),调节调压器,使输出电压为电动机额定电压 220 V,并保持恒定,读出各相电流、电压及转速。

把 QS 合向左边(丫丫接法),并把右边三端点用导线短接。电动机空载起动,保持输入电压为额定电压,读出各相电流、电压及转速,将数据填入表 7-5 中。

表 7-5 三相绕线型异步电动机转子串调速电阻调速数据

测试项目	电流/A			电压/V		$n/(\text{r/min})$
	I_U	I_V	I_W	U_{UV}	U_{VW}	
四极						
二极						

【思考题】

(1)什么是三相异步电动机的起动？直接起动应满足什么条件？

(2)三相异步电动机的起动方法较多,应根据什么来选择合适的起动方法？

(3)试推导三相异步电动机Y-△换接降压起动时起动电流、起动转矩与直接起动时的关系。

(4)线绕型异步电动机转子电路串起动电阻时,为什么能使起动电流减小,而起动转矩增大？

(5)如何使三相异步电动机反转？

(6)什么是三相异步电动机的调速？三相异步电动机的调速方法有哪些？

(7)调速与转速变化有什么区别？

(8)生产设备在运行中哪些操作会涉及制动问题？

(9)三相异步电动机的制动方法有哪些？各有什么特点？各适用于什么场合？

7.3　常用低压电器

　　生产机械的运动部件大多数是由电动机来拖动的,要使生产机械的各部件按设定的顺序进行运动,保证生产过程和加工工艺合乎预定要求,就必须对电动机进行自动控制,即控制电动机的起动、停止、正/反转、调速和制动等。到目前为止,由继电器、接触器、按钮等低压电器构成的继电器-接触器控制线路仍然是应用极为广泛的控制方式。本节介绍常用低压电器的结构、动作过程、用途。

7.3.1　常用低压电器分类

　　低压电器通常是指工作在交流电压 1 200 V、直流电压 1 500 V 以下电路中,起控制、调节、转换和保护作用的电气器件。它是构成电气控制线路的基本元件。低压电器的分类如下:

　　1)按用途或所控制的对象分类

　　低压配电电器:主要用于配电电路,对电路及设备进行保护以及通断、作为转换电源或负载的电器,如刀开关、转换开关、熔断器和断路器。

　　低压控制电器:主要用于控制电气设备,使其达到预期要求的工作状态的电器,如接触器、控制继电器、主令控制器。

　　2)按动作方式分类

　　自动切换电器:依靠电器本身参数变化和外来信号(如电、磁、光、热等)而自动完成接通或分断的电器,如接触器、继电器和电磁铁。

　　非自动切换电器:依靠人力直接操作的电器,如按钮、负荷开关等。

　　3)按低压电器的执行机构分类

　　有触点电器:这类电器具有机械可分动的触点系统,利用动、静触点的接触和分离来实现电路的通断。

　　无触点电器:这类电器没有可分动的机械触点,主要利用功率三极管的开关效应,即导通或截止来控制电路的阻抗,以实现电路的通断与保护。

7.3.2　开关类低压电器

1. 开启式负荷开关

开启式负荷开关是一种手动电器,其主要部件是刀片(动触点)和刀座(静触点)。按刀片数量不同,开启式负荷开关可分为单刀、双刀和三刀三种。图 7-31 为胶木盖瓷座三刀开启式负荷开关的结构和图形符号。

开启式负荷开关主要作为电源的隔离开关,也就是说,在不带负载(用电设备无电流通过)的情况下切断和接通电源,以便对作为负载的设备进行维修、更换熔丝或对长期不工作的设备切断电源。这种场合下使用时,开启式负荷开关的额定电流只需等于或略大于负载的额定电流。

开启式负荷开关也可以在手动控制电路中作为电源开关使用,直接用它来控制电动机起、停操作,但电动机的容量不能过大,一般限定在小于 7.5 kW 以下。作为电源开关的闸刀,其额定电流应大于电动机额定电流的 3 倍。

（a）结构　　　　　　（b）图形符号

图 7-31　开启式负荷开关的结构和图形符号

2. 封闭式负荷开关

封闭式负荷开关与开启式负荷开关的不同之处是将熔断器和刀座等安装在薄钢板制成的防护外壳内。在防护外壳内部有速断弹簧,用以加快刀片与刀座分断速度,减少电弧。封闭式负荷开关的外形如图 7-32 所示。

图 7-32　封闭式负荷开关

在封闭式负荷开关的外壳上,还设有机械联锁装置,使壳盖打开时开关不能闭合,开关断开时壳盖才能打开,从而保证了操作安全。封闭式负荷开关一般用在电力排灌、电热器等设备中,用于不频繁接通和分断电路。

3. 组合开关

组合开关又称转换开关,也属于手动控制电器。组合开关的结构主要由静触点、动触点和绝缘手柄组成,静触点一端固定在绝缘板上,另一端伸出盒外,并附有接线柱,以便和电源线及其他用电设备的导线相连。动触点装在另外的绝缘垫板上,垫板套装在附有绝缘手柄的绝缘杆上,手柄能沿顺时针或逆时针方向转动,带动动触点分别与静触点接通或断开。图 7-33 所示为组合开关的结构、接线和图形符号。

图 7-33　组合开关的结构、接线和图形符号

组合开关一般用于电气设备中作为电源引入开关,用来非频繁地接通和分断电路,换接电源或作 5.5 kW 以下电动机直接起动、停止、反转和调速等之用,其优点是体积小、寿命长、结构简单、操作方便、灭弧性能好,多用于机床控制电路。其额定电压为 380 V,额定电流有 6 A、10 A、15 A、25 A、60 A、100 A 等多种。

常用的组合开关有 HZ5、HZ10、HZ15 等系列,其中 HZ5 系列类似万能转换开关,HZ10 系列为全国统一设计产品,应用很广,而 HZ15 系列为新型号产品,可取代 HZ10 系列产品。

4. 自动空气断路器

自动空气断路器又称自动开关或自动空气开关,是低压电路中重要的开关电器。它不但具有开关的作用还具有保护功能,如短路、过载和欠电压保护,动作后不需要更换元件。一般容量的自动开关采用手动操作,较大容量的采用电动操作。

自动空气断路器在动作上相当于刀开关、熔断器和欠电压继电器的组合作用。它的结构形式很多,其原理示意图及图形符号如图 7-34 所示,它主要由触点、脱扣机构组成。主触点通常是由手动的操作机构来闭合的,开关的脱扣机构是一套连杆装置,当主触点闭合后就被锁钩扣住。

自动空气断路器利用脱扣机构使主触点处于"合"与"分"状态,正常工作时,脱扣机构处于"合"位置,此时触点连杆被搭钩锁住,使触点保持闭合状态;扳动脱扣机构置于"分"位置时,主触点处于断开状态,空气断路器的"分"与"合"在机械上是互锁的。

当被保护电路发生短路或严重过载时,由于电流很大,过流脱扣器的衔铁被吸合,通过杠杆将搭钩顶开,主触点迅速切断短路或严重过载的电路。当被保护电路发生过载时,通过发热元件的电流增大,产生的热量使双金属片弯曲变形,推动杠杆顶开搭钩,主触点断开,切断过载电路。过载越严重,主触点断开越快,但由于热惯性,主触点不可能瞬时动作。

当被保护电路失电压或电压过低时,欠压脱扣器中衔铁因吸力不足而将被释放,经过杠杆将搭钩顶开,主触点被断开;当电源恢复正常时,必须重新合闸后才能工作,实现了欠电压和失电压保护。

（a）原理示意图　　　　　　　　　　　　（b）图形符号

图 7-34　自动空气断路器的原理示意图及图形符号

1—热脱扣器的整定按钮;2—手动脱扣按钮;3—脱扣弹簧;4—手动合闸机构;5—合闸联杆;6—热脱扣器;7—锁钩;
8—电磁脱扣器;9—脱扣联杆;10、11—动、静触点;12、13—弹簧;14—发热元件;15—电磁脱扣弹簧;16—调节按钮

7.3.3　主令电器

1. 按钮

按钮是一种简单的手动电器。按钮的结构主要由桥式双断点的动触点、静触点、按钮帽和复位弹簧组成。按钮的外形、结构及图形符号如图 7-35 所示。

当用手按下按钮帽时,动触点向下移动,上面的动断(常闭)触点先断开,下面的动合(常开)触点后闭后。当松开按钮帽时,在复位弹簧的作用下,动触点自动复位,使得动合触点先断开,动断触点后闭合。这种在一个按钮内分别安装有动断和动合触点的按钮称为复合按钮。

（a）外形　　　　　　　（b）结构　　　　　　　（c）图形符号

图 7-35　按钮的外形、结构及图形符号

2. 行程开关

行程开关又称限位开关或位置开关,它属于主令电器的另一种类型,其作用与按钮相同,都是向继电器、接触器发出电信号指令,实现对生产机械的控制。不同的是按钮靠手动操作,行程开关则是靠生产机械的某些运动部件与它的传动部位发生碰撞,令其内部触点动作,分断或切换电路,从而限制生产机械的行程、位置或改变其运动状态,控制生产机械停车、反转或变速等。常用的行

程开关有 LX19 系列和 JLXK1 系列。

为了适应生产机械对行程开关的碰撞,行程开关与生产机械的碰撞部分有不同的结构形式。常用碰撞部分有直动式(按钮式)和滚轮式(旋转式),其中滚轮式又有单滚轮式和双滚轮式两种,其外形及图形符号如图 7-36 所示。

(a)按钮式　　　(b)单滚轮式　　　(c)双滚轮式　　　(d)图形符号

图 7-36　常用行程开关外形及图形符号

各种系列的行程开关结构基本相同,区别仅在于使行程开关动作的传动装置和动作速度不同。JLXK1 系列行程开关的结构和动作原理如图 7-37 所示。

(a)结构　　　　　　　　　　　(b)动作原理

图 7-37　JLXK1 系列行程开关的结构和动作原理

当生产机械挡铁碰撞行程开关滚轮时,传动杠杆连同转轴一起转动,使凸轮推动撞块,当撞块被推到一定位置时,推动微动开关快速动作,接通常开触点,分断常闭触点;当滚轮上的挡铁移开后,复位弹簧使行程开关各部分恢复到动作前的位置,为下一次动作做好准备。这就是单滚轮自动恢复行程开关的动作原理。对于双滚轮行程开关,在生产机械挡铁碰撞第一只滚轮时,内部微动开关动作;当挡铁离开滚轮后不能自动复位时,必须通过挡铁碰撞第二个滚轮,才能将其复位。

7.3.4　保护电器

1. 熔断器

熔断器是一种保护电器,主要应用于短路保护。熔断器主要由熔体和外壳组成。由于熔断器串联在被保护的电路中,所以当过大的短路电流流过易熔合金制成的熔体(熔丝或熔片)时,熔体因过热而迅速熔断,从而达到保护电路及电气设备的目的。根据外壳的不同,有多种形式的熔断器可供选用。几种常见的熔断器的外形及图形符号如图 7-38 所示。

（a）插入式熔断器　　　（b）螺旋式熔断器　　　（e）图形符号

（c）无填料管式熔断器　　　（d）填料式管式熔断器

图 7-38　几种常见的熔断器的外形及图形符号

由于熔体熔断所需要的时间与通过熔体电流的大小有关,为了达到既能有效实现短路保护,又能维持设备正常工作的目的,一般情况下,要求通过熔体的电流等于或小于额定电流的 1.25 倍时,熔体可以长期不熔断;超过其额定电流的倍数越大,熔体熔断时间越短。

2. 热继电器

热继电器是一种过载保护电器,它利用电流热效应原理工作,其结构主要由发热元件、双金属片和触点组成。热继电器的发热元件绕制在双金属片(两层膨胀系数不同的金属辗压而成)上,导板等传动机构设置在双金属片和触点之间,热继电器有动合、动断触点各一对。图 7-39 所示为热继电器的外形、原理示意图及图形符号。

（a）外形　　　　（b）原理示意　　　　（c）图形符号

图 7-39　热继电器的外形、原理示意图及图形符号

热继电器的发热元件串联在被保护设备的电路中,当电路正常工作时,对应的负载电流流过发热元件产生的热量不足以使双金属片产生明显的弯曲变形;当设备过载时,负载电流增大,与它串联的发热元件产生的热量使双金属片产生弯曲变形,经过一段时间后,当弯曲程度达到一定幅度时,由导板推动杠杆,使热继电器的触点动作,其动断触点断开,动合触点闭合。

热继电器触点动作后,有两种复位方式:调节螺钉旋入时,双金属片冷却后,动触点自动复位;调节螺钉旋出时,双金属片冷却后,动触点不能自动复位,必须按下复位按钮,才能使动触点实现手动复位。

热继电器的整定电流(发热元件长期允许通过而不致引起触点动作的电流最大值)可以通过调节偏心凸轮在小范围内调整。

由于热惯性,双金属片从它通过大电流而温度升高,到双金属片弯曲变形,需要一定的时间,所以热继电器不适用于对电气设备(如电动机)实现短路保护。

7.3.5 交流接触器

接触器是一种电磁式自动控制电器,它通过电磁机构动作,实现远距离频繁地接通和分断电路。按其触点通过电流种类不同,分为交流接触器和直流接触器两类,其中直流接触器用于直流电路中,它与交流接触器相比具有噪声低、寿命长、冲击小等优点,其组成、工作原理基本与交流接触器相同。

接触器的优点是动作迅速、操作方便和便于远距离控制,所以广泛地应用电动机、电热设备、小型发电机、电焊机和机床电路中。由于它只能接通和分断负荷电流,不具备短路和过载保护作用,故必须与熔断器、热继电器等保护电路配合使用。

1)交流接触器的结构

交流接触器主要由电磁系统、触点系统、灭弧装置等部分组成,其结构、原理示意图及图形符号如图 7-40 所示。

（a）结构

（b）原理示意图

（c）图形符号

图 7-40 交流接触器

（1）电磁系统。交流接触器的电磁系统由线圈、静铁芯、动铁芯（衔铁）等组成，其作用是操纵触点的闭合与分断。

交流接触器的铁芯一般用硅钢片叠压铆成，以减少交变磁场在铁芯中产生的涡流及磁滞损耗，避免铁芯过热。为了减少接触器吸合时产生的振动和噪声，在铁芯上装有一个短路铜环（又称减振环）。

（2）触点系统。接触器的触点按功能不同分为主触点和辅助触点两类。主触点用于接通和分断电流较大的主电路，体积较大，一般由三对常开触点组成；辅助触点用于接通和分断小电流的控制电路，体积较小，有动合和动断两种触点。如CJ0-20系列交流接触器有三对动合主触点、两对动合辅助触点和两对动断辅助触点。为使触点导电性能良好，通常触点用紫铜制成。由于铜的表面容易氧化，生成不良导体氧化铜，故一般都在触点的接触点部分镶上银块，使之接触电阻小，导电性能好，使用寿命长。

（3）灭弧装置。交流接触器在分断大电流或高电压电路时，其动、静触点间气体在强电场作用下产生放电，形成电弧，电弧发光、发热，灼伤触点，并使电路切断时间延长，引发事故。因此，必须采取措施，使电弧迅速熄灭。

（4）其他部件。交流接触器除上述三个主要部分外，还包括反作用弹簧、复位弹簧、缓冲弹簧、触点压力弹簧、传动机构、接线柱、外壳等部件。

2）交流接触器的工作原理

当交流接触器的电磁线圈接通电源时，线圈电流产生磁场，使静铁芯产生足以克服弹簧反作用力的吸力，将动铁芯向下吸合，使动合主触点和动合辅助触点闭合，动断辅助触点断开。主触点将主电路接通，辅助触点则接通或分断与之相连的控制电路。

当接触器线圈断电时，静铁芯吸力消失，动铁芯在反作用弹簧力的作用下复位，各触点也随之复位，将有关的主电路和控制电路分断。

7.3.6　继电器

1. 时间继电器

时间继电器是一种利用电磁原理或机械原理来延迟触点闭合或分断的自动控制电器。它的种类很多，按其工作原理可分为电磁式、空气阻尼式、电子式、电动式；按延时方式可分为通电延时和断电延时两种。

图7-40所示为时间继电器的图形符号和文字符号。通常时间继电器上有好几组辅助触点，分为瞬动触点、延时触点。延时触点又分为通电延时触点和断电延时触点。所谓瞬动触点即是指当时间继电器的感测机构接收到外界动作信号后，该触点立即动作（与接触器一样），而通电延时触点则是指当接收输入信号（例如线圈通电）后，要经过一定时间（延时时间）后，该触点才动作。断电延时触点，则在线圈断电后要经过一段时间后，该触点才恢复。

下面对电子式时间继电器进行介绍。电子式时间继电器具有体积小、延时范围大、精度高、寿命长以及调节方便等特点，目前在自动控制系统中的使用十分广泛。

以JSZ3系列电子式时间继电器为例。JSZ3系列电子式时间继电器是采用集成电路和专业制造技术生产的新型时间继电器，具有体积小、质量小、延时范围广、抗干扰能力强、工作稳定可靠、精度高、延时范围宽、功耗低、外形美观、安装方便等特点，广泛应用于自动化控制中的延时控制。JSZ3 系列电子式时间继电器采用插座式结构,所有元件装在印制电路板上,用螺钉使之与插座紧固,再装上塑料罩壳组成本体部分,在罩壳顶部装有铭牌和整定电位器旋钮,并有动作指示灯。

KT 通电延时线圈　　KT 断电延时线圈　　KT KT 瞬动触点　　KT KT 通电延时触点　　KT KT 断电延时触点

图 7-41　时间继电器的图形符号和文字符号

其型号的含义如下:

时间继电器——JS　Z3 □ - □——延时范围代号
设计序号————————型式特点:A—基型(通电延时,多挡式);C—瞬动型(通电延时,多挡式);F—断电延时;K—断开延时;丫—星形起动延时(通电延时);R—往复循环定时(通电延时)

JSZ3A 延时范围:0 ~ 0.5 s/5 s/30 s/3 min。

JSZ3 系列电子式时间继电器的性能指标有:电源电压:AC 50 Hz,12 V、24 V、36 V、110 V、220 V、380 V;DC 12 V、24 V 等;电寿命:≥10 × 10⁴次;机械寿命:≥100 × 10⁴次;触点容量:AC 220 V/5 A,DC 220 V/0.5 A;重复误差:小于 2.5%;功耗:≤1 W;使用环境:−15 ~ +40 ℃。

图 7-42　JSZ3 时间继电器接线图

JSZ3 系列电子式时间继电器的接线如图 7-42 所示。

电子式时间继电器在使用时,先预置所需延时时间,然后接通电源,此时红色发光管闪烁,表示计时开始。当达到所预置的时间时,延时触点实行转换,红色发光管停止闪烁,表示所设定的延时时间已到,从而实现定时控制。

2. 中间继电器

中间继电器一般用来控制各种电磁线圈使信号得到放大,或将信号同时传给几个控制元件,也可以代替接触器控制额定电流不超过 5 A 的电动机控制系统。常用的交流中间继电器有 JZ7 系列,直流中间继电器有 JZ12 系列,交、直流两用的中间继电器有 JZ8 系列。

JZ7 系列中间继电器的外形结构和图形符号如图 7-43 所示,它主要由线圈、静铁芯、动铁芯、触点系统、反作用弹簧及复位弹簧等组成。它有 8 对触点,可组成 4 对常开、4 对常闭,或 6 对常开、2 对常闭,或 8 对常开三种形式。

中间继电器的工作原理与 CJ10-10 等小型交流接触器基本相同,只是它的触点没有主、辅之分,每对触点允许通过的电流大小相同。它的触点容量与接触器辅助触点差不多,其额定电流一般为 5 A。

选用中间继电器主要依据是控制电路的电压等级,同时还要考虑所需触点数量、种类及容量是否满足控制线路的要求。

（a）外形结构　　　　　　　　　　　　　　（b）图形符号

图 7-43　JZ7 系列中间继电器的外形结构和图形符号

【实验与技能训练】——常用低压电器的检测

（1）把一个按钮开关拆开，观察其内部结构，将主要零部件的名称及作用填入表 7-6 中。然后将按钮开关组装还原，用万用表电阻挡测量各触点之间的接触电阻，将测量结果填入表 7-6 中。

表 7-6　按钮开关的结构与测量记录

型　号	额定电流/A	主要零部件	
		名　称	作　用
触点数量/副			
动合	动断		
触点电阻/Ω			
动合		动断	
最大值	最小值	最大值	最小值

（2）把一个开启式负荷开关拆开，观察其内部结构，将主要零部件的名称及作用填入表 7-7 中。然后合上闸刀开关，用万用表电阻挡测量各触点之间的接触电阻，用兆欧表测量每两相触点之间的绝缘电阻，测量后将开关组装还原，将测量结果填入表 7-7 中。

表 7-7　开启式负荷开关的结构与测量记录

型　号	极　数	主要零部件	
		名　称	作　用
触点接触电阻/Ω			

续表

L_1 相	L_2 相	L_3 相		
相间绝缘电阻/Ω				
L_1-L_2 间	L_1-L_3 间	L_2-L_3 间		

（3）把一个交流接触器拆开，观察其内部结构，将拆装步骤、主要零部件的名称及作用、各对触点动作前后的电阻值、各类触点的数量、线圈的数据等填入表 7-8 中。然后再将这个交流接触器组装还原。

表 7-8　交流接触器的结构与测量记录

型　号	主触点的额定电流/A		拆卸步骤	主要零部件	
				名　称	作　用
触点数量/副					
主触点	辅助触点	动合触点	动断触点		
触点电阻/Ω					
动合		动断			
动作前	动作后	动作前	动作后		
电磁线圈					
线径	匝数	工作电压/V	直流电阻/Ω		

（4）把一个热继电器拆开，观察其内部结构，用万用表测量各热元件的电阻值，将零部件的名称、作用及有关电阻值填入表 7-9 中。然后再将这个热继电器组装还原。

表 7-9　热继电器的结构与测量记录

型　号	极　数	主要零部件	
		名　称	作　用
热元件电阻/Ω			
L_1 相	L_2 相	L_3 相	
整定电流调整值/A			

（5）观察时间继电器的结构，用万用表测量线圈的电阻值，将主要零部件的名称、作用、触点数量及种类填入表 7-10 中。

表7-10　时间继电器结构与测量记录

型　　号	线圈电阻/Ω	主要零部件	
		名　　称	作　　用
动合触点数/副	动断触点数/副		
延时触点数/副	瞬时触点数/副		
延时断开触点数/副	延时闭合触点数/副		

注意: 在拆装低压电器时,要仔细,不要丢失零部件。

【思考题】

(1)什么是低压电器? 它是怎样分类的?

(2)试简述常用低压电器(如开启式负荷开关、封闭式负荷开关、按钮、交流接触器、热继电器、自动开关等)基本结构和工作原理。

(3)熔断器和热继电器能否相互替代?

(4)额定电压为220 V 的交流线圈,若误接到交流380 V 或交流110 V 的电路上,分别会引起什么后果? 为什么?

(5)有人为了观察接触器主触点的电弧情况,将灭弧罩取下后起动电动机,这样做法是否允许? 为什么?

7.4　三相异步电动机的基本电气控制线路

7.4.1　三相异步电动机单向直接起动控制线路

1. 电气控制电路图的基本知识

对生产机械的控制可以采用机械、电气、液压和气动等方式来实现。现代化生产机械大多都以三相异步电动机作为动力,采用继电器-接触器组成的电气控制系统进行控制。电气控制电路主要根据生产工艺要求,以电动机或其他执行器为控制对象。

继电器-接触器控制系统是由继电器、接触器、电动机及其他电气元件,按一定的要求和方式连接起来而实现电气自动控制的系统。

用接触器和按钮来控制电动机的起、停,用热继电器作为电动机过载保护,这就是继电器-接触器控制的最基本电路。但工业用的生产机械,其动作是多种多样的,继电器-接触器控制电路也是多种多样的,各种控制电路都是在基本电路基础上,根据生产机械要求,适当增加一些电气设备。

生产中常遇到如下一些环节(基本电路):点动控制、单向自锁运行控制、电动机正/反转互锁控制、负载的多地控制、时间控制等。这些控制环节称典型控制环节。一台比较复杂的设备,它的控制电路常包括几个典型环节,掌握这些典型环节,对分析、应用和设计控制电路是至关重要的。

电气控制电路是由各种电气元件按一定要求连接而成的,从而实现对某种设备的电气自动化控制。为了表示电气控制线路的组成、工作原理及安装、调试、维修等技术要求,需要用统一的工程语言即用工程图的形式来表示,这种图就是电气控制系统图。

　　电气控制线路的表示方法常用的有两种图:一种是电气安装接线图,另一种是电气原理图。

　　电气安装接线图:电气安装接线图又称电气装配图。它是根据电气设备和电气元件的实际结构和安装情况绘制的,用来表示接线方式、电气设备及电气元件位置、接线场所的形状、特征及尺寸。电气安装接线图是电力工程施工的主要图纸,它往往与平面布置图画在一起,便于电气线路的安装配线,这种图便于施工安装,但不能直观地表述电路的性能及工作原理,不便于阅读。

　　电气原理图:电气原理图是根据电气控制线路的工作原理绘制的,具有结构简单、层次分明、便于研究和分析线路工作原理的特征。在电气原理图中只包括电气元件的导电部件和接线端之间的相互关系,并不按照电气元件的实际位置来绘制,也不反应电气元件的大小。其作用是便于详细了解控制系统的工作原理,指导系统或设备的安装、调试与维修。适用于分析、研究电路的工作原理,是绘制其他电气控制图的依据,所以在设计部门和生产现场获得广泛应用。电气原理图是电气控制系统图中最重要要的图形之一,也是识图的难点和重点。本节所介绍的电气控制线路都是以电气原理图来介绍的。

　　(1)电气原理图的绘制原则。电气原理图一般分电源电路、主电路、控制电路和辅助电路四部分绘制。

　　①电源电路画成水平线,三相交流电源相序 L_1、L_2、L_3 自上而下依次画出,中性线(N)和保护地线(PE)依次画在相线之下。直流电源的"＋"端画在上边,"－"端在下边画出,电源开关要水平画出。

　　②主电路是指受电的动力装置及控制、保护电器的支路等,它是由主熔断器、接触器的主触点、热继电器的热元件以及电动机组成。主电路通过的电流是电动机的工作电流,电流较大,主电路图要画在电路图的左侧并垂直电源电路。

　　③控制电路是控制主电路工作状态的电路。

　　④辅助电路包括显示主电路工作状态的指示电路和提供机床设备局部照明的照明电路等。它们是由主令电器的触点、接触器的线圈及辅助触点、继电器的线圈及触点、指示灯和照明灯等组成。辅助电路通过的电流都较小,一般不超过 5 A。画辅助电路图时,辅助电路要跨接在两相电源线之间,一般按照控制电路、指示电路和照明电路的顺序依次垂直画在主电路的右侧,且电路中与下边电源线相连的耗能元件(如接触器、继电器的线圈,指示灯,照明灯等)要画在电路图的下方,而电器的触点要画在耗能元件与上边电源线之间。为读图方便,一般应按照自左至右、自上而下的排列来表示操作顺序。

　　⑤电气原理图中,各电器的触点位置都是按电路未通电或电器未受外力作用时的常态位置画出的。分析电气原理图时,应从触点的常态位置出发。

　　⑥电气原理图中,不画各电气元件实际的外形图,而采用国家统一规定的电气图形符号画出。使触点动作的外力方向必须是:当图形垂直放置时从左到右,即垂线左侧的触点为动合触点,垂线右侧的触点为动断触点;当图形水平放置时为从下到上,即水平线下方的触点为动合触点,水平线上方的触点为动断触点。

　　⑦电气原理图中,同一电器的各元件不按它们的实际位置画在一起,而是按其在线路中所起的作用分别画在不同电路中,但它们的动作却是相互关联的,因此,必须标明相同的文字符号。若

图中相同的电器较多时,需要在电器文字符号的后面加注不同的数字,以示区别,如 KM$_1$、KM$_2$ 等。

⑧电气元件应按功能布置,并尽可能地按工作顺序,其布局应该是从上到下、从左到右。电路垂直时,类似项目宜横向对齐;水平布置时,类似项目应纵向对齐。例如,电气原理的线圈属于类似项目,由于线路采用垂直布置,所以接触器的线圈应横向对齐。

⑨画电气原理图时,应尽可能减少线条和避免线条交叉。对于需要测试和拆接的外部引线的端子,采用"空心圆"表示;有直接电联系的导线连接点,用"实心圆"表示;无直接电联系的导线交叉点可不画黑圆点。

⑩电路图采用电路编号法,即对电路中的各个接点用字母或数字编号。

a. 主电路在电源开关的出线端按相序依次编号为:U11、V11、W11。然后按从上到下、从左至右的顺序,每经过一个电气元件后,编号要递增,如 U12、V12、W12;U13、V13、W13…。单台三相交流电动机的三根引出线按相序依次编号为:U、V、W,对于多台电动机引出线的编号,为了不致引起误解和混淆,可在字母前用不同的数字加以区别,如 1U、1V、1W;2U、2V、2W…。

b. 控制电路和辅助电路的编号按"等电位"原则从上到下、从左至右的顺序用数字依次编号,每经过一个电气元件后,编号要依次递增。控制电路编号的起始数字必须是 1,其他辅助电路编号的起始数字依次递增 100,如照明电路编号从 101 开始;指示电路编号从 201 开始等。

（2）电气原理图的识读方法。在识读电气原理图之前,首先要了解被控对象对电力拖动的要求;了解被控对象有哪些运动部件以及这些部件是怎样动作的,各种运动之间是否有相互制约的关系;熟悉电气元件的图形符号。

读电气原理图时先从主电路入手,掌握电路中电器的动作规律,根据主电路的动作要求再看与此相关的电路。一般识读电气原理图的方法与步骤如下:

①查看设备所用的电源。一般设备多用三相电源（380 V、50 Hz）,也有用直流电源的设备。

②分析主电路有几台电动机,分清它们的用途、类别（笼型、绕线型异步电动机、直流电动机或同步电动机）。

③分清各台电动机的动作要求,如起动方式、转动方式、调速及制动方式,各台电动机之间是否有相互制约的关系。

④了解主电路中所用的控制电器及保护电器。前者是指除常规接触之外的控制元件,如电源开关。后者是指短路及过载保护器件,如空气断路器中的电磁脱扣器及热过载脱扣器的规格,熔断器及过电流继电器等器件的用途及规格。

一般在了解了主电路的上述内容后就可阅读、分析控制电路和辅助电路了。由于存在着各种不同类型的生产机械,它们对电力拖动也就提出了各式各样的要求,表现在电路图上有各种不同的控制及辅助电路。

分析控制电路时首先分析控制电路的电源电压。一般生产机械,如仅有一台或较少电动机拖动的设备,其控制电路较简单。为减少电源种类,控制电路的电压也常采用 380 V,可直接由主电路引入。对于采用多台电动机拖动且控制要求又比较复杂的生产设备,控制电压采用 110 V 或 220 V,此时的交流控制电压应由隔离变压器供给。然后了解控制电路中所采用的各种继电器、接触器的用途,如采用了一些特殊结构的控制电器时,还应了解它们的动作原理。只有这样,才能理解它们在电路中如何动作和具有何种用途。

控制电路总是按动作顺序画在两条垂直或水平的直线之间。因此,也就可从左到右或从上而下进行分析。对于较复杂的控制电路,还可将它分成几个功能模块来分析。如起动部分、制动部分、循环部分等。对控制电路的分析就必须随时结合主电路的动作要求来进行；只有全面了解主电路对控制电路的要求后，才能真正掌握控制电路的动作原理。不可孤立地看待各部分的动作原理，而应注意各个动作之间是否有相互制约的关系，如电动机正、反转之间设有机械或电气互锁等。

辅助电路一般比较简单，通常包含照明和信号部分。信号灯是指示生产机械动作状态的，工作过程中可使用操作者随时观察，掌握各运动部件的状况，判别工作是否正常。通常以绿色或白色灯指示正常工作，以红色灯指示出现故障。

2. 三相异步电动机的点动控制线路

生产机械不仅需要连续运转，有的生产机械还需要点动运行，还有的生产机械要求用点动运行来完成调整工作。所谓点动控制就是按下按钮，电动机通电运转；松开按钮，电动机断电停转的控制方式。

用按钮和接触器组成的三相异步电动机单向点动控制原理图，如图 7-44 所示。

原理图分为主电路和控制电路两部分。主电路是从电源 L_1、L_2、L_3 经电源开关 QS、熔断器 FU_1、接触器 KM 的主触点到电动机 M 的电路，它流过的电流较大。熔断器 FU_2、按钮 SB 和接触器 KM 的线圈组成控制电路，接在线路两根相线之间（或一根相线、一根中性线，视低压电器的额定电压而定），流过的电流较小。

图 7-44 三相异步电动机单向点动控制原理图

主电路中刀开关 QS 起隔离作用，熔断器 FU_1 对主电路进行短路保护；接触器 KM 的主触点控制电动机 M 的起动、运行和停车。由于线路所控制电动机只做短时间运行，且操作者在近处监视，一般不设过载保护环节。

当需要电路工作时，首先合上电源开关 QS，按下点动按钮 SB，接触器 KM 线圈得电，衔铁吸合，带动它的三对主触点 KM 闭合，电动机 M 接通三相电源起动正转；当按钮 SB 松开后，接触器 KM 线圈失电，衔铁受弹簧拉力作用而复位，带动三对主触点断开，电动机 M 断电停转。

3. 三相异步电动机的单向长动控制电路（起、停控制电路）

电动机的连续运转又称长动控制，是相对点动控制而言的，它是指在按下起动按钮起动电动机后，松开起动按钮，电动机仍然能够通电连续运转。实现长动控制的关键是在起动电路中增设了"自锁"环节。用按钮和接触器构成的三相异步电动机单向长动控制原理图，如图 7-45 所示。

　　工作过程如下：合上电源开关 QS，按下起动按钮 SB_2，交流接触器 KM 线圈得电，与 SB_2 并联的 KM 常开辅助触点闭合，使接触器线圈有两条电路通电。这样即使 SB_2 松开，接触器 KM 的线圈仍可通过自己的辅助触点（称为"自保"或"自锁"触点，触点的上、下连线称为"自保线"或"自锁线"）继续通电。这种依靠接触器自身辅助触点而使线圈保持通电的现象称为自保（或自锁）。

　　在带自锁的控制电路中，因起动后 SB_2 即失去控制作用，所以在控制回路中串联了常闭按钮 SB_1 作为停止按钮。另外，因为该电路中电动机是长时间运行的，所以增设了热继电器 FR 进行过载保护，FR 的常闭触点串联在 KM 的电磁线圈回路上。

　　自锁（自保）控制的另一个作用是实现欠电压和失电压保护。例如，当电网电压消失（如停电）后又重新恢复供电时，若不重新按起动按钮，电动机就不能起动，这就构成了失电压保护。它可防止在电源电压恢复时，电动机突然起动而造成设备和人身事故。另外，当电网电压较低时，达到接触器的释放电压，接触器的衔铁就会释放，主触点和辅助触点都断开。它可防止电动机在低压下运行，实现欠电压保护。

图 7-45　三相异步电动机单向长动控制原理图

4. 三相异步电动机多地控制线路

　　多地控制是指能够在两个或多个不同的地方对同一台电动机的动作进行控制。在一些大型机床设备中，为了工作人员操作方便，经常采用多地控制方式。在机床的不同位置各安装一套起动和停止按钮。如万能铣床控制主轴电动机起动、停止的两套按钮，分别装在床身上和升降台上。下面仅介绍单向两地控制线路。

　　图 7-46 所示为三相异步电动机单向连续旋转两地控制线路电气原理图，图中 SB_{11}、SB_{12} 为安装在甲地的起动按钮和停止按钮；SB_{21}、SB_{22} 为安装在乙地的起动按钮和停止按钮。

　　起动时，合上电源开关 QS，按下起动按钮 SB_{11} 或 SB_{21}，接触器 KM 线圈得电，主电路中 KM 三对常开主触点闭合，三相异步电动机 M 通电运转，控制电路中 KM 自锁触点闭合，实现自锁，保证电动机连续运转。

　　停止时，按下停止按钮 SB_{12} 或 SB_{22}，接触器 KM 线圈失电，主电路中 KM 三对常开主触点恢复断开，三相异步电动机 M 断电停止运转，控制电路中 KM 自锁触点恢复断开，解除自锁。

图 7-46 三相异步电动机单向连续旋转两地控制线路电气原理图

7.4.2 三相异步电动机正、反转控制线路

在生产过程中,很多生产机械的运行部件都需要正、反两个方向运动,如水闸的开、闭,机床工作台的前进、后退等。要使三相异步电动机正、反转,只要改变引入三相异步电动机的三相电源相序即可。用倒顺开关能实现三相异步电动机的正、反转,但它不能实现遥控和自控。

1. 按钮互锁的正、反转控制线路

按钮互锁的正、反转控制线路原理图如图 7-47 所示。图中 SB_1 与 SB_2 分别为正、反转起动按钮,每只按钮的动断触点都与另一只按钮的动合触点串联,此种接法称为按钮联锁,又称机械联锁。每只按钮上起互锁作用的动断触点称为"联锁触点",其两端的连接线称为"联锁线"。当操作任意一只按钮时,其动断触点先分断,使相反转向的接触器断电释放,可防止两只接触器同时得电造成电源短路。

图 7-47 三相异步电动机按钮互锁的正、反转控制线路原理图

正向起动时,合上刀开关 QS,按下按钮 SB_1,其动断触点先分断,使 KM_2 线圈不得电,实现联

锁。同时 SB_2 的动合触点闭合，KM_1 线圈得电并自锁，KM_1 主触点闭合，电动机得电正转。

反向起动时，按下 SB_2，其动断触点先分断，KM_1 线圈失电，解除自保，KM_1 主触点断开，电动机停转。同时 SB_3 动合触点闭合，KM_2 线圈得电并自保，KM_2 主触点闭合，电动机反转。

按钮互锁的正、反转控制线路的优点是：电动机可以直接从一个转向过渡到另一个转向而不需要按停止按钮 SB_3，但存在的主要问题是容易产生短路事故。例如，电动机正转接触器 KM_1 主触点因弹簧老化或剩磁的原因而延迟释放时、因触点熔焊或者被卡住而不能释放时，如按下 SB_2 反转按钮，会造成 KM_1 因故不释放或释放缓慢而没有完全将触点断开，KM_2 接触器线圈又得电使其主触点闭合，电源会在主电路出现相间短路。可见，按钮互锁的正、反转控制线路的特点是方便但不安全，控制方式是"正转→反转→停止"。

2. 接触器互锁的正、反转控制线路

为防止出现两个接触器同时得电引起主电路电源相间短路，要求在主电路中 KM_1、KM_2 任意一个接触器主触点闭合，另一个接触器的主触点就应该不闭合，即任何时候在控制电路中，KM_1、KM_2 只能有其中一个接触器的线圈得电。将 KM_1、KM_2 正、反转接触器的动断辅助触点分别串联到对方线圈电路中，形成相互制约的控制，这种相互制约的控制关系也称为互锁，或叫联锁，这两对起互锁作用的动断触点称为互锁触点。由接触器或继电器动断触点构成的互锁也称为电气互锁。接触器互锁的正、反转控制线路原理图如图 7-48 所示。

图 7-48 三相异步电动机接触器互锁的正、反转控制线路原理图

接触器互锁的正、反转控制线路中，按下正转起动按钮 SB_1，正转接触器 KM_1 线圈得电，一方面 KM_1 主电路中的主触点和控制电路中的自锁触点闭合，使电动机连续正转；另一方面动断互锁触点断开，切断反转接触器 KM_2 线圈支路，使得它无法通电，实现互锁。此时即使按下反转起动按钮 SB_2，反转接触器 KM_2 线圈因 KM_1 互锁触点断开也不会得电。要实现反转控制，必须先按下停止按钮 SB_3，切断正转接触器 KM_1 线圈支路，KM_1 主电路中的主触点和控制电路中的自锁触点恢复断开，互锁触点恢复闭合，解除对 KM_2 的互锁，然后按下反转起动按钮 SB_2，才能使电动机反向起动运转。

同理可知，反转起动按钮 SB_2 按下时，反转接触器 KM_2 线圈得电，一方面主电路中 KM_2 三对常开主触点闭合，控制电路中自锁触点闭合，实现反转；另一方面反转互锁触点断开，使正转接触

器 KM_1 线圈支路无法接通,进行互锁。

接触器互锁的正、反转控制线路的优点是:可以避免由于误操作以及因接触器故障引起电源短路的事故发生,但存在的主要问题是,从一个转向过渡到另一个转向时要先按停止按钮 SB_3,不能直接过渡,显然这是十分不方便的。可见接触器互锁的正、反转控制线路的特点是安全但不方便,运行状态转换必须是"正转→停止→反转"。

3. 双重互锁的正、反转控制线路

采用复式按钮和接触器复合互锁的正、反转控制线路原理图如图 7-49 所示,它可以克服上述两种正、反转控制线路的缺点,图中,SB_1 与 SB_2 是两只复合按钮,它们各具有一对动合触点和一对动断触点,该电路具有按钮和接触器双重互锁作用。

图 7-49 复式按钮和接触器复合互锁的正、反转控制线路原理图

工作原理:合上电源开关 QS。正转时,按正转按钮 SB_1,正转接触器 KM_1 线圈得电,KM_1 主触点闭合,电动机正转。与此同时,SB_1 的动断触点和 KM_1 的互锁动断触点都断开,双双保证反转接触器 KM_2 线圈不会同时得电。

反转时只需直接按下反转按钮 SB_2,其动断触点先断开,使正转接触器 KM_1 线圈失电,KM_1 的主触点、辅助触点复位,电动机停止正转。与此同时,SB_2 动合触点闭合,使反转接触器 KM_2 线圈得电,KM_2 主触点闭合,电动机反转,串联在正转接触器 KM_1 线圈电路中的 KM_2 动断辅助触点断开,起到互锁作用。

在笼型异步电动机的直接起动控制设备中,磁力起动器用途很广泛。磁力起动器实质上是由交流接触器和热继电器组合而成的起动控制设备,它有不可逆的和可逆的两种,前者用于单向运行控制电路,后者用于正、反转控制电路。磁力起动器用于直接起动容量在 7.5 kW 以下的笼型异步电动机。

4. 自动往复循环控制线路

许多生产机械的运动部件往往要求在规定的区域内实现正、反两个方向的循环运动。例如,生产车间的行车运行到终点位置时需要及时停车,并能按控制要求回到起点位置,即要求工作台在一定距离内能做自由往复循环运动。这种特殊要求的行程控制称为自动往复循环控制,其原理图如图 7-50 所示。

图 7-50　自动往复循环控制线路原理图

在图 7-50 所示电路中,按下 SB_1,接触器 KM_1 线圈得电,其自锁触点闭合,实现自锁,互锁触点断开,实现对接触器 KM_2 线圈的互锁,主电路中的 KM_1 主触点闭合,电动机通电正转,拖动工作台向右运动。到达右边终点位置后,安装在工作台上的限定位置撞块碰撞行程开关 SQ_1,撞块压下 SQ_1,其动断触点先断开,切断接触器 KM_1 线圈支路,KM_1 线圈失电,主电路中 KM_1 主触点分断,电动机断电正转停止,工作台停止向右运动。控制电路中,KM_1 自锁触点分断解除自锁,KM_1 的动断触点恢复闭合,解除对接触器 KM_2 线圈的互锁。SQ_1 的动合触点后闭合,接通 KM_2 线圈支路,KM_2 线圈得电,KM_2 自锁触点闭合实现自锁,KM_2 的动断触点断开,实现对接触器 KM_1 线圈的互锁,主电路中的 KM_2 主触点闭合,电动机通电,改变相序反转,拖动工作台向左运动。到达左边终点位置后,安装在工作台上的限定位置的撞块碰撞行程开关 SQ_2,其动断和动合触点按先后顺序动作。

以后重复上述过程,工作台在 SQ_1 和 SQ_2 之间周而复始地做往复循环运动,直到按下停止按钮 SB_1 为止。整个控制电路断电,接触器 KM_1(或 KM_2)主触点分断,电动机断电停转,工作台停止运动。

由以上分析可以看出,行程开关在电气控制电路中,若起行程限位控制作用时,总是用其动断触点串联于被控制的接触器线圈的电路中;若起自动往返控制作用时,总是以复合触点形式接于电路中,其动断触点串联于将被切除的电路中,其动合触点并联于待起动的换向按钮两端。

7.4.3　三相异步电动机丫-△换接降压起动控制线路

图 7-51 所示是用三个交流接触器和一个时间继电器按时间原则控制的电动机丫-△降压起动

控制线路原理图。图中 KM_1 为电源接触器,KM_2 为定子绕组三角形连接接触器,KM_3 为定子绕组星形连接接触器。

图 7-51   时间继电器控制的 $\curlyvee$-$\triangle$ 降压起动控制线路原理图

电动机起动时,合上电源开关 QS,再按下起动按钮 SB_2,KM_1、KM_3、KT 线圈同时得电,KM_1 辅助触点吸合自锁,KM_1 主触点吸合,接通三相交流电源;KM_3 主触点吸合,将电动机三相定子绕组尾端短接,电动机星形起动;KM_3 的动断辅助触点(联锁触点)断开,对 KM_2 线圈联锁,使 KM_2 线圈不能得电;KT 按设定的星形降压起动时间工作,电动机转速上升至一定值(接近额定转速)时,时间继电器 KT 的延时时间结束,KT 延时断开的动断触点断开,KM_3 线圈失电,KM_3 主触点恢复断开,电动机断开星形接法;KM_3 动断辅助触点(联锁触点)恢复闭合,为 KM_2 线圈得电做好准备,KT 延时闭合的动合触点闭合,KM_2 线圈得电自锁,KM_2 主触点将电动机三相定子绕组首尾顺次连接成三角形,电动机接成三角形全压运行。同时 KM_2 的动断辅助触点(联锁触点)断开,使 KM_3 和 KT 线圈都失电。

停止时,按下停止按钮 SB_1,KM_1、KM_2 线圈失电,KM_1 主触点断开,切断电动机的三相交流电源,KM_1 自锁触点恢复断开解除自锁,电动机断电停转;KM_2 动合主触点恢复断开,解除电动机三相定子绕组的三角形接法,为电动机下次星形起动做准备,KM_2 自锁触点恢复断开解除自锁,KM_2 动断辅助触点(联锁触点)恢复闭合,为下次星形起动 KM_3、KT 线圈得电做准备。

此电路中时间继电器的延时时间可根据电动机起动时间的长短进行调整,解决了切换时间不易把握的问题,且此降压起动控制电路投资少,接线简单。但由于起动时间的长短与负载大小有关,负载越大,起动时间越长。对负载经常变化的电动机,若对起动时间控制要求较高时,需要经常调整时间继电器的整定值,就显得很不方便。

【实验与技能训练】——三相异步电动机基本电气控制线路的安装与调试

1. 电气控制线路图的装配与调试方法

(1)分析电气原理图。电动机的电气原理图反映了控制线路中电气元件间的控制关系。在安装电动机电气控制线路前,必须明确电气元件的数目、种类、规格;根据控制要求,弄清各电气元件间的控制关系及连接顺序;分析控制动作,确定检查线路的方法等。对于复杂的控制电路,应弄清它由哪些控制环节组成,分析各环节之间的逻辑关系。

(2)检查电气元件。为了避免电气元件自身的故障对线路造成的影响,安装接线前应对所有的电气元件逐个进行检查。

①外观检查。外壳是否完整,有无碎裂;各接线端子及紧固件是否齐全,有无生锈等现象。

②触点检查。触点有无熔焊、粘连、变形、严重氧化锈蚀等现象;触点动作是否灵活;触点的开距是否符合标准;接触压力弹簧是否有效。

③电磁机构和传动部件检查。动作是否灵活;有无衔铁卡阻、吸合位置不正常等现象;衔铁压力弹簧是否有效等。

④电磁线圈检查。用万用表检查所有电磁线圈是否完好,并记录它们的直流电阻值,以备检查线路和排除故障时作为参考。

⑤其他功能元器件的检查。主要检查时间继电器的延时动作、延时范围及整定机构的作用;检查热继电器的热元件和触点的动作情况。

⑥核对各元器件的规格与图样要求是否一致。

(3)固定电气元件。按照接线图规定的位置将电气元件固定在安装底板上。元件之间的距离要适当,既要节省面板,又要便于走线和投入运行后检修。

(4)配线。电器控制板安装配线时通常采用明配线,即板前配线。一般从电源端开始按线号顺序接线,先接主电路,后接辅助电路。配线的方法如下:

①选择适当的导线截面,截取合适长度,剥去两端绝缘外皮。

②走线时应尽量避免交叉。将同一走向的导线汇成一束,依次弯向所需的方向。走线应做到横平竖直、拐直角弯。

③将成形好的导线套上写好线号的线号管,根据接线端子的情况,将芯线弯成圆环或直接压进接线端子。

(5)检查线路和试车:

①检查线路。制作好的控制线路必须经过认真检查后才能通电试车,以防止错接、漏接及电器故障引起线路动作不正常,甚至造成短路事故。检查时先核对接线,然后检查端子接线是否牢固,最后用万用表导通法来检查线路的动作情况及可靠性。

②试车与调整。试车前的准备:清点工具,清除线头杂物,装好接触器的电弧罩,检查各组熔断器的熔体,分断各开关使各开关处于未操作状态,检查三相电源的对称性等。

空操作试验:先切断主电路(断开主电路熔断器),装好辅助电路熔断器,接通三相电源,使线路不带负荷通电操作,以检查辅助电路工作是否正常。操作各按钮检查它们对接触器、继电器的控制作用;检查接触器的自锁、联锁等控制作用;用绝缘棒操作行程开关,检查它的行程控制或限位控制作用;检查线圈有无过热现象等。

带负荷试车:空操作试验动作无误后,即可切断电源,接通主电路,然后再通电,带负荷试车。起动后要注意它的运行情况,如发现过热等异常现象,应立即停车,切断电源后进行检查。

其他调试:如定时运转线路的运行和间隔时间,丫-△起动线路的转换时间,反接制动线路的终止速度等。应按照各线路的具体情况确定调试步骤。

2. 三相异步电动机单向点动控制线路的装配与调试

按图 7-44 所示线路接线。接线应按照主电路、控制电路分步来接，接线次序应按自上而下、从左向右来接。接线要整齐、清晰，接点牢固可靠。电动机采用星形接法。接线完毕须经指导教师检查线路后通电运行，按下起动按钮 SB，观察电动机的转动情况；松开起动按钮 SB，观察电动机的转动情况。

3. 三相异步电动机单向长动控制线路的装配与调试

按图 7-45 所示线路接线。电动机采用星形接法。接线完毕须经指导教师检查无误后再通电运行，按下起动按钮 SB_2，观察电动机的转动情况；松开起动按钮 SB_2，观察电动机的转动情况；按下停止按钮 SB_1，观察电动机是否停止。

4. 三相异步电动机正反转控制线路的装配与调试

按图 7-49 所示线路接线。接线完毕须经指导教师检查无误后再通电运行。按下起动按钮 SB_1，观察电动机转动情况，按下 SB_3 让电动机停转。按下起动按钮 SB_2，观察电动机转动情况，按下 SB_3 让电动机停转。观察按下起动按钮 SB_1，再按下起动按钮 SB_2，与按下 SB_2，再按下 SB_1 时电动机转动情况，是否实现了正反转控制。

5. 三相异步电动机星形–三角形换接降压起动控制线路的装配与调试

按图 7-51 所示线路接线，时间继电器的整定时间设置为 5 s。接线完毕须经指导教师检查无误后再通电运行。合上 QS，按下起动按钮 SB_2，观察各交流接触器、时间继电器的吸合情况和三相异步电动机转动情况。5 s 后观察各交流接触器、时间继电器的吸合情况和三相异步电动机转动情况。按下起动按钮 SB_1，观察电动机转动情况和交流接触器、时间继电器的吸合情况。

注意：接线时避免将导线的金属部分裸露在外，也不能将绝缘部分压在接线片内。线路接好后，必须认真检查并经指导教师检查无误后，才能通电运行。

【思考题】

(1)绘制电气控制线路原理图的原则是什么？

(2)什么是三相异步电动机的点动控制？

(3)什么叫"自锁"？自锁线路由什么部件组成？如何连接？如果用接触器的动断触点作为自锁触点，将会出现什么现象？

(4)为什么凡是用接触器和按钮控制电动机运行的线路，都具有失电压保护作用？根据是什么？

(5)什么叫互锁？常见电动机正、反转控制线路中有几种互锁形式？各是如何实现的？

7.5 单相异步电动机

单相异步电动机是用单相交流电源供电的异步电动机。这种电动机的结构简单，使用方便，只需单相电源。它不仅在工、农业生产各行业上为微型机械提供动力，而且家用电器也都用它来拖动，它是一种重要的微型电动机，其容量从几瓦到几百瓦。本节介绍单相异步电动机的结构与工作原理、起动、反转和调速等方面的知识。

7.5.1　单相异步电动机的结构与工作原理

在只有单相交流电源或负载所需功率较小的场合,如电风扇、电冰箱、洗衣机、医疗器械及某些电动工具上,常采用单相异步电动机。

1. 单相异步电动机的结构

单相异步电动机的构造与三相笼型异步电动机相似,它的转子也是笼型的,但其定子绕组是单相的,单相异步电动机的结构,如图 7-52 所示。

图 7-52　单相异步电动机的结构

2. 单相异步电动机的工作原理

当定子绕组通入单相交流电时,便产生一个交变的脉动磁通,这个磁通的轴线在空间是固定的,但可分解为两个等量、等速而反向的旋转磁通,如图 7-53 所示。

图 7-53　脉动磁通分解为两个旋转磁通的示意图

转子不动时,这两个旋转磁通与转子间的转差相等,分别产生两个等值而反向的电磁转矩,净转矩为零。也就是说,单相异步电动机的起动转矩为零,这是它的主要缺点之一。

如果用某种方法使转子旋转一下,比如,使它顺时针方向转一下,那么,这两个旋转磁通与转子间的转差不相等,转子将会受到一个顺时针方向的净转矩而持续地旋转起来。

由于反向转矩的制动作用,合成转矩减小,最大转矩也随之减小,所以单相异步电动机的过载能力、效率、功率因数等均低于同容量的三相异步电动机,且机械特性变软,转速变化较大。

7.5.2　单相异步电动机的起动、反转和调速

1. 单相异步电动机的主要类型及起动方法

由于单相异步电动机的起动转矩 $T_{st}=0$,为了使其能产生起动转矩,在起动时必须在电动机内部建立一个旋转磁场。根据产生旋转磁场的方式不同,单相异步电动机可分为分相式单相异步电动机和罩极式单相异步电动机。

1)分相式单相异步电动机

分相式单相异步电动机是在定子上安装两套绕组,一个是工作绕组(或称为主绕组)U_1-U_2,另一个是起动绕组(或称为副绕组)V_1-V_2,这两个绕组的参数相同且在空间相差 90° 电角度,称为两相对称绕组。分相式单相异步电动机又分为:电容分相式单相异步电动机和电阻分相式单相异步电动机。这里只介绍电容分相式单相异步电动机。对电阻分相式单相异步电动机,请参考其他资料自学。

(1)旋转磁场的产生。若在该两相绕组中分别通入大小相等、相位相差 90° 电角度的对称电流,即 $i_U=I_m\sin\omega t$ 通入 U_1-U_2 中,$i_V=I_m\sin(\omega t-90°)$ 通入 V_1-V_2 中,两相对称电流波形如图 7-54(a)所示,两相对称电流在两相绕组中产生旋转磁场的过程如图 7-54(b)所示。

由图 7-54 可见,在空间相差 90° 电角度的两相对称绕组中,通入互差 90° 的两相交流电流,结果产生了旋转磁场。旋转磁场的转速为 $n=60f_1/p$,旋转磁场的幅值不变,这样的旋转磁场与三相异步电动机旋转磁场的性质相同(圆形旋转磁场)。

(a)两相电流的波形

(b)旋转磁场

图 7-54　互差 90° 的两相电流产生的旋转磁场

用同样的方法可以分析得出,当工作绕组和起动绕组不对称,或者两相电流不对称时,气隙中产生的磁场是椭圆形旋转磁场,一个椭圆形旋转磁场可以分解成两个大小不相等、转向相反、转速

相同的圆形旋转磁场,如图 7-55 所示。

(2)电容分相式单相异步电动机的接线图,如图 7-56 所示。起动绕组与电容器串联。起动时,利用电容器使起动绕组中的电流在相位上比工作绕组中的电流超前近 90°。换言之,由于起动绕组串联了电容器,使得在单相电源作用下,在两绕组中形成了两相电流,在气隙中形成了旋转磁场,产生了起动转矩。

在图 7-56 中,起动时,电路中的两只开关 QS 和 S 都要闭合,等到转速接近额定值时,起动绕组电路中的离心开关 S 自动断开,这时只留下主绕组,电动机仍可继续带动负载运转。

图 7-55　椭圆形旋转磁场的分解图

图 7-56　电容分相式单相异步电动机接线图

(3)电容分相式单相异步电动机的分类:

①电容起动式单相异步电动机。起动绕组和电容器仅参与起动,当转速上升到额定转速的70%~85% 时,由离心开关将起动绕组和电容器从电源上切除。它适用于具有较高起动转矩的小型空气压缩机、电冰箱、磨粉机、水泵及满载起动的小型机械。

②电容运行式单相异步电动机。这种电动机没有离心开关,起动绕组和电容器不但参与起动,也参与电动机的运行。电容运行式单相异步电动机实质上是一台两相电动机,这种电动机具有较高的功率因数和效率,体积小,质量小,适用于电风扇、洗衣机、通风机、录音机等各种空载或轻载起动的机械。

③电容起动与运行式单相异步电动机(又称单相双值电容式异步电动机)。这种电动机采用两只电容并联后再与起动绕组串联。两只电容,一只称为起动电容器(电容的容量较大),仅参与起动,起动结束后,由离心开关切除其与起动绕组的连接;另一只称为工作电容器(电容的容量较小),一直与起动绕组连接,通过电动机在起动与运行时电容值的改变来适应电动机起动性能和运行性能的要求。此种电动机具有较好的起动与运行性能,起动能力大,过载性能好,效率和功率因数高,适用于家用电器、水泵和小型机械。

2)罩极式单相异步电动机

(1)罩极式单相异步电动机的结构。容量很小的单相异步电动机常利用罩极法来产生起动转矩,此种单相异步电动机称为罩极式单相异步电动机。罩极式单相异步电动机的转子为笼型结构,按照磁极的形式不同,分为凸极式和隐极式两种,其中凸极式是常见形式,其结构如图 7-57 所示。单相绕组套在凸极铁芯上,极面的一边开有小凹槽,凹槽将每个磁极分成大、小两部分,较小的部分(约 1/3)套有铜环,称为被罩部分;较大的部分未套铜环,称为未罩部分。

(2)移动磁场的产生。当单相绕组(工作绕组)的电流和磁通由零值增大时,在铜环中引起感应电流,它的磁通方向应与磁极磁通反向,致使磁极磁通穿过被罩部分的较疏,穿过未罩部分的较密,如图7-58(a)所示。

　　当主线圈电流升到最大值附近时,电流及其磁通的变化率近似为零,这时铜环内不再有感应电流,亦不再有反抗的磁通,铜环失去作用,此时磁极的磁通均匀分布于被罩和未罩两部分,如图7-58(b)所示。

图7-57　罩极式单相异步电动机的结构图

　　当主线圈电流从最大值下降时,铜环内又有感应电流,这时它的磁通应与磁极磁通同向,因而被罩部分磁通较密,未罩部分磁通较疏,如图7-58(c)所示。

图7-58　罩极式单相异步电动机的磁场移动原理

　　由图7-58可以看出,罩极式磁极的磁通具有在空间移动的性质,由未罩部分移向被罩部分。当工作绕组中的电流为负值时,磁通的方向相反,但移动的方向不变,所以不论单相绕组中的电流方向如何变化,磁通总是从未罩部分移向被罩部分,于是在电动机内部就产生了一个移动的磁场。在励磁绕组与短路环的共同作用下,磁极之间形成一个连续移动的磁场。这种持续移动的磁场,其作用与旋转磁场相似,也可以使转子获得起动转矩。

　　要改变罩极式单相异步电动机的旋转方向,只能改变罩极的方向,这一般难以实现,所以罩极式单相异步电动机通常用于不需改变转向的电气设备中。

　　单相异步电动机的优点是结构简单、制造方便、成本低、运行噪声小、维护方便;缺点是起动转矩小,起能性能较差,效率、功率因数和过载能力都比较低,且不能实现正、反转。因此,单相异步电动机的容量一般在1 kW以下。

2. 单相异步电动机的反转方法

单相异步电动机是在移动磁场的作用下运转的,其运行方向与移动磁场的方向相同,所以只要改变移动磁场的方向就可以改变单相异步电动机的转向。

对于要求电动机频繁正、反向转动,例如,家用洗衣机的搅拌用电动机,运行中一般 30 s 左右必须改变一次转向,此电动机一般用的是电容运转式单相异步电动机,其工作绕组、起动绕组做得完全一样,通过转换开关,将电容器分别与工作绕组、起动绕组串联,即可方便地实现电动机转向的改变,如图 7-59 所示。对其他类型的单相异步电动机的反转方法,请参阅有关资料。

3. 单相异步电动机的调速

单相异步电动机的调速方法主要有变极调速和变压调速两种方法。变极调速是指通过电动机定子绕组的磁极对数来调节转速;变压调速是指改变定子绕组两端电压来调节转速。其中,变压调速最为常用,具体可分为:串联电抗器调速、串联电容器调速、自耦变压器调速和串联晶闸管调压调速和抽头调速等。电风扇中的单相异步电动机的调速方法,目前常用串联电抗器调速法和抽头调速法。

图 7-59　电容运转式单相异步电动机的正、反转

1)串联电抗器调速法

串联电抗器调速法是将电抗器与电动机定子绕组串联。通电时,利用在电抗器上产生的电压降使加到电动机定子绕组上的电压低于电源电压,从而达到降压调速的目的。因此,用串联电抗器调速法时,电动机的转速只能由额定转速向低调速。这种调速方法的优点是线路简单,操作方便;缺点是电压降低后,电动机的输出转矩和功率明显降低,因此只适用于转矩及功率都允许随转速降低而降低的场合。下面以吊扇调速为例进行说明。

吊扇电动机多数采用单相电容分相式电动机,封闭式外转子结构。其结构特点是定子固定在电动机中间,外转子绕定子旋转,从而带动与之连接的扇头和外壳一起转动。

吊扇的调速采用调速器实现,其电路图如图 7-60(a)所示,图中副绕组与电容器串联,然后与主绕组并联到电源另一端,调速时通过调整电抗式调速线圈抽头来改变速度。调速旋钮控制开关的动触点,可分别接通调速电抗器的五个抽头的静触点,利用串入电抗器线圈匝数不同来改变电动机的端电压,从而得到不同的转速。若将调速旋钮置于"停"位置,电动机因绕组断电而停转。

图 7-60(b)所示为吊扇电气接线图,黑色引出线所连接的是副绕组,红色引出线连接的是主绕组,绿色引出线连接的是主、副绕组公共端,它直接接到电源另一端。

2)抽头调速法

图 7-60　吊扇电气原理图和接线图

　　电容运转式单相异步电动机在调速范围不大时,普遍采用定子绕组抽头调速。此时定子槽中嵌有工作绕组、起动绕组和调速绕组(又称中间绕组),通过改变调速绕组与工作绕组、起动绕组的连接方式,调节气隙磁场大小及椭圆度来实现调速,如台扇调速。

　　台扇一般采用电容分相式单相异步电动机的抽头调速,实质上是电抗器与定子绕组制作在一起,通过改变定子绕组的接法实现调速。这种方法不用电抗器,仅在定子绕组中增加一个调速辅助绕组,称为中间绕组或调速绕组。台扇电气接线图如图 7-61(a)所示,电动机主绕组(运行绕组)、副绕组(起动绕组)以及中间绕组(调速绕组)接线图如图 7-61(b)所示。

图 7-61　台扇电气接线图

　　电动机绕组抽头调速与串联电抗器调速比较,用绕组内部抽头调速不需要电抗器,故节省材料、耗电量少,但绕组嵌线和接线比较复杂。

【思考题】

　　(1)单相异步电动机在结构上与三相异步电动机有何异同点?

　　(2)为什么单相单绕组异步电动机不能自起动?而用外力使其转子转动后,撤去外力,转子就可顺着该方向旋转下去?

(3)单相异步电动机的起动方法有哪些?

(4)怎样改变单相电容运转式异步电动机的旋转方向?

(5)单相电容起动式异步电动机能否作为电容运转式异步电动机使用?为什么?

(6)单相异步电动机的调速方法有哪些?各自的调速原理是什么?

小　　结

(1)三相异步电动机主要由定子和转子构成,定子与转子之间由气隙隔开。转子按结构形式不同,分为笼型和绕线型异步电动机。前者结构简单,价格便宜,运行、维护方便,使用广泛。后者起动性能、调速性能较好,但其结构复杂,价格高。

(2)异步电动机又称感应电动机,它的转动是依据电生磁,磁生电,电磁力(矩)而运转的;转子感应电流(有功分量)在旋转磁场作用下产生电磁力并形成转矩,驱动电动机旋转。

转子转速 n 恒小于旋转磁场转速 n_1,即转差的存在是异步电动机旋转的必要条件。转子转向与旋转磁场方向(即三相电流相序)一致,这是异步电动机改变转向的原理。转差率实质上是反映转速快慢的一个物理量。

(3)三相异步电动机的电磁转矩的参数表达式为 $T = c'_T U_1^2 \dfrac{sR_2}{R_2^2 + (sX_{20})^2}$,由此可描绘异步电动机的转矩特性曲线和机械特性曲线,它们是分析异步电动机运行性能的依据。

额定转矩与额定功率的关系为 $T_N = 9\,550\dfrac{P_N}{n_N}$;运行中电网电压波动对电磁转矩影响很大,电磁转矩与电源电压的二次方成正比,即 $T \propto U_1^2$。

(4)三相异步电动机起动电流大而起动转矩小。对稍大容量异步电动机,为限制起动电流,常用降压(丫-△换接、自耦变压器降压)起动。降压起动在限制起动电流的同时,也限制了本来就不大的起动转矩,故它只适用于空载或轻载起动。绕线型异步电动机用在转子回路串电阻起动,它能减小起动电流又能增大起动转矩。

笼型异步电动机的调速方法有:变极调速(有级调速)、变频调速(无级调速);绕线型异步电动机采用改变转差率调速,通常是在转子回路中串联可变电阻。

三相异步电动机的能耗制动是将三相绕组脱离交流电源,把直流电接入其中两相绕组,形成恒定磁场而产生制动转矩;反接制动是改变电流相序形成反向旋转磁场而产生制动转矩;回馈制动是借助于外界因素,使电动机转速 n 大于旋转磁场转速 n_1,致使由电动状态变为发电状态而产生制动转矩。

(5)常用低压电器种类繁多,可分成如下三类:

开关类:主要有开启式开关、封闭式开关、按钮开关等,其任务是接通或分断电路,发出命令。

保护类:主要有熔断器、自动空气断路器、热继电器,其任务是保证电气控制电路正常工作,防止事故的发生。

控制类:主要有接触器、时间继电器,其任务是按照开关和保护类电器发出的命令,控制电气设备正常工作。

(6)任何一个复杂的控制系统均是由一些基本的控制环节(电路)组成再加上一些特殊要求的控制电路。在三相异步电动机基本控制电路中,本章介绍了点动、单向自锁运行控制,正、反转互锁控制,丫-△降压起动及短路、过载、欠电压保护等,这些都是构成异步电动机自动控制的最基本环节。

三相异步电动机的继电器-接触器控制由主电路和控制电路两部分组成。阅读主电路时要了解有几台电动机,各有什么特点,了解其起动方法,是否有正、反转等,为阅读控制电路提供依据。阅读控制电路时,应从控制主电路的接触器线圈着手,由上而下地对每一个电路进行跟踪分析。分析复杂控制电路时,先分析各个基本环节,然后找出它们之间的联锁关系,以掌握整个电路的控制原理。

(7)单相异步电动机的单相绕组通入单相正弦交流电流时产生脉动磁场,脉动磁场作用于转子绕组时不能产生起动转矩,所以单相异步电动机不能自行起动。单相异步电动机常用的起动方法有分相法和罩极法。

分相式单相异步电动机实质是两相绕组通以两相电流产生旋转磁场,与其说它是单相异步电动机倒不如说是两相单相异步电动机,只不过它的电流取自于单相电源,由此而得名。分相式单相异步电动机是靠起动回路的阻抗参数进行分相的。

对电容分相式单相异步电动机,在要求改变旋转方向时,一般的方法是:将主绕组或副绕组的两出线端对调,就会改变旋转磁场的转向,从而使电动机的转向得到改变。

单相异步电动机的调速方法有变极调速、降压调速(又分为串联电抗器、串联电容器、自耦变压器和串联晶闸管调压调速及抽头调速法)等。电风扇用单相异步电动机调速方法目前常用串联电抗器调速法和抽头调速法。

习　题

一、填空题

1. 根据工作电源的类型,电动机一般可分为_____电动机和_____电动机两大类;根据工作原理的不同,交流电动机可分为_____电动机和_____电动机两大类。

2. 三相异步电动机的定子主要是由_____、_____和_____构成。转子主要由_____、_____和_____构成。根据转子结构不同可分为_____异步电动机和_____异步电动机。

3. 三相笼型异步电动机名称中的三相是指电动机的_____,笼型是指电动机的_____,异步是指电动机的_____。

4. 三相异步电动机的旋转磁场的转向取决于_____;其转速大小与_____成正比,与_____成反比。

5. 三相异步电动机转差率是指_____与_____之比。三相异步电动机转差率的范围为_____,额定转差率的范围为_____。三相异步电动机稳定运行时转差率的范围为_____,不稳定运行时转差率的范围为_____。

6. 三相异步电动机常用的两种减压起动方法是_____起动和_____起动。

7. 三相绕线型异步电动机的起动方法有_____起动和_____起动两种,既可增大_____,又可减小_____。

8. 三相异步电动机的调速可以用改变_____、_____和_____三种方法来实现;其反转方法是_____。

9. 三相异步电动机电气制动有_____制动、_____制动和_____制动三种方法。但它们的共同特点是_____。最经济的制动方法是_____制动,最不经济的制动方法是_____制动。

10. _____开关、_____开关和_____都是低压开关电器。

11. 为了保证安全,封闭式负载开关上设有_____,保证开关在_____状态下开关盖不能开启,而当开关盖开启时又不能_____。

12. 低压断路器又称自动空气开关,具有_____、_____、_____保护的开关电器。

13. 交流接触器由_____系统和_____系统和灭弧装置等部分组成。它不仅可以控制电动机电路的通断,还可以起_____和_____保护作用。

14. 在电路中起过载保护的低压电气设备是_____,其串联在电动机主电路中的是它的_____元件,串联在控制电路中的部分是其_____。熔断器在电路中起_____保护作用。

15. 单相异步电动机若只有一套绕组,通入单相电流起动时,起动转矩为_____,电动机_____起动;若正在运行中,轻载时则_____继续运行。

16. 单相异步电动机根据获得磁场方式的不同,可分为_____和_____两大类。电容分相式单相异步电动机又分为_____、_____、_____、_____。

17. 单相异步电动机通以单相电流,产生一_____磁场,它可以分解成_____相等,_____相反,_____相同的两旋转磁场。

二、选择题

1. 三相电动机三相定子绕组在空间位置上彼此相差( )。
   A. 60°电角度　　　B. 120°电角度　　　C. 180°电角度　　　D. 360°电角度

2. 三相异步电动机的旋转方向与通入三相绕组的三相电流( )有关。
   A. 大小　　　　　B. 方向　　　　　C. 相序　　　　　D. 频率

3. 三相异步电动机旋转磁场的转速与( )有关。
   A. 负载大小　　　　　　　　　　B. 定子绕组上电压大小
   C. 电源频率　　　　　　　　　　D. 三相转子绕组所串电阻的大小

4. 三相异步电动机的电磁转矩与( )。
   A. 电压成正比　　　　　　　　　B. 电压二次方成正比
   C. 电压成反比　　　　　　　　　D. 电压二次方成反比

5. 三相异步电动机在电动状态时,其转子转速 n 永远( )旋转磁场的转速。
   A. 高于　　　　　B. 低于　　　　　C. 等于

6. 三相绕线型异步电动机的转子绕组与定子绕组基本相同,因此,三相绕线型异步电动机的转子绕组的末端采用( )连接。
   A. 三角形　　　　　B. 星形　　　　　C. 三角形或星形都可以

7. 一台三相异步电动机,其铭牌上标明额定电压为 220 V/380 V,其接法应是( )。
   A. Y/D　　　　　B. D/Y　　　　　C. Y/Y

8. 若电源电压为 380 V,而三相电动机每相绕组的额定电压是 220 V,则应接成( )。
   A. 三角形或星形均可　　B. 只能接成星形　　C. 只能接三角形

9. 三相异步电动机若轴上所带负载越大,则转差率 s( )。

A. 越大　　　　　　　B. 越小　　　　　　　C. 基本不变

10. 一台三相八极异步电动机的电角度为(　　)。

A. 0°　　　　　　　　B. 720°　　　　　　　C. 1 440°

11. 三相异步电动机转子磁场与定子旋转磁场之间的相对速度是(　　)。

A. n_1　　　　　　　B. $n_1 + n$　　　　　　C. $n_1 - n$

12. 三相异步电动机在电动状态稳定运行时,转差率的范围是(　　)。

A. $0 < s < s_c$　　　B. $0 < s < 1$　　　　C. $s_c < s < 1$

13. 三相绕线型异步电动机转子回路串入电阻后,其同步转速(　　)。

A. 增大　　　　　　　B. 减小　　　　　　　C. 不变

14. 三相绕线型异步电动机采用转子串电阻起动,下面说法正确的是(　　)。

A. 起动电流减小,起动转矩减小

B. 起动电流增大,起动转矩增大

C. 起动电流减小,起动转矩增大

15. 三相绕线型异步电动机在起动过程中,频敏变阻器的等效阻抗变化趋势是(　　)。

A. 由小变大　　　　　B. 由大变小　　　　　C. 恒定不变

16. 低压断路器具有(　　)保护。

A. 短路、过载、欠电压　　　　　　　　　B. 短路、过电流、欠电压

C. 短路、过电流、欠电压　　　　　　　　D. 短路、过载、失电流

17. 交流接触器铁芯端面上的短路环有(　　)的作用。

A. 增大铁芯磁通　　B. 减缓铁芯冲击　　C. 减小铁芯振动　　D. 减小剩磁影响

18. 按复合按钮时,(　　)。

A. 动合触点先闭合　　　　　　　　　　　B. 动断触点先断开

C. 动合、动断触点同时动作　　　　　　　D. 动断触点动作,动合触点不动作

19. 具有过载保护的接触器自锁控制线路中,实现短路保护的电器是(　　)。

A. 熔断器　　　　　B. 热继电器　　　　C. 接触器　　　　D. 电源开关

20. 具有过载保护的接触器自锁控制线路中,实现欠电压和失电压保护的电器是(　　)。

A. 熔断器　　　　　B. 热继电器　　　　C. 接触器　　　　D. 电源开关

21. 为避免正、反转交流接触器同时得电动作,线路采取(　　)。

A. 位置控制　　　　B. 顺序控制　　　　C. 自锁控制　　　　D. 互锁控制

22. 在接触器联锁的正、反转控制线路中,其联锁触点应是对方接触器的(　　)。

A. 主触点　　　　　　　　　　　　　　　B. 主触点或辅助触点

C. 动合辅助触点　　　　　　　　　　　　D. 动断辅助触点

23. 电容分相式单相异步电动机的定子绕组有两套绕组,一套是工作绕组,另一套是起动绕组,两套绕组在空间上相差(　　)电角度。

A. 120°　　　　　　B. 60°　　　　　　　C. 90°

24. 电容分相式单相异步电动机起动时,在起动绕组回路中串联一只适当的(　　),再与工作绕组并联。

A. 电阻　　　　　　B. 电容　　　　　　C. 电抗

25. 单相凸极式罩极异步电动机,其磁极极靴的(　　)处开有一个小槽,在开槽的这一小部分套装一个短路铜环,此铜环称为罩极绕组或称起动绕组。

A. 1/3　　　　　　B. 1/2　　　　　　C. 1/5

26. 单相罩极式异步电动机正常运行时,气隙中的合成磁场是(　　)。

　　A. 脉动磁场　　　　　B. 圆形旋转磁场　　　　C. 移动磁场

三、判断题

1. 三相异步电动机的电磁转矩与电源电压的二次方成正比,因此电压越高电磁转矩越大。

　　　　　　　　　　　　　　　　　　　　　　　　　　　　　　　　　　(　　)

2. 三相异步电动机的起动电流会随着转速的升高而逐渐减小,最后达到稳定值。(　　)

3. 电动机的转速与磁极对数有关,磁极对数越多转速越高。　　　　　　　(　　)

4. 三相笼型异步电动机和三相绕线型异步电动机的工作原理不同。　　　(　　)

5. 三相异步电动机在空载下起动,起动电流小,在满载下起动,起动电流大。(　　)

6. 三相异步电动机的输出功率就是电动机的额定功率。　　　　　　　　(　　)

7. 三相异步电动机圆形旋转磁场产生的条件是三相对称绕组通以三相对称电流。(　　)

8. 三相异步电动机定子绕组不论采用哪种接线方式,都可以采用星–三角换接降压起动。

　　　　　　　　　　　　　　　　　　　　　　　　　　　　　　　　　　(　　)

9. 三相异步电动机为减小起动电流,增大起动转矩,都可以在转子回路中串联电阻来实现。

　　　　　　　　　　　　　　　　　　　　　　　　　　　　　　　　　　(　　)

10. 三相笼型异步电动机采用星–三角换接降压起动时,起动转矩只有直接起动时的1/3。

　　　　　　　　　　　　　　　　　　　　　　　　　　　　　　　　　　(　　)

11. 三相绕线型异步电动机起动时,可以采用在转子回路中串联起动电阻起动,它既可以减小起动电流,又可增大起动转矩。　　　　　　　　　　　　　　　　　　　　　(　　)

12. 三相异步电动机能耗制动时,气隙磁场是一旋转磁场。　　　　　　　(　　)

13. 三相异步电动机电源反接制动时,其中电源两相相序应调换。　　　　(　　)

14. 热继电器既可作电动机的过载保护也可以作短路保护。　　　　　　　(　　)

15. 熔断器只能作短路保护。　　　　　　　　　　　　　　　　　　　　(　　)

16. 接触器除通断电路外,还有短路和过载保护作用。　　　　　　　　　(　　)

17. 热继电器在电路中的接线原则是热元件串联在主电路中,动合触点串联在控制电路中。

　　　　　　　　　　　　　　　　　　　　　　　　　　　　　　　　　　(　　)

18. 点动控制就是点一下按钮就可以起动并连续运转的控制方式。　　　　(　　)

19. 接触器联锁的正、反转控制线路中,控制正、反转的接触器有时可以同时闭合。(　　)

20. 为保证三相异步电动机能实现正、反转,则控制正、反转的接触器的主触点必须相同的相序并联后接在主电路中。

21. 单相异步电动机中的磁场是脉动磁场,因此不能自行起动。　　　　　(　　)

四、计算题

1. 一台三相六极异步电动机,接电源频率50 Hz。试问:它的旋转磁场在定子电流的一个周期内转过多少空间角度? 同步转速是多少? 若满载时转子转速为950 r/min,空载时转子转速为997 r/min。试求:额定转差率s_N和空载转差率s_0。

2. 三相异步电动机的额定转速为1 410 r/min,电源频率为50 Hz。试求:额定转差率和磁极对数。

3. 电源频率为50 Hz,当三相四极笼型异步电动机的负载由零值增加到额定值时,转差率由0.5%变到4%。试求其转速变动范围。

4. 一台异步电动机定子绕组的额定电压为380 V,电源线电压为380 V。问能否采用星–三角换接降压起动? 为什么? 若能采用星–三角换接降压起动,起动电流和起动转矩与直接(全压)起动时的相比较有何改变? 当负载为额定值的 1/2 及 1/3 时,可否在星形连接下起动? (假设 $T_{st}/T_N = 1.4$)

5. Y-200L-4 异步电动机的起动转矩与额定转矩比值为 $T_{st}/T_N = 1.9$。试问在电压降低 30% (即电压为额定电压的 70%)、负载阻转矩为额定值的 80% 的重载情况下,能否起动? 为什么? 满载时能否起动? 为什么?

6. 在笼型异步电动机的变频调速中,设在标准频率 $f_1 = 50$ Hz 时,电源电压为 $U_1 = 380$ V。现将电源频率调到 $f_1 = 40$ Hz,若要保持工作磁通 Φ 不变,电源电压相应地该调到多少?

7. 由电机产品目录查得一台 Y160L-6 型三相异步电动机的数据如表 7-11 所示。

表 7-11 Y160L-6 型三相异步电动机的数据

额定功率/kW	额定电压/V	满载时			起动电流 额定电流	起动转矩 额定转矩	最大转矩 额定转矩
		转速/r/min	效率/%	功率因数			
11	380	970	87	0.78	6.5	2.0	2.0

求:同步转速、额定转差率、额定电流、额定转矩、额定输入功率、最大转矩、起动转矩和起动电流。

8. 接第 7 题,(1)求用星-三角换接起动时的起动电流和起动转矩;(2)当负载为额定转矩的 50% 和 70% 时,电动机能否起动?

9. 三相异步电动机在转速为 975 r/min 时,其输出功率为 30 kW,试求其转矩。若此时效率为 0.85,功率因数 $\cos\varphi = 0.82$,定子绕组为星形连接,电源线电压为 380 V。试求:输入的电功率及线电流。

10. 图 7-62 中哪些能实现点动控制? 哪些不能? 为什么? 对不能的进行改正。

图 7-62

11. 判断图 7-63 所示各控制电路是否正确? 为什么? 对不正确的进行改正。

图 7-63

12. 指出图 7-64 所示的正、反转控制线路的错误之处,并予以改正。

图 7-64

13. 试画出既能连续工作,又能点动工作的三相异步电动机的控制电路。

第 8 章

安全用电常识

学习内容

➤ 安全用电常识。

➤ 人体触电的种类和方式、触电的原因及预防措施。

➤ 触电急救的措施。

➤ 电气防火、防爆、防雷常识。

学习目标

【知识目标】

➤ 了解人体触电的方式、电流伤害人体的主要因素。

➤ 掌握安全用电的要求、安全用电的措施,遵守安全用电操作规程。

➤ 了解引起电气火灾和爆炸的原因,掌握预防电气火灾和爆炸的措施。

➤ 掌握扑灭电气火灾的方法。

➤ 了解防雷电常识。

【能力目标】

➤ 自觉遵守安全用电的规定,养成良好的安全用电习惯。

➤ 能分析触电的常见原因,会处理触电现场,能对触电现场进行处理,会快速实施人工急救。

➤ 能采用正确的方法,扑灭电气火灾。

8.1　人体触电的基本知识

电能在人类社会的进步与发展过程中起着极其重要的作用,电能作为二次能源的应用也越来越广泛。现代人类的日常生活和工农业生产中,越来越多地使用着品种繁多的家用电器和电气设备。电能给人们的生活和生产带来了极大的便利。但是它对人类也构成了威胁:电气事故不仅毁坏用电设备,还会引起火灾;供电系统的故障可能导致用电设备的损坏或人身伤亡事故,也可能导致局部或大范围停电,甚至造成严重的社会灾难;触电会造成人员的伤亡。因此,宣传安全用电知识和普及安全用电技能是人们安全合理地使用电能,避免用电事故发生的一大关键。为了保障人身、设备的安全,国家按照安全技术要求颁布了一系列的规定和规程。这些规定和规程主要包括电气装置规程、电气装置检修规程和安操作规程,统称为安全技术规程。

8.1.1 人体触电的种类和方式

1. 人体触电的种类

1）人体触电的概念

人体直接接触或过分接近带电体时引起的人体局部受伤或死亡的现象,称为触电。

2）触电的种类

按电流对人体的伤害程度,触电分为电击和电伤两种。

(1)电击。电击是指电流使人体内部器官受到损害。人体触电时肌肉发生收缩,如果触电者不能迅速摆脱带电部分,电流将持续通过人体,最后因神经系统受到损害,使心脏和呼吸器官停止工作而趋于死亡。所以,电击危险性最大,而且也是经常遇到的一种伤害。

(2)电伤。电伤是指因电弧或熔丝熔断时飞溅的金属微粒等对人体的外部伤害,如烧伤、金属微粒溅伤等。电伤的危险虽不像电击那样严重,但也不容忽视。

2. 人体触电的方式

1）单相触电

单相触电是指人体的某一部分接触带电体的同时,另一部又与大地或中性线接触,如图 8-1 所示。

图 8-1(a)所示为低压供电系统的中性点接地的单相触电情况。此种情况加于人体的电压为 220 V,流过人体的电流足以危及生命。

图 8-1(b)所示为中性点不接地的单相触电情况。虽然线路对地绝缘电阻可起到限制人体电流的作用,但线路对地存在分布电容、分布电阻,作用于人体的电压为线电压 380V,触电电流仍可达到危害生命的程度。

图 8-1(c)所示为人体接触漏电设备外壳的单相触电。这种情况触电也属于单相触电。

(a)中性点接地系统的单相触电   (b)中性点不接地的单相触电   (c)接触漏电设备外壳的单相触电

图 8-1　单相触电

2）两相触电

两相触电是指人体不同部位同时接触两相电源时造成的触电,如图 8-2 所示。两相触电时,无论电网中性点是否接地,人体所承受的线电压均比单相触电时要高,危险性更大。

3）跨步电压触电

当外壳接地的电气设备绝缘损坏而使外壳带电,或导线断落发生单相接地故障时,电流由设备外壳经接地线、接地体(或由断落导线经接地点)流入大地,向四周扩散,在导线接地点及周围形成强电场,其电位分布以接地点为圆心向周围扩散,一般距离接地体 20 m 远处的电位为零。电流在接地点周围土壤中产生电压降。

　　人在接地点周围,两脚之间出现的电位差即为跨步电压。由此造成的触电称为跨步电压触电,如图 8-3 所示。

　　在低压 380 V 的供电网中如一根线掉在水中或潮湿的地面,在此水中或潮湿的地面上就会产生跨步电压。在高压故障接地处同样会产生更加危险的跨步电压,所以在检查高压设备接地故障时,室内不得接近故障点 4 m 以内,室外(土地干燥的情况下)不得接近故障点 8 m 以内。一般离接地体 20 m 以外,就不会发生跨步电压触电。

图 8-2　两相触电

图 8-3　跨步电压触电

　　跨步电压的大小与接地电流、土壤电阻率、设备接地电阻及人体的位置有关。当接地电流较大时,接触电压和跨步电压会超过允许值发生人身触电事故,特别是在发生高压接地故障或雷击时,会产生很高的接触电压和跨步电压。

　　此外,还有悬浮电路上的触电、感应电压触电、剩余电荷触电等形式。

8.1.2　电流伤害人体的主要因素

　　人体触电伤害程度与通过人体电流的大小、电流通过人体时间的长短、电流通过人体的部位、通过人体电流的频率、触电者的身体状况等有关。

　　(1)电流的大小。通过人体的电流越大,致命危险就越大。以工频电流为例,实验资料表明:当 1 mA 左右的电流通过人体时,会产生麻刺等不舒服的感觉;10 ~ 30 mA 的电流通过人体,会产生麻痹、剧痛、痉挛、血压升高、呼吸困难等症状,但通常不会有生命危险;电流达到 50 mA 以上,就会引起心室颤动而有生命危险;100 mA 以上的电流,足以致人于死地。

　　(2)电压的高低。人体接触的电压越高,流过人体的电流也就越大,对人体的伤害也越严重。

　　(3)触电时间长短。电流通过人体的时间越长,电流使人体发热和人体组织的电解液成分增加,导致人体电阻降低,反过来又使通过人体的电流增加,触电的危险亦随之增加。即电流通过人体的时间越长,危险也就越大;触电时间超过人体的心脏搏动周期(约 750 ms),或触电正好开始于搏动周期的易损伤期时,危险最大。

　　(4)电流通过人体的路径。触电后电流通过人体的路径不同,伤害程度也不同。最危险的是电流由左手流经胸部,这时心脏直接处在电路中,途径最短,易造成心跳停止。

　　(5)电流的种类。电流的类型不同,对人体的损伤也不同。直流电一般引起电伤,而交流电则电伤与电击同时发生,特别是 40 ~ 100 Hz 的交流电对人体最危险。不幸的是,人们日常使用的工频市电(我国为 50 Hz)正是这个危险的频段。

(6)人体的体质。对患有心脏病、内分泌失常、肺病、精神病等的人,触电时最危险。

(7)人体电阻。人的皮肤干燥或者皮肤较厚的部位其电阻比较高。通常人体的电阻在 1 ~ 100 kΩ 范围内变化,人体电阻越大,受电流伤害越轻。细嫩潮湿的皮肤,电阻可降到 1 kΩ 以下。接触的电压升高时,人体电阻会大幅度下降。

【思考题】

(1)人体触电有哪几种类型?试比较其危害程度。

(2)人体触电方式有哪些?

(3)造成人体触电的原因有哪些?

(4)电流对人体的伤害与哪些因素有关?

8.2　触电的原因及预防措施

8.2.1　触电的原因及触电事故的规律

1. 触电原因

触电又可分为直接触电和间接触电两种情况。直接触电是指人体直接接触或过分接近带电体而触电;间接触电是指人体触及正常时不带电而发生故障时才带电的金属导体。

触电的场合不同,引起触电的原因也不同。常见的触电原因主要有以下几种情况。

(1)线路架设不合规格。线路架设不合规格主要表现在:室内外线路对地距离、导线之间的距离小于容许值;通信线、广播线与电力线间隔距离过近或同杆敷设;线路绝缘破损;有的地区为节省导线而采用一线一地制送电等。

(2)电气操作制度不严格。电气操作制度不严格主要表现在:带电操作,不采取可靠的保护措施;不熟悉电路和电器,盲目修理;救护已触电的人,自身不采用安全保护措施;停电检修,不挂电气安全警示牌;使用不合格的工具检修电路和电器;人体与带电体过分接近,又无绝缘措施或屏护措施;在架空线上操作,不在相线上加临时接地线;无可靠的防高空跌落措施;高压线路落地,造成跨步电压引起对人体的伤害等。

(3)用电设备不合要求。用电设备不合要求主要表现在:电气设备内部绝缘低或损坏,金属外壳无保护接地措施或接地电阻太大;开关、闸刀、灯具、携带式电器绝缘外壳破损,失去防护作用;开关、熔断器误装在中性线上,一旦断开,就使整个线路带电。

(4)用电不规范。用电不规范主要表现在:违反布线规程,在室内乱拉电线;随意加大熔断器的熔丝规格;在电线上或电线附近晾晒衣物;在电杆上拴牲口;在电线(特别是高压线)附近打鸟、放风筝;在未切断电源时,移动家用电器;打扫卫生时用水冲洗或用湿布擦拭带电电器或线路等。

(5)其他偶然因素,如人体受雷击等。

2. 触电事故的规律

触电事故有以下一些规律:

（1）触电事故的季节性明显。统计资料表明，一年之中二、三季度事故较多，6 月至 9 月最集中。这与夏季和秋季多雨、天气潮湿，降低了电气设备的绝缘性能有关。

（2）低压触电事故多于高压触电事故。其原因是低压设备多，低压电网广泛，人接触机会多，加上低压设备管理不严等。

（3）单相触电事故多。单相触电事故占总触电事故的 70% 以上。

（4）发生在线路部位触电事故较普遍。线路部位触电事故发生在变压器出口总干线上的少，发生在分支线上的多，发生在远离总开关线路部分的更为普遍。这是因为，人们在检修或接线时贪图方便，带电接线，而插头、开关、熔断器、接头等连接部位容易接触不良而发热，造成电气绝缘和机械强度下降，致使这些部位易发生触电事故。

（5）误操作触电事故较多。由于电气安全教育不够，电气安全措施不完备，致使受害者本人或他人误操作造成的触电事故较多。

8.2.2　预防触电的措施

1. 预防直接触电的措施

（1）绝缘措施。绝缘措施就是用绝缘材料将带电体封闭起来的措施。良好的绝缘是保证电气设备和电气线路正常运行的必要条件，是防止触电事故的重要措施。选用绝缘材料必须与电气设备的工作电压、工作环境和运行条件相适应。不同的设备或电路对绝缘电阻的要求不同。例如，新装或大修后的低压设备和线路，绝缘电阻不应低于 0.5 MΩ；运行中的线路和设备，绝缘电阻要求每伏工作电压 1 kΩ 以上；高压线路和设备的绝缘电阻不低于每伏 1 000 MΩ。

（2）屏护措施。屏护措施就是采用屏护装置将带电体与外界绝缘开来，以杜绝不安全因素的措施。例如，常用电气设备的绝缘外壳、金属网罩、金属外壳、变压器的遮栏、护罩、栅栏等，都是将带电体与外界隔绝开来。凡是用金属材料制作的屏护装置，应妥善接地或接零。

（3）间距措施。为防止人体触及或过分接近带电体，避免车辆或其他设备碰撞或过分接近带电体，防止火灾、过电压及短路事故，为了操作的方便，在带电体与地面之间、带电体与带电体之间、带电体与其他设备之间，均应保持一定的安全间距，即间距措施。间距大小取决于电压的高低、设备类型、安装方式等因素。

（4）漏电保护措施。漏电保护又称残余电流保护或接地故障电流保护。漏电保护仅能作为附加保护而不应单独使用，其动作电流最大不宜超过 30 mA。

（5）使用安全电压措施。人体触电时，人体所承受的电压越低，通过人体的电流就越小，触电伤害就越轻。当低到一定值以后，对人体就不会造成伤害。在不带任何防护设备的条件下，当人体接触带电体时，对人体的部分组织不会造成伤害的电压值，称为安全电压。安全电压值由人体允许电流和人体电阻的乘积决定。安全电压是否安全与人的现时状况、触电时间长短、工作环境、人与带电体的接触面积和接触压力等都有关系。

世界各国对于安全电压的规定有：50 V、40 V、36 V、25 V、24 V 等，其中以 50 V、25 V 的居多。国际电工委员会（IEC）规定安全电压限定值为 50 V，我国规定 12 V、24 V、36 V 三个电压等级为安全电压级别。

在湿度大、狭窄、行动不便、周围有大面积接地导体的场所（如金属容器内、矿井内、隧道内等）使用的手提照明，应采用 12 V 的安全电压。凡手提照明器具，在危险环境、特别危险环境的局部照明灯，高度不足 2.5 m 的一般照明灯、携带式电动工具等，若无特殊的安全防护装置或安全措施,均应采用 24 V 或 36 V 安全电压。

注意:安全电压的规定是从总体上考虑的,对于某些特殊情况、某些人也不一定绝对安全,所以即使在规定的安全电压下工作,也不可粗心大意。

(6)使用安全标志措施。安全标志由安全色、几何图形和图形符号构成,用以表达特定的安全信息。安全标志可提醒人们注意或按标志上注明的要求去执行,是保障人身和设施安全的重要措施。一般设置在光线充足、醒目、稍高于视线的地方。

安全色是表达安全信息含义的颜色,表示禁止、警告、指令、提示等。为了使人们能迅速发现或分辨安全标志和提醒人们注意,国家标准《安全色》(GB 2893—2008)中已规定传递安全信息的颜色。安全色规定为红、蓝、黄、绿四种颜色,其含义及用途为:红色表示禁止、停止或防火;蓝色表示指令必须遵守的规定;黄色表示警告;绿色表示提示安全状态、通行。

为使安全色更加醒目的反衬色称为对比色。国家标准规定的对比色是黑、白两种颜色。安全色与其对应的对比色是:红—白,黄—黑,蓝—白,绿—白。

黑色用于安全标志的文字、图形符号和警告标志的几何图形。白色作为安全标志红、蓝、绿色的背景色,也可以用于安全标志的文字和图形符号。

《电力工业技术管理法规》中规定:电器母线和引下线应涂漆,并要按相分色。其中第 1 相(L_1)为黄色;第 2 相(L_2)为绿色;第 3 相(L_3)为红色。涂漆的目的是区别相序、防腐蚀和便于散热。

该法规还规定:交流回路中零线和中性线用淡蓝色,接地线用黄、绿双色线;双芯导线或绞合线用红、黑色线并行;直流回路中正极用棕色,负极用蓝色。

2. 预防间接触电的措施

(1)加强绝缘措施。对电气设备或线路采取双重绝缘,可使设备或线路绝缘牢固,不易损坏。即使工作绝缘损坏,还有一层加强绝缘,不致发生金属导体裸露造成间接触电。

(2)电气隔离措施。采用隔离变压器或具有同等隔离作用的发电机,使电气线路和设备的带电部分处于悬浮状态的做法称为电气隔离措施。采用电气隔离措施后,即使线路或设备的工作绝缘损坏,人站在地面上与之接触也不易触电。

注意:被隔离回路的电压不得超过 500 V,其带电部分不能与其他电气回路或大地相连。

(3)自动断电措施。在带电线路或设备上发生触电事故或其他事故(如短路、过载、欠电压)时,在规定的时间内能自动切断电源而起到保护作用的措施,称为自动断电措施。

(4)采用保护接地和保护接零措施。电气设备内部的绝缘材料因老化或其他原因损坏出现带电部件与设备外壳接触,使外壳带电,极易造成人员触及设备外壳而发生触电事故。为防止事故发生,通常采用的技术防护措施有电气设备的低压保护接地、低压保护接零以及在设备供电线路上安装低压漏电保护开关。

①保护接地。这是将电气设备在正常情况下不带电的金属部分与大地做金属性连接,以保证人身的安全。在中性点不接地的系统中,设备外壳不接地而意外带电时,外壳与大地间存在电压,人体触及外壳时,电流就会经过人体和线路对地阻抗形成回路,发生触电的危险,如图 8-4(a)所示。为了避免这种触电危险,应尽量降低人体所能触到的接触电压,应将电气设备的金属外壳与接地体相连接,即保护接地,如图 8-4(b)所示,此时碰壳的接地电流则沿着接地体和人体两条通路流过,流过每一通路的电流值将与其电阻的大小成反比,其接地电阻 R_e 通常小于 4 Ω,人体电阻

R_b 在恶劣的环境下为 1 000 Ω 左右,因此,流过人体的电流很小,完全可以避免或减轻触电危害。

保护接地适用于中性点不接地的低压电力系统中,如发电厂和变电所中的电气设备实行保护接地,并尽可能使用同一接地体。每年都要测试接地电阻,确保阻值在规定的范围内。

（a）没有保护接地措施　　　　　（b）有保护接地措施

图 8-4　中性点不接地的保护接地

②保护接零。在中性点接地的电力系统中,将电气设备正常不带电的金属外壳与系统的零线相连接,即保护接零,如图 8-5 所示。当电气设备的某一相因绝缘损坏而发生碰壳短路时,短路电流经外壳和零线构成闭合回路,由于相线和零线合成电阻很小,所以短路电流很大,立即将熔断器的熔丝熔断或使其他保护装置动作,迅速切断电源,防止触电。

图 8-5　保护接零

为使保护接零更加可靠,零线（中性线）上禁止安装熔断器和单独的开关,以防零线断开,失去保护接零的作用。

保护接零主要用于 380 V/220 V 及三相四线制电源中性点直接接地的配电系统中。

图 8-6（a）所示电路没有重复接地,如果零线断开时,当电气设备发生单相碰壳时,由于设备外壳既未接地,也未接零,其碰壳故障电流较小,不能使熔断器等保护装置动作而及时切除故障点,使设备外壳长期带电,人体一旦触及就会发生触电危险。故必须采用重复接地,即在三相四线制电力系统中,除将变压器的中性点接地外,还必须在中性线上不同处再行接地,即重复接地。重复接地电阻应小于 10 Ω,如图 8-6（b）所示。可见,重复接地可使漏电设备外壳的对地电压降低,也使万一零线断线时的触电危险减少。

（a）没有重复接地　　　　　　　　（b）有重复接地

图 8-6　重复接地

注意:在同一个配电系统中,不能同时有一部分设备采用保护接地,而另一部分设备采用保护接零,否则当采用保护接地的设备发生单相接地故障时,采用保护接零的设备外露可导电部分将带上危险的电压,这是十分危险的。保护接零只适用于中性点接地的三相四线制电力系统,保护接地只适用于中性点不接地的电力系统。

【思考题】

(1)常见的触电原因有哪些? 怎样预防触电?

(2)什么是安全电压? 我国规定的 12 V、24 V、36 V 安全电压各适用于哪些场合?

(3)安全用电要注意哪些事项? 在日常生活中,应如何注意安全用电?

(4)什么是保护接地? 什么是保护接零? 保护接地和保护接零是如何起到人身安全作用的?

(5)哪些电气设备的金属外壳要接地或接零?

(6)为什么在电源中性线上不允许安装开关或熔断器?

8.3　触 电 急 救

人体触电以后,伤害程度严重时会出现神经麻痹、呼吸中断、心脏停止跳动等症状,如果处理及时和正确,则因触电而假死的人有可能获救。所以,触电急救一定要做到动作迅速,方法得当。我国规定电工从业人员必须具备触电急救的知识和技能。

人体一旦发生触电事故,对触电者进行紧急救护的关键是在现场采取积极和正确的措施,以减轻触电者的伤情,争取时间尽最大努力抢救生命,使触电而呈假死状态的人员获救;反之,任何拖延和操作失误都有可能带来不可弥补的后果。电工技术人员必须掌握触电急救技术。

1. 首先要尽快地使触电者脱离电源

人体触电后,除特别严重的当场死亡外,常常会暂时失去知觉,形成假死。如果能使触电者迅速脱离电源并采取正确的救护方法,则可以挽救触电者的生命。实验研究和统计结果表明,如果从触电后 1 min 开始救治,则 90% 可以被救活;从触电后 6 min 开始救治,则仅有 10% 救活的可能性;如果从触电后 12 min 开始救治,则救活的可能性极小。因此,使触电者迅速脱离电源是触电急救的重要环节。

当发现有人触电时,不可惊慌失措,首先应当立即设法使触电者迅速而安全地脱离电源。根据触电现场的情况,通常采用以下几种方法使触电者脱离电源。

(1)出事地附近有电源开关或插头时,应立即断开开关或拔掉电源插头,切断电源。

(2)若电源开关远离出事地点时,应尽快通知有关部门立即停电。同时如果触电者穿的是比较宽松的干燥衣服,救护者可站在干燥木板上,用一只手抓住触电者的衣服将其拉离电源,如图 8-7 所示。切不可触及带电者的皮肤。也可以用绝缘钳或干燥木柄斧子切断电源或用干燥木棒、竹竿等绝缘物迅速将导线挑开,如图 8-8 所示。

(3)如果是低压触电,可用干燥的衣服、手套、绳索、竹竿、木棒等绝缘物作救护工具,使触电者脱离电源,不得直接用手或其他金属及潮湿的物体作为救护工具。

(4)对登高工作的触电者,解救时需采取防止摔伤的措施,避免触电者摔下造成更大伤害。

(5)在使触电者脱离电源的过程中,救护者要防止自身触电。例如,在没有绝缘防护的情况下,切勿用手直接接触触电者的皮肤。

图 8-7　将触电者拉离电源　　　　　图 8-8　将触电者身上的电线挑开

2. 脱离电后的判断

触电者脱离电源后,应迅速判断其症状。根据其受电流伤害的不同程度,采用不同的急救方法。

(1)判明触电者有无知觉。触电如引起呼吸及心脏颤动、停搏,要迅速判明,立即进行现场抢救。因为过 5 min 后,大脑将发生不可逆的损害;过 10 min 后,大脑已死亡。因此须迅速判明触电者有无知觉,以确定是否需要抢救。可以用摇动触电者肩部、呼叫其姓名等法检查其有无反应,若没有反应,就有可能呼吸、脉搏停止,这时应抓紧进行抢救工作。

(2)判断呼吸是否停止。将触电者移到干燥、宽敞、通风的地方,将衣裤放松,使其仰卧,观察其胸部或腹部有无因呼吸而产生的起伏动作,若不明显,可用手或小纸条靠近触电者的鼻孔,观察有无气流流动;或用手放在触电者胸部,感觉有无呼吸动作,若没有,说明呼吸已停止。

(3)判断脉搏是否搏动。用手检查颈部的颈动脉或腹股沟处的股动脉,看有无搏动,如有,说明心脏还在工作。另外,还可用耳朵贴在触电者心区附近,倾听有无心脏跳动的声音,若有,也说明心脏还在工作。

(4)判断瞳孔是否放大。瞳孔是受大脑控制的一个自动调节的光圈。如果大脑机能正常,瞳孔可随外界光线的强弱自动调节大小。处于死亡边缘或已死亡的人,由于大脑细胞严重缺氧,大脑中枢失去对瞳孔的调节功能,瞳孔会自行放大,对外界光线强弱不再做出反应。

3. 现场急救

触电者脱离电源之后,应根据实际情况,采取正确的救护方法,迅速进行现场抢救。

1)对不同情况的救治

(1)触电者神志尚清醒,但感觉头晕、心悸、出冷汗、恶心、呕吐等,应让其静卧休息,减轻心脏负担。

(2)触电者神智有时清醒,有时昏迷。这时应一方面请医生救治,另一方面让触电者静卧休息,密切注意其伤情变化,做好万一恶化的抢救准备。

(3)触电者已失去知觉,但有呼吸、心跳。应在迅速请医生的同时,解开触电者的衣领裤带,平卧在阴凉通风的地方。如果出现痉挛,呼吸衰弱,应立即施行人工呼吸,并送医院救治。如果出现"假死",应边送医院边抢救。

(4)触电者呼吸停止,但心跳尚存,则应对触电者施行人工呼吸;如果触电者心跳停止,呼吸尚存,则应采取胸外心脏按压法;如果触电者呼吸、心跳均已停止,则必须同时采用人工呼吸法和胸外心脏按压法施行抢救。

2)口对口人工呼吸法

人工呼吸法是帮助触电者恢复呼吸的有效方法,只对停止呼吸的触电者使用。在几种人工呼吸方法中,以口对口人工呼吸法效果最好,也最容易掌握。操作步骤如下:

(1)先使触电者仰卧,解开衣领、围巾、紧身衣服等,除去口腔中的黏液、血液、食物、假牙等杂物。

(2)将触电者头部尽量后仰,鼻孔朝天,颈部伸直。救护者一只手捏紧触电者的鼻孔,另一只手掰开触电者的嘴巴,救护者深吸气后,紧贴着触电者的嘴巴大口吹气,使其胸部膨胀;之后救护者换气,放松触电者的嘴鼻,使其自动呼气。如此反复进行,吹气 2 s,放松 3 s,大约 5 s 一个循环。

(3)吹气时要捏紧触电者鼻孔,用嘴巴紧贴触电者嘴巴,不得漏气,放松时应能使触电者自动呼气。其操作示意图如图 8-9 所示。

(a)清理口腔异物   (b)让头后仰   (c)贴嘴吹气   (d)放开嘴鼻换气

图 8-9　口对口人工呼吸法操作示意图

(4)如触电者牙关紧闭,无法撬开,可采取口对鼻吹气的方法。

(5)对体弱者和儿童吹气时用力应稍轻,不可让其胸腹过分膨胀,以免肺泡破裂。当触电者自己开始呼吸时,人工呼吸应立即停止。

3)胸外心脏按压法

胸外心脏按压法是帮助触电者恢复心跳的有效方法。当触电者心脏停止跳动时,有节奏地在胸外廓加力,对心脏进行按压,代替心脏的收缩与扩张,达到维持血液循环的目的。其操作要领如图 8-10 所示。

(a)手掌位置(正确压点)   (b)叠手姿势   (c)向下按压   (d)突然放松

图 8-10　胸外心脏按压法

(1)将触电者衣服解开,使其仰卧在硬板上或平整的地面上,找到正确的按压点。通常是救护者伸开手掌,中指尖抵住触电者颈部凹陷的下边缘,手掌的根部就是正确的按压点,如图 8-10(a)所示。

(2)救护者跪跨在触电者腰部两侧的地上,身体前倾,两臂伸直,两手相叠(左手掌压在右手背上),如图 8-10(b)所示,以手掌根部放至正确按压点。

(3)掌根均衡用力,连同身体向下按压,压出心室的血液,使其流至触电者全身各部位。压陷深度为 3～5 cm(成人)如图 8-10(c)所示;对儿童用力要轻。太快太慢或用力过轻过重,都不能取得好的效果。

（4）按压后掌根突然抬起，如图 8-10（d）所示，依靠胸廓自身的弹性，使胸腔复位，血液流回心室。重复（3）、（4）步骤，每分钟 60 次左右为宜。

总之，使用胸外心脏按压要注意压点正确，下压均衡，放松迅速，用力和速度适宜，要坚持做到心跳完全恢复。如果触电者心跳和呼吸都已停止，则应同时进行胸外心脏按压和口对口人工呼吸。一人救护时，两种方法可交替进行；两人救护时，两种方法应同时进行，但两人必须配合默契。

【实验与技能训练】——常用触电急救方法的观察与操作训练

1. 观看现场急救的视频

组织学生在多媒体教室，观看口对口人工呼吸法和胸外心脏按压法视频。

2. 口对口人工呼吸法模拟训练

（1）以一人模拟停止呼吸的触电者，另一人模拟救护者。救护者将模拟"触电者"仰卧于棕垫上，解松衣裤，再将颈部伸直，头部尽量后仰，掰开口腔。

（2）救护者位于模拟"触电者"头部一侧，将靠近头部的一只手捏住模拟"触电者"的鼻子，并将这只手的外缘压住额部，另一只手托其颈部，将颈上抬，使头部自然后仰。

（3）救护者深呼吸后，用嘴紧贴模拟"触电者"的嘴（中间垫一层纱布）吹气。

（4）吹气至模拟"触电者"要换气时，应迅速离开模拟"触电者"的嘴，同时放开捏紧的鼻孔，让其自动向外呼气。

按照上述步骤反复进行，对模拟"触电者"每分钟吹气 15 次左右。

以上模拟训练两人一组，交换进行，认真体会操作要领。

3. 胸外心脏按压法模拟训练

（1）将模拟"触电者"仰卧在硬板上或平整的硬地面上（课堂练习时可仰卧在棕垫上），解松衣裤，救护者跪跨在模拟"触电者"腰部两侧。

（2）救护者将一只手的掌根按于模拟"触电者"胸骨以下三分之一处，中指指尖对准颈根凹陷下边缘，另一只手压在那只手的背上呈两手交叠状，肘关节伸直，向模拟"触电者"脊柱方向慢慢压迫胸骨下段，使胸廓下陷 3 ~ 4 cm。

（3）双掌突然放松，使胸腔复位。放松时，交叠的两掌不要离开胸部。

重复步骤（2）、（3），每分钟 60 次左右，按压时间和放松时间大体一样。

以上模拟训练两人一组，交换进行，认真体会操作要领。

注意事项：

（1）为增加可操作性，本训练若有条件可用假人进行模拟训练，也可通过多媒体演示等电化教学手段来替代，增强直观性。

（2）在训练时应听从指导教师的现场指导，以免因操作不规范而使模拟"触电者"受到伤害。

（3）进行胸外心脏按压法模拟训练时，按压位置和手势必须正确，下压时要有节奏，不能太用力，以免造成模拟"触电者"胸部骨骼损伤。

【思考题】

（1）发现有人触电，怎样使触电者尽快脱离电源？触电者脱离电源后，如何进行正确的救护？

（2）口对口人工呼吸法在什么情况下使用？并简述其操作要领。

（3）胸外心脏按压法在什么情况下使用？并简述其操作要领。

8.4　电气防火、防爆及防雷电

8.4.1　电气防火和防爆

1. 引起电气火灾的主要原因

因电气设备（或线路）故障引起的火灾和爆炸，称为电气火灾事故或电气爆炸事故。由于不同的电气设备的结构、运行各有特点，引起火灾和爆炸的原因也不相同，但总的来说电流的热量和放电火花或电弧是引起电气火灾和爆炸的直接原因。

1）危险温度

电气设备运行是要发热的，但是，设备在安装和正常运行状态中，发热量和设备散热量处于平衡状态，设备的温度不会超过额定条件规定的允许值，这是设备的正常发热。当电气设备正常运行遭到破坏时，设备可能过度发热，出现危险温度可能导致火灾。

造成危险温度的原因有以下几种：

（1）设备或线路发生短路故障。电气设备由于绝缘损坏、电路年久失修、疏忽大意、操作失误及设备安装不合格等将造成短路故障，其短路电流可达正常电流的几十倍甚至上百倍，产生的热量（正比于电流的二次方）使温度急剧上升。

（2）过载。设备或导线长时间过负荷运行，因电流过大，也可能引起过度发热。

（3）接触不良引起过热。如接头连接不牢或不紧密、动触点压力小等使接触电阻过大，在接触部位发生过热。

（4）通风散热不良。大功率设备缺少通风散热设施或通风散热设施损坏造成过热。

（5）电热器件使用不当。如电炉、电熨斗、电烙铁等未按要求使用，或用后忘记断开电源，引起过热。

2）电火花和电弧

一般电火花和电弧的温度都很高，电弧的温度可高达 6 000 ℃，不仅能引起可燃物质燃烧，还能使金属熔化飞溅，引起火灾。因此，在有火灾和爆炸危险的场所，电火花和电弧是很危险的着火源。

电火花和电弧包括工作电火花和电弧与事故电火花和电弧两类。

工作电火花和电弧是电气设备正常工作和操作过程中产生的，如开关分合操作的电火花、电动机的电刷与滑环间跳火、电焊机工作时的电弧等。

事故电火花和电弧是电气或线路发生故障时产生的电弧或火花，如发生短路或接地故障时的电弧、断线时产生的电弧、绝缘子闪络或雷电产生的火花或电弧等。

此外，电动机转子和定子发生摩擦等由碰撞产生机械性质的火花；灯泡破碎时，炽热的灯丝也有产生火花的危险。

3）易燃易爆物质

日常生活和生产的各个场所中，广泛存在着易燃易爆物质。如石油液化气、煤气、天然气、汽油、柴油、酒精、棉、麻、化纤织物、木材、塑料等；一些设备本身可能会产生易燃易爆物质，如设备的绝缘油在电弧作用下分解和汽化,喷出大量油雾和可燃气体;酸性电池排出氢气并形成爆炸性混合物等。

一旦这些易燃易爆物质遇到电气设备和线路故障导致的电火花或电弧,便会立刻着火燃烧,甚至爆炸。

2. 电气火灾的防护措施

电气火灾的形成,从外界因素来说是周围存在着易燃易爆物质;从内部因素来说是电气设备的发热或电火花、电弧充当了着火源,具备了燃烧的条件。要防止电气火灾和爆炸的发生,基本出发点就是阻止燃烧要素的形成,或防止其相互作用。

电气火灾的防护措施主要致力于消除隐患、提高用电安全,具体措施如下:

1)正确选用保护装置,防止电气火灾发生

对正常运行条件下可能产生电热效应的设备采用隔热、散热、强迫冷却等结构,并注重耐热、防火材料的使用。按规定要求设置,包括短路、过载、漏电保护设备的自动断电保护。对电气设备和线路正确设置接地、接零保护,为防雷电安装避雷器及接地装置。根据使用环境和条件正确设计、选择电气设备。恶劣的自然环境和有导电尘埃的地方应选择有抗绝缘老化功能的产品,或增加相应的措施;对易燃易爆场所则必须使用防爆电气产品。

2)正确安装电气设备,防止电气火灾发生

合理选择安装位置。对于爆炸危险场所,应该考虑把电气设备安装在爆炸危险场所以外或爆炸危险性较小的部位。开关、插座、熔断器、电热器具、电焊设备和电动机等应根据需要,尽量避开易燃物或易燃建筑构件。

保持必要的防火距离。对于在正常工作时能够产生电弧或电火花的电气设备,应使用灭弧材料将其全部隔围起来,或将其与可能被引燃的物料,用耐弧材料隔开或与可能引起火灾的物料之间保持足够的距离,以便安全灭弧。

安装和使用有局部热聚焦或热集中的电气设备时,在局部热聚焦或热集中的方向与易燃物料,必须保持足够的距离,以防引燃。

电气设备周围的防护屏障材料,必须能承受电气设备产生的高温(包括故障情况下)。应根据具体情况选择不可燃、阻燃材料或在可燃性材料表面喷涂防火涂料。

3)保持电气设备的正常运行,防止电气火灾发生

正确使用电气设备是保证电气设备正常运行的前提。因此,应按设备使用说明书的规定操作电气设备。严格执行操作规程。保持电气设备的电压、电流、温升等不超过允许值。保持各导电部分连接可靠,接地良好。保持电气设备的绝缘良好,保持电气设备的清洁,保持良好通风。

3. 扑灭电气火灾的方法

1)切断电源

电气火灾与一般火灾的不同之处,一是火源有电,对在场人员有触电危险;二是充油设备在大火烘烤下有爆炸危险。发生电气火灾时,应立即拨打119火警电话报警,向公安消防部门求助。扑救电气火灾时注意触电危险,为此要及时切断电源,通知电力部门派人到现场指导和监护扑救工作。

切断电源时的安全要求如下:

(1)火灾时,由于烟熏火烤,开关设备绝缘能力降低,操作时应使用绝缘工具,防止触电。

（2）严格遵守倒闸操作顺序的规定，防止忙乱中发生误操作，扩大事故。

（3）必要时切断低压电源可用电工钳剪断电源线。剪断带电导线时应穿绝缘鞋，使用绝缘工具。断线点应选择在电源侧支撑物附近，防止带电端导线落地造成短路或触碰人体。剪不同相的导线时，应分别剪断，并使各相断口间保持一定距离。

（4）夜间扑灭火灾时，应注意断电后的照明措施，避免断电影响灭火工作。

在切断电源后即可采用常规的灭火法灭火。

2）带电灭火

有时为了争取有利的灭火时机，来不及断电，或因其他原因不能切断电源时，需要带电灭火。带电灭火的安全注意事项如下：

（1）正确选用不导电灭火器。如二氧化碳灭火器、1121 灭火器和干粉灭火器都不是导电的，可用于带电灭火，但注意人员及灭火器与带电体保持安全距离。泡沫灭火器和酸碱灭火器有一定的导电性，且对电气设备绝缘有污染，不能用于带电灭火。

（2）用水带电灭火时，因为含杂质的水有导电性，不宜用直流式水枪，以免直流式水枪喷出的水柱泄漏电流过大造成人员触电。一般使用喷雾水枪，在水的压力足够大时，喷出的水柱充分雾化，可大大减小水柱的泄漏电流。为了保证经水柱通过人体的电流不超过感知电流，不但对水枪雾化程度有要求，水枪的喷嘴与带电体间还应保持足够的距离：10 kV 及以下者不小于 0.7 m；35 kV 及以下者不小于 1 m；110 kV 及以下者不小于 3 m；220 kV 不应小于 5 m。同时，应将水枪喷嘴接地；操作人员应穿戴绝缘靴和绝缘手套；带电灭火必须有人监护。

火场上空有架空线路经过时，人不应站在架空导线下方附近，以防断线落地时造成触电。如遇带电导线断落地面，要划出一定的警戒区，防止跨步电压触电。

3）充油设备灭火

绝缘油是可燃液体，受热汽化还可能形成很大的压力造成充油设备爆炸。因此，充油设备着火有更大的危险性。

充油设备外部着火时，可用不导电灭火剂带电灭火。如果充油设备内部故障起火，则必须立即切断电源，用冷却灭火法和窒息灭火法使火焰熄灭，即使在火焰熄灭后，还应持续喷洒冷却剂，直到设备温度降至绝缘油闪点以下，防止高温使油气重燃造成更大事故。

如果充油设备的油箱已经破裂，燃油外泄，可用泡沫灭火器或黄沙扑灭地面和储油池内燃油的火焰，注意采取措施防止燃油蔓延。

8.4.2　防雷电

雷电是一种自然现象，它产生的强电流、高电压、高温、高热具有很大的破坏力和多方面的破坏作用。比如对建筑物或电力系统的破坏、对人畜的伤害、引起大规模停电、造成火灾或爆炸等。雷击的危害是严重的，所以，必须具有一定的防护常识。

1. 雷电形成与活动规律

雷鸣与闪电是大气层中强烈的放电现象。雷云在形成过程中，由于摩擦、冻结等原因，积累起大量的正电荷或负电荷，产生很高的电位。当带有异性电荷的雷云接近到一定程度时，就会击穿空气而发生强烈的放电。强大的放电电流伴随高温、高热，发出耀眼的闪光和震耳的轰鸣。

雷电在我国的活动比较频繁，总的规律中：南方比北方多，山区比平原多，陆地比海洋多，热而潮湿的地方比冷而干燥的地方多，夏季比其他季节多。在同一地区，凡是电场分布不均匀、导电性能较好、容易感应出电荷、云层容易接近的部位或区域,更容易引雷而导致雷击。

一般来说,下列物体或地点容易受到雷击:

(1)空旷地区的孤立物体、高于 20 m 的建筑物,如水塔、宝塔、尖形屋顶、烟囱、旗杆、天线、输电线路杆等。在山顶行走的人畜,也易遭受雷击。

(2)金属结构的屋面、砖木结构的建筑物。

(3)特别潮湿的建筑物、露天放置的金属物。

(4)排放导电尘埃的厂房、排放废气的管道和地下水出口、烟囱冒出的热气(含有大量导电质点、游离态分子)。

(5)金属矿床、河岸、山谷风口处、山坡与稻田接壤的地段、土壤电阻率小或电阻率变化大的地区。

2. 防雷电常识

雷击是一种自然灾害,对人类的生产、生活安全构成很大的威胁。对重要设施安装避雷针、避雷线、避雷网、避雷器等,虽然可以减少雷电的危害,但人们不可能总是置身于避雷装置的保护之下。因此,具备一定的防雷知识是非常必要的。

(1)为防止感应雷和雷电侵入波沿架空线进入室内,应将进户线最后一根支承物上的绝缘子铁脚可靠接地,在进户线最后一根电杆上的中性线上应加重复接地线。

(2)雷雨时,应关好室内门窗,以防球形雷飘入;不要站在窗前或阳台上、有烟囱的灶前;应离开电力线、电话线、无线电天线 1.5 m 以外。

(3)雷雨时,不要洗澡、洗头,不要待在厨房、浴室等潮湿的场所。

(4)雷雨时,不要使用家用电器,应将电器的电源插头拔下,以免雷电沿电源线侵入电器内部,击毁电器,危及人身安全。

(5)雷雨时,不要停留在山顶、湖泊、河边、沼泽地、游泳池等易受雷击的地方;最好不用带金属柄的雨伞;几个人同行,要相距几米,分散避雷。

(6)雷雨时,不能站在孤立的大树、电杆、烟囱和高墙下,不要乘坐敞篷车和骑自行车。避雨应选择有屏蔽作用的建筑或物体,如汽车、电车、混凝土房屋等。

(7)如果有人遭到雷击,应迅速冷静地处理。即使遭到雷击者的心跳、呼吸均已停止,也不一定是死亡,应不失时机地进行人工呼吸和胸外心脏按压,并送医院抢救。

【实验与技能训练】——使用灭火器灭火演练

(1)在有确切安全保障和防止污染的前提下点燃一盆明火,作为模拟的电气火灾现场。

(2)使用干粉灭火器灭火:

①点燃模拟着火设备中的火焰。

②手提或肩扛灭火器快速奔赴火场,在距燃烧处 5 m 左右,放下灭火器。

注意:着火点如果在室外,应选择在上风方向喷射灭火。

③用灭火器进行灭火。使用的干粉灭火器若是外挂式储气瓶,操作者应一手紧握喷枪,另一只手提起储气瓶上的开启提环。

如果储气瓶的开启把是手轮式的,则按逆时针方向旋开,并旋到最高位置,随即提起灭火器。当干粉喷出后,迅速对准火焰的根部扫射。干粉灭火器若是内置式储气瓶或者是储压式,操作者应先将开启把上的保险销拔下,然后握住喷射软管前端喷嘴根部,另一只手将开启把压下,打开灭火器进行喷射灭火。有喷射软管的灭火器或储压式灭火器在使用时,一手应压下压把不能放开,否则会中断喷射。

注意:用干粉灭火器扑救可燃、易燃液体火灾时,应对准火焰的根部扫射。如被扑救的液体火灾呈流淌燃烧时,应对准火焰根部由近而远,并左右扫射,直至把火焰全部扑灭。如果可燃液体在容器中燃烧,使用者应对准火焰根部左右晃动扫射,使喷射出的干粉流覆盖整个容器开口表面;当火焰被赶出容器时,使用者仍应继续喷射,直至将火焰全部扑灭。在扑救容器内可燃液体火灾时,应注意不能将喷嘴直接对准液面喷射,防止喷流的冲击力使可燃液体溅出而扩大火势,造成灭火困难。如果当可燃液体在金属容器中燃烧时间过长,容器的壁温已高于扑救可燃液体的自燃点,此时极易造成灭火后再复燃的现象,若与泡沫类灭火器联用,则灭火效果更佳。

【思考题】

(1)电气火灾的防护措施有哪些? 如何时行电气火灾的扑救?

(2)如何进行电气防爆?

(3)雷电的危害有哪些? 雷雨时,为防止雷击,在户内、户外各应注意哪些问题?

8.5 电工安全技术操作规程

8.5.1 电工安全工作的基本要求

国家有关部门颁布了一系列的电工安全规程规范,各地区电业部门及各单位主管部门也对电气安全有明确规定,电工必须认真学习,严格遵守。为避免违章作业引起触电,首先应熟悉电工基本的安全操作要求。

(1)工作前必须检查工具、测量仪表和防护用具是否完好。上岗时必须戴好规定的防护用品,一般不允许带电作业。工作前应详细检查所用工具是否安全可靠,了解场地、环境情况,选好安全工作位置。

(2)任何电气设备内部未经验明无电时,一律视为有电,不准用手触及。各项电气工作要认真严格执行"装得安全,拆得彻底,检查经常,修理及时"的规定。在线路上、设备上工作时要切断电源,并挂上警告牌,验明无电后才能进行工作。不准无故拆除电气设备上的熔丝及过负荷继电器或限位开关等安全保护装置。机电设备安装或修理完工后在正式送电前必须仔细检查绝缘电阻及接地装置和传动部分的防护装置,使之符合安全检查要求。

(3)发生触电事故应立即切断电源,并采用安全、正确的方法立即对触电者进行救助和抢救。当电器发生火灾时应立即切断电源。在未断电前,应用四氯化碳、二氧化碳或干粉灭火,严禁用水或普通酸碱泡沫灭火器灭火。

(4)装接灯头时,开关必须控制相线。临时线路敷设时应先接地线,拆除时应先拆相线。在使用电压高于 36 V 的手电钻时,必须戴好绝缘手套,穿好绝缘鞋。使用电烙铁时,安放位置不得有易燃物或靠近电气设备,用完后要及时拔掉插头。工作中拆除的电线要及时处理好,带电的线头必须用绝缘带包扎好。

(5)高空作业时应系好安全带,扶梯脚应有防滑措施。登高作业时,工具、物品不准随便向下扔,必须装入工具袋内做吊送式传递。地面上的人员应戴好安全帽,并离开施工区 2 m 以外。

（6）雷雨或大风天气严禁在架空线路上工作。

（7）低压架空带电作业时应有专人保护，使用专用绝缘工具，戴好专用防护用品。低压架空带电作业时，人体不得同时接触两根线头，不得越过未采取绝缘措施的导线之间。在带电的低压开关柜（箱）上工作时，应采取防止相间短路及接地等安全检查措施。

（8）配电间严禁无关人员入内。外单位参观时必须经有关部门批准，由电气工作人员带入。倒闸操作必须由专职电工进行，复杂的操作应由两人进行，一人操作，一人监护。

8.5.2　电气设备上工作的安全技术措施

（1）停电。将电气设备工作范围内各方进线电源都断开（切断电源时，还应切断少油断路器的操作电源），并采取防止设备误合闸的措施，而且每处至少应用一个明显的断开点，使工作人员在断电范围内工作，并与带电部分保持足够的安全距离。

（2）验电。为确保断电后的电气设备不带电，必须用合格的验电笔检验电气设备上有无电压，确认无电后才能工作。验电应在电气设备的两侧各相分别进行。

（3）装设接地线。把电气设备的金属部分用导线同大地紧密地连接起来。当工作中突然来电时，由于人与接地线并联，电流几乎全部从接地线经过，所以人不会触电。装设接地线必须两人进行。装设时应先接接地端，后接导体端，必须接触良好。拆接地线的顺序与上述规定相反。装拆接地线均应使用绝缘棒或戴绝缘手套。接地线应挂在工作人员看得见的地方，但不得挂在工作人员的跟前，以防突然来电时烧伤工作人员。

（4）悬挂标志牌，装设遮栏。线路上有人工作时，应在线开关和刀闸的操作把手上悬挂"禁止合闸，有人工作！"的标志牌；在高压设备上工作，安全距离不够时，应设临时遮栏；在室内高压设备上工作时，应在工作地点两旁间隔和对面间隔的遮栏上和禁止通行的过道上悬挂"止步，高压危险！"的标志牌。

8.5.3　电气设备安全运行措施

（1）必须严格遵守操作规程。合上电源时，先合隔离开关，再合负荷开关；分断电源时，先断负荷开关，再断隔离开关。

（2）电气设备一般不能受潮，在潮湿场合使用时，要有防雨水和防潮措施。电气设备工作时会发热，应有良好的通风散热条件和防火措施；有裸露带电体的设备，特别是高压设备，应有防止小动物窜入造成短路事故的措施。

（3）所有电气设备的金属外壳应有可靠的保护接地。电气设备应有短路保护、过载保护、欠电压和失电压保护等保护措施。

（4）凡有可能被雷击的电气设备，都要安装防雷措施。

（5）需要切断故障区域电源时，要尽量缩小停电范围，尽量避免越级切断电源。

（6）对于出现故障的电气设备、装置和线路，必须及时进行检修，以保证人身和设备的安全。

【思考题】

（1）电工安全工作的基本要求有哪些？

（2）电气设备上工作的安全技术措施有哪些？

（3）电气设备安全运行措施有哪些？

(4)标志牌"禁止合闸!"与"禁止合闸,有人工作!"有什么不同?

小　　结

(1)触电对人体的伤害主要有两种:电击和电伤。触电对人体的伤害程度与通过人体的电流大小、种类、持续时间、电流通过人体的途径及触电者的健康状况等因素有关。对人体各部分组织均不造成伤害的电压称为安全电压。

(2)我国规定的安全电压为 36 V、24 V、12 V、6 V 等,供不同场合选用。

(3)人体的触电方式有单相触电、两相触电、跨步电压触电三种。防止触电事故的发生应综合采取一系列安全措施,应遵守安全操作规程。防止触电的主要措施有使用安全电压、电气设备的保护接地、保护接零以及在设备供电线路上安装低压漏电保护开关。同时还应注意防雷、防火和防爆。

习　　题

一、填空题

1. 触电伤害的程度通常与电流的_____、电流的_____、电流的_____及触电_____几种因素有关。

2. 电流通过人体时所造成的内伤_____;电流对人体外部造成的局部损伤称为_____。触电的形式通常有_____触电、_____触电和_____触电和接触电压触电。其中,危险性最大的是_____触电形式。

3. 直接触电的防护措施包括_____、_____、_____和_____。

4. 按照接地的不同作用,可将接地分为_____接地、_____接地和保护接零三种形式。其中保护_____适用于系统中性点接地的场合;保护_____适用于系统中性点不直接接地的场合。

5. 在中性点接地的电源系统中,当单相触电时,一相电流通过_____和_____构成回路。

6. 采取保护_____措施后,即使设备外壳因故障而带电,但由于此时相当于人体与接地电阻_____联,而人体的电阻最小为_____ Ω,远比接地电阻_____ Ω 大,因此,流过人体的电流极为微小,从而保证了人身安全。

二、选择题

1. (　　)是最危险的电流途径。
   A. 从手到手,从手到脚　　　　B. 从左手到胸部　　　　C. 从脚到脚

2. 触电伤害的程度与电流种类的关系是(　　)通常对人构不成伤害。
   A. 低频交流电　　　　B. 高频交流电　　　　C.40～60 Hz 的交流电

3. 影响人体触电伤害程度的最主要的因素是(　　)。
   A. 通过人体电流的大小　　B. 人体电位的高低　　C. 人体对某导体电压的高低

4. 最为危险的触电形式是(　　)。
   A. 单相触电　　　　B. 两相触电　　　　C. 跨步电压触电

5. 在低供电线路中将中性线(零线)多处接地称为(　　)。

　　A. 保护接地　　　　　　　B. 保护接零

　　C. 重复接地　　　　　　　D. 工作接地

6. 保护接零适用于(　　)。

　　A. 高压电力系统

　　B. 中性点直接接地的低压三相四线制电力系统

　　C. 中性点与地绝缘的低压三相四线制系统

7. 发生电气火灾后,不能使用(　　)进行灭火。

　　A. 盖土、盖沙　　　　　　B. 普通灭火器　　　　　　C. 泡沫灭火器

三、判断题

1. 为保证中性线可靠,中性线上不能安装熔断器和开关,且中性线截面较粗。　　(　　)

2. 人无论在何种场合,只要所接触电压为 36 V 以下,就是安全的。　　(　　)

3. 电击伤害的严重程度只与人体中通过的电流大小有关,而与频率、时间等无关。　　(　　)

4. 人体接近高压带电设备时,也可能遭受电击伤害。　　(　　)

5. 单相触电的触电电流通过人体与大地构成回路。　　(　　)

6. 两相触电的触电电流直接通过人体形成回路。　　(　　)

7. 两相触电的触电电流为单相触电电流的 $\sqrt{3}$ 倍,因此十分危险。　　(　　)

8. 当电线或电气设备发生接地事故时,距离接地点越远的地面各点的电位越低,电位差也越小,跨步电压也就越小。　　(　　)

9. 接地体电阻越小,人体触及漏电设备时,通过人体的触电电流就越小,保护作用越好。

(　　)

10. 保护接零系统中的中性线必须施行重复接地。　　(　　)

11. 在一家大工厂的某车间,由于 36 V 的手提灯损坏,有人便直接从 220 V 的电源上接照明灯用于照明,这是违章的做法。　　(　　)

参 考 文 献

[1] 刘文革.实用电工电子技术基础[M].北京:中国铁道出版社,2010.

[2] 李元庆,何佳.电路基础与实践应用[M].北京:中国电力出版社,2011.

[3] 汪赵强,宫晓梅.电路分析基础[M].北京:电子工业出版社,2011.

[4] 林嵩.电气控制线路安装与维修[M].北京:中国铁道出版社,2012.

[5] 曾小春,吕铁民.安全用电[M].3版.北京:中国电力出版社,2014.

[6] 王金花.电工技术[M].3版.北京:人民邮电出版社,2016.

[7] 黄军辉,傅沈文.电工技术[M].3版.北京:人民邮电出版社,2016.

[8] 常晓玲.电工技术 [M].北京:机械工业出版社,2019.

[9] 周德仁.电工技术基础与技能 [M].北京:电子工业出版社,2020.

[10] 张志雄.电工技术及应用[M].北京:机械工业出版社,2020.